2025年版全国二级建造师执业资格考试辅导

建筑工程管理与实务

全国二级建造师执业资格考试辅导编写委员会　编写

中国建筑工业出版社
中国城市出版社

图书在版编目（CIP）数据

建筑工程管理与实务章节刷题／全国二级建造师执业资格考试辅导编写委员会编写．-- 北京：中国城市出版社，2024.9．--（2025年版全国二级建造师执业资格考试辅导）．-- ISBN 978-7-5074-3757-7

Ⅰ．TU71-44

中国国家版本馆 CIP 数据核字第 20249ER208 号

责任编辑：冯江晓
责任校对：李美娜

2025年版全国二级建造师执业资格考试辅导

建筑工程管理与实务章节刷题

全国二级建造师执业资格考试辅导编写委员会　编写

*

中国建筑工业出版社、中国城市出版社出版、发行（北京海淀三里河路9号）

各地新华书店、建筑书店经销

北京圣夫亚美印刷有限公司印刷

*

开本：787毫米×1092毫米　1/16　印张：16　字数：388千字

2024年10月第一版　　2024年10月第一次印刷

定价：**50.00元**（含增值服务）

ISBN 978-7-5074-3757-7

（904781）

如有内容及印装质量问题，请与本社读者服务中心联系

电话：（010）58337283　QQ：2885381756

（地址：北京海淀三里河路9号中国建筑工业出版社604室　邮政编码：100037）

出 版 说 明

为了满足广大考生的应试复习需要，便于考生准确理解考试大纲的要求，尽快掌握复习要点，更好地适应考试，中国建筑工业出版社继出版"二级建造师执业资格考试大纲"（2024 年版）（以下简称"考试大纲"）和"2025 年版全国二级建造师执业资格考试用书"（以下简称"考试用书"）之后，组织全国著名院校和企业以及行业协会的有关专家教授编写了"2025 年版全国二级建造师执业资格考试辅导——章节刷题"（以下简称"章节刷题"）。推出的章节刷题共 8 册，涵盖所有的综合科目和专业科目，分别为：

- 《建设工程施工管理章节刷题》
- 《建设工程法规及相关知识章节刷题》
- 《建筑工程管理与实务章节刷题》
- 《公路工程管理与实务章节刷题》
- 《水利水电工程管理与实务章节刷题》
- 《矿业工程管理与实务章节刷题》
- 《机电工程管理与实务章节刷题》
- 《市政公用工程管理与实务章节刷题》

《建设工程施工管理章节刷题》《建设工程法规及相关知识章节刷题》包括单选题和多选题，专业工程管理与实务章节刷题包括单选题、多选题、实务操作和案例分析题。章节刷题中附有参考答案、难点解析、案例分析以及综合测试等。考生也可通过中国建筑出版在线（wkc.cabplink.com）了解二级建造师执业资格考试的相关信息，参加在线辅导课程学习。

为了给广大应试考生提供更优质、持续的服务，我社对上述 8 册图书提供网上增值服务，包括在线答疑、在线课程、在线测试等内容。

章节刷题紧扣考试大纲，参考考试用书，全面覆盖所有知识点要求，力求突出重点，解释难点。题型参照历年真题的格式和要求，力求练习题的难易、大小、长短、宽窄适中。各科目考试时间、分值见下表：

序 号	科 目 名 称	考试时间（小时）	满 分
1	建设工程法规及相关知识	2	100
2	建设工程施工管理	2	100
3	专业工程管理与实务	2.5	120

本套章节刷题力求在短时间内切实帮助考生理解知识点，掌握难点和重点，提高应试水平及解决实际工作问题的能力。希望这套章节刷题能有效地帮助二级建造师应试人员提高复习效果。本套章节刷题在编写过程中，难免有不妥之处，欢迎广大读者提出批评和建议，以便我们修订再版时完善，使之成为建造师考试人员的好帮手。

中国建筑工业出版社

中国城市出版社

购正版图书　享超值服务

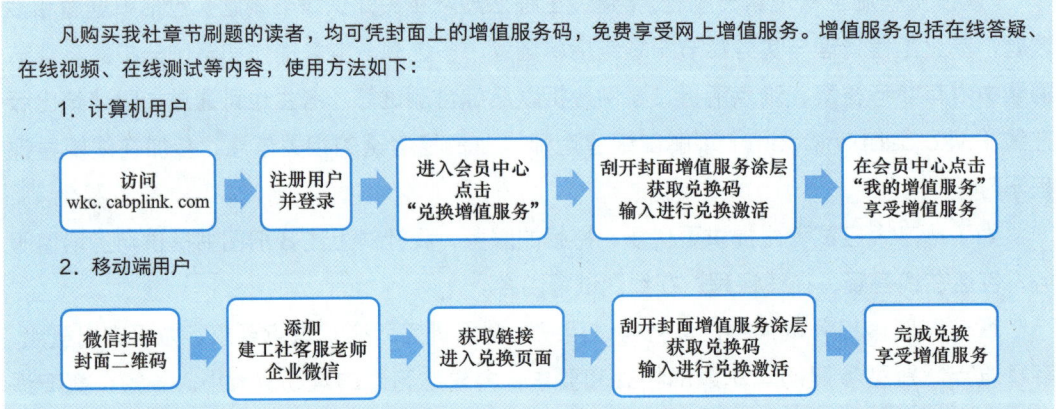

凡购买我社章节刷题的读者，均可凭封面上的增值服务码，免费享受网上增值服务。增值服务包括在线答疑、在线视频、在线测试等内容，使用方法如下：

1．计算机用户

访问 wkc.cabplink.com → 注册用户并登录 → 进入会员中心点击"兑换增值服务" → 刮开封面增值服务涂层获取兑换码输入进行兑换激活 → 在会员中心点击"我的增值服务"享受增值服务

2．移动端用户

微信扫描封面二维码 → 添加建工社客服老师企业微信 → 获取链接进入兑换页面 → 刮开封面增值服务涂层获取兑换码输入进行兑换激活 → 完成兑换享受增值服务

读者如果对图书中的内容有疑问或问题，可关注微信公众号【建造师应试与执业】，与图书编辑团队直接交流。

建造师应试与执业

目　　录

第1篇　建筑工程技术

第1章　建筑工程设计与构造要求 ··· 1

1.1　建筑设计构造要求 ··· 1

1.2　建筑结构设计与构造要求 ··· 7

第2章　主要建筑工程材料性能与应用 ································· 17

2.1　常用结构工程材料 ··· 17

2.2　常用建筑装饰装修和防水、保温材料 ······························ 22

第3章　建筑工程施工技术 ··· 28

3.1　施工测量放线 ··· 28

3.2　地基与基础工程施工 ·· 31

3.3　主体结构工程施工 ·· 36

3.4　屋面、防水与保温工程施工 ··· 46

3.5　装饰装修工程施工 ·· 53

3.6　季节性施工技术 ··· 64

第2篇　建筑工程相关法规与标准

第4章　相关法规 ··· 71

4.1　建筑工程施工相关法规 ··· 71

4.2　建筑工程通用规范 ·· 77

第5章　相关标准 ··· 83

5.1　地基基础工程施工相关标准 ··· 83

5.2　主体结构工程施工相关标准 ··· 87

5.3　装饰装修与屋面工程相关标准 ·· 96

5.4　绿色建造与建筑节能相关标准 ·· 101

第 3 篇　建筑工程项目管理实务

第 6 章　建筑工程企业资质与施工组织 ·············· 111

6.1　建筑工程施工企业资质 ·············· 111

6.2　二级建造师执业范围 ·············· 113

6.3　施工项目管理机构 ·············· 115

6.4　施工组织设计 ·············· 118

6.5　施工平面布置管理 ·············· 128

第 7 章　施工招标投标与合同管理 ·············· 137

7.1　施工招标投标 ·············· 137

7.2　施工合同管理 ·············· 145

第 8 章　施工进度管理 ·············· 155

8.1　施工进度计划方法应用 ·············· 155

8.2　施工进度计划编制与控制 ·············· 164

第 9 章　施工质量管理 ·············· 166

9.1　结构工程施工 ·············· 166

9.2　装饰装修工程施工 ·············· 175

9.3　屋面与防水工程施工 ·············· 179

9.4　工程质量验收管理 ·············· 181

第 10 章　施工成本管理 ·············· 185

10.1　施工成本影响因素及管理流程 ·············· 185

10.2　施工成本计划及分解 ·············· 186

10.3　施工成本分析与控制 ·············· 188

10.4　施工成本管理绩效评价与考核 ·············· 189

第 11 章　施工安全管理 ·············· 191

11.1　施工作业安全管理 ·············· 191

11.2　安全防护与管理 ·············· 204

第 12 章　绿色施工及现场环境管理 ·············· 216

12.1　绿色施工及环境保护 ·············· 216

12.2　施工现场消防 ·············· 224

综合测试题（一） ———————————————————————————— 229

综合测试题（二） ———————————————————————————— 238

网上增值服务说明 ———————————————————————————— 248

第1篇　建筑工程技术

第1章　建筑工程设计与构造要求

1.1　建筑设计构造要求

微信扫一扫
在线做题＋答疑

复习要点

1.1.1　建筑物分类
1.1.2　建筑构造要求
1.1.3　建筑室内物理环境技术要求
1.1.4　建筑隔震减震设计构造要求

一　单项选择题

1. 建筑物按其使用性质分为（　　）、工业建筑和农业建筑。
   A．民用建筑　　　　　　　　　B．居住建筑
   C．超高层建筑　　　　　　　　D．公共建筑
2. 下列建筑类型中，属于居住建筑的是（　　）。
   A．宿舍　　　　　　　　　　　B．宾馆
   C．图书馆　　　　　　　　　　D．办公楼
3. 下列民用建筑中，属于多层建筑的是（　　）。
   A．25m 高办公楼　　　　　　　B．25m 高住宅
   C．30m 高办公楼　　　　　　　D．30m 高住宅
4. 下列构件中，不属于建筑物围护体系的是（　　）。
   A．屋面　　　　　　　　　　　B．内墙
   C．门　　　　　　　　　　　　D．窗
5. 下列系统中，不属于建筑设备体系的是（　　）。
   A．给水排水系统　　　　　　　B．供电系统
   C．外墙围护系统　　　　　　　D．智能系统
6. 建筑构件连接应坚固耐久，保证有足够的强度和（　　）。
   A．弹性　　　　　　　　　　　B．刚度
   C．塑性　　　　　　　　　　　D．变形
7. 实行建筑高度控制区内建筑的高度，应以绝对海拔高度控制（　　）的高度
计算。

A．建筑物室外地面至其屋面面层

B．建筑物室外地面至其女儿墙

C．建筑物室外地面至建筑物和构筑物最高点

D．建筑物室外地面至屋檐和屋脊的平均高度

8．经城市规划行政主管部门批准，允许突出道路红线和用地红线的建筑突出物是（　　）。

A．化粪池　　　　　　　　B．挡土桩

C．接驳管沟　　　　　　　D．花池

9．建筑局部夹层有人员正常活动的最低处的净高不应小于（　　）m。

A．1.8　　　　　　　　　　B．1.9

C．2.0　　　　　　　　　　D．2.2

10．建筑物用房的室内净高应按（　　）的垂直距离计算。

A．楼地面完成面到灯具底面　　B．楼地面完成面到吊顶底面

C．楼板结构面到灯具底面　　　D．楼板结构面到吊顶底面

11．下列功能用房中，不得设在地下室的是（　　）。

A．值班室　　　　　　　　B．居室

C．游戏厅　　　　　　　　D．电影厅

12．室外楼梯临空高度在24m以下时，栏杆高度不应低于（　　）m。

A．1.00　　　　　　　　　B．1.05

C．1.10　　　　　　　　　D．1.15

13．公共建筑外窗可开启面积不小于外窗总面积的（　　）。

A．20%　　　　　　　　　B．25%

C．30%　　　　　　　　　D．35%

14．下列场所中，宜采用细管径直管形三基色荧光灯的是（　　）。

A．重点照明场所　　　　　B．室外照明场所

C．灯具安装高度较高的房间　D．灯具安装高度较低的房间

15．起居室内允许噪声级（A声级）不应大于（　　）dB。

A．37　　　　　　　　　　B．40

C．42　　　　　　　　　　D．45

16．建筑物的高度固定时，其体形系数最小的平面形式为（　　）。

A．正方形　　　　　　　　B．圆形

C．长方形　　　　　　　　D．组合形式

17．旧房改造，围护结构采用（　　）的效果最好。

A．外保温　　　　　　　　B．内保温

C．中间保温　　　　　　　D．外墙遮阳

18．围护结构热桥部分的温度值如果（　　）的露点温度，会造成表面结露。

A．高于室外　　　　　　　B．低于室外

C．高于室内　　　　　　　D．低于室内

19．下列描述中，符合我国规范抗震设防目标的是（　　）。

A．小震不坏 B．中震可用

C．大震可修 D．特大震不倒

20．震害调查表明，框架结构震害的严重部位多发生在（　　）。

A．框架柱中 B．框架梁中

C．框架梁柱节点 D．框架楼板内

21．混凝土结构框支梁、框支柱及抗震等级不低于二级的框架梁、柱、节点核心区的混凝土强度等级要求（　　）。

A．不应低于 C20 B．不应低于 C25

C．不应低于 C30 D．不应低于 C35

22．框架结构设置填充墙、围护墙和楼梯构件，应考虑它们的（　　）影响，以防主体结构的破坏。

A．强度 B．刚度

C．延性 D．构造

23．建筑主体结构中，属于主体结构构件的是（　　）。

A．围护墙 B．隔墙

C．女儿墙 D．剪力墙

24．墙体及其与主体结构的连接应具有足够的（　　）和变形能力，以适应主体结构不同方向的层间变形需求。

A．延性 B．刚性

C．强度 D．隔热

25．顶棚构件与楼板的连接件的锚固承载力应（　　）承载力。

A．等于连接件 B．大于连接件

C．小于连接件 D．大于楼板

26．钢筋混凝土结构施工中需要进行纵向受力钢筋代换时，应按照钢筋（　　）承载力设计值相等的原则换算。

A．受压 B．受弯

C．受剪 D．受拉

27．关于砌体结构房屋的规定正确的是（　　）。

A．构造柱、芯柱、圈梁及其他各类构件的混凝土强度等级不应低于 C25

B．构造柱、芯柱、圈梁及其他各类构件的混凝土强度等级不应低于 C20

C．对于砌体抗震墙，其施工应先浇构造柱后砌墙

D．对于砌体抗震墙，其施工应先浇框架梁柱后砌墙

28．支撑及连接件一般采用（　　）构件，也可采用钢管混凝土或钢筋混凝土构件。

A．素混凝土 B．钢

C．砌体 D．木

29．隔震层中隔震支座的设计使用年限不应低于建筑结构的设计使用年限，且不宜低于（　　）年。

A．20 B．30

C. 40   D. 50

1. 下列建筑类型中，属于按主要结构所使用材料进行划分的有（   ）。
   A. 木结构建筑   B. 砖木结构建筑
   C. 民用建筑   D. 工业建筑
   E. 砖混结构建筑

2. 下列高度的多层民用建筑（除住宅外）中，属于高层建筑的有（   ）。
   A. 20m   B. 22m
   C. 25m   D. 28m
   E. 30m

3. 建筑物的组成体系包括（   ）。
   A. 结构   B. 屋面
   C. 围护   D. 智能
   E. 设备

4. 建筑构造的影响因素主要有（   ）。
   A. 荷载因素   B. 环境因素
   C. 技术因素   D. 人文因素
   E. 建筑标准

5. 建筑材料中，统称为三大材料的有（   ）。
   A. 钢材   B. 水泥
   C. 玻璃   D. 木材
   E. 混凝土

6. 下列建筑突出物中，不允许突出道路红线和用地红线的有（   ）。
   A. 挡土墙   B. 挡土桩
   C. 接驳管沟   D. 阳台
   E. 室外楼梯

7. 应独立设置，并伸出屋面的有（   ）。
   A. 管道井   B. 电缆井
   C. 烟道   D. 通风道
   E. 垃圾管道

8. 下列住宅的房间中，应有采光和通风的有（   ）。
   A. 卫生间   B. 卧室
   C. 书房   D. 起居室
   E. 厨房

9. 灯具安装高度较高的场所宜采用（   ）。
   A. LED 光源   B. 金属卤化物灯
   C. 高压钠灯   D. 大功率细管径直管形荧光灯

E．小功率细管径直管形荧光灯

10．下列建筑材料中，属于多孔吸声材料的有（　　　）。

    A．麻棉毛毡   B．玻璃棉

    C．皮革   D．岩棉

    E．矿棉

11．围护结构隔热的方法有（　　　）。

    A．外表面采用浅色处理   B．设墙面遮阳

    C．设置通风间层   D．增大窗墙面积比

    E．内设隔热层

12．多层砖砌体房屋突出屋顶的（　　　），构造柱应伸到顶部，并与顶部圈梁连接。

    A．楼梯间   B．电梯间

    C．烟道   D．通风道

    E．垃圾管道

13．属于建筑抗震设防分类的有（　　　）。

    A．特殊设防类   B．标准设防类

    C．重点设防类   D．中度设防类

    E．适度设防类

14．围护墙、隔墙、女儿墙等非承重墙体采用砌体墙时，应设置（　　　）与主体结构可靠拉结。

    A．拉结筋   B．水平系梁

    C．圈梁   D．防水层

    E．构造柱

15．框架－抗震墙结构的（　　　）等构件的潜在塑性铰区应采取延性加强措施。

    A．墙肢和连梁   B．剪力墙

    C．框架梁   D．框架柱

    E．框支框架

16．砌体房屋应设置现浇钢筋混凝土（　　　）。

    A．圈梁   B．过梁

    C．构造柱   D．芯柱

    E．雨棚

17．多层砌体房屋的楼、屋盖应符合（　　　）规定。

    A．楼板在墙上或梁上应有足够的支承长度

    B．楼、屋盖的钢筋混凝土梁或屋架应与墙、柱或圈梁可靠连接

    C．不得采用独立砖柱

    D．跨度不小于6m的大梁，其支承构件应采用组合砌体等加强措施

    E．跨度不大于6m的大梁，其支承构件应采用组合砌体等加强措施

18．砌体结构楼梯间应符合（　　　）规定。

    A．不应采用悬挑式踏步或踏步竖肋插入墙体的楼梯，不应采用装配式楼梯段

    B．装配式楼梯段应与平台板的梁可靠连接

C. 楼梯栏板不应采用无筋砖砌体

D. 楼梯间及门厅内墙阳角处的大梁支承长度不应小于 500mm，并应与圈梁连接

E. 顶层及出屋面的楼梯间，构造柱应伸到顶部，并与顶部圈梁连接

19. 建筑消能部件安装完成后，应符合（　　）规定。

A. 消能器没有形状异常及损害功能的外伤

B. 消能器的黏滞材料、黏弹性材料未泄漏或剥落，未出现涂层脱落和生锈

C. 消能部件的临时固定件应予撤除

D. 消能部件的临时固定件应予保留

E. 消能部件应处于受力状态

20. 大跨屋盖建筑中的隔震支座宜优先采用（　　）。

A. 隔震橡胶支座　　　　　　　　B. 钢结构铰支座

C. 摩擦摆隔震支座　　　　　　　D. 弹性滑板支座

E. 销轴支座

【答案与解析】

一、单项选择题

1. A;　　2. A;　　*3. B;　　*4. B;　　5. C;　　*6. B;　　7. C;　　8. C;

9. C;　　10. B;　　11. B;　　12. B;　　13. C;　　14. D;　　15. D;　　*16. B;

*17. A;　　18. D;　　19. A;　　*20. C;　　21. C;　　22. B;　　23. D;　　24. A;

25. B;　　26. D;　　27. A;　　28. B;　　29. D

【解析】

3. 答案 B

单层或多层民用建筑是指建筑高度不大于 27.0m 的住宅建筑、建筑高度不大于 24.0m 的公共建筑、建筑高度大于 24.0m 的单层公共建筑。

4. 答案 B

建筑物的围护体系由屋面、外墙、门、窗等组成，形成室内空间，而内墙属于区隔内部空间的部件。

6. 答案 B

构件连接要有足够的强度和刚度，严格控制其弹塑性变形，才能保证其整体性。

16. 答案 B

建筑物平面形式为圆形时，其外表面积相较于其他体形最小，所以，体形系数最小。

17. 答案 A

旧房改造采用外保温可以最大限度地减少对原有围护结构的改造工程量，效果最好。

20. 答案 C

地震时，框架结构梁柱节点处承受的水平剪力最大，震害多发生在此部位。

二、多项选择题

*1. A、B、E;　　　　2. C、D、E;　　　　3. A、C、E;　　　　4. A、B、C、E;

*5. A、B、D;　　6. A、B、D、E;　　7. C、D;　　8. B、D;

9. A、B、C、D;　　10. A、B、D、E;　　*11. A、B、C、E;　　12. A、B;

13. A、B、C、E;　　14. A、B、C、E;　　15. A、C、D、E;　　16. A、C、D;

17. A、B、C、D;　　18. B、C、D、E;　　19. A、B、C;　　20. A、C、D

【解析】

1. 答案 A、B、E

建筑物按其使用性质分为民用建筑、工业建筑、农业建筑。

5. 答案 A、B、D

钢材、水泥、木材为建筑工程三大主要材料。

11. 答案 A、B、C、E

围护结构窗墙比是每个朝向的开窗面积与围护结构面积的比值，值越大，开窗面积越大，围护结构整体保温性能越差。

1.2　建筑结构设计与构造要求

复习要点

1.2.1　建筑结构体系和可靠性要求

1.2.2　结构设计基本作用（荷载）

1.2.3　混凝土结构设计构造要求

1.2.4　砌体结构设计构造要求

1.2.5　钢结构设计构造要求

1.2.6　装配式混凝土建筑设计构造要求

一　单项选择题

1. 框架结构的主要缺点是（　　）。

　　A．建筑平面布置不灵活

　　B．很难形成较大的建筑空间

　　C．自重小

　　D．侧向刚度小

2. 剪力墙结构多应用于（　　）。

　　A．工业建筑　　　　　　　　B．住宅建筑

　　C．公共建筑　　　　　　　　D．农业建筑

3. 在框架－剪力墙结构中，主要承受水平荷载的是（　　）。

　　A．剪力墙　　　　　　　　　B．框架

　　C．剪力墙和框架　　　　　　D．不能确定

4. 单层厂房的屋架结构常选用（　　）。

　　A．框架　　　　　　　　　　B．桁架

C．剪力墙　　　　　　　　　　D．网架

5．大跨度拱式结构主要利用混凝土良好的（　　　　）。

    A．抗拉性能　　　　　　　　　B．抗压性能

    C．抗弯性能　　　　　　　　　D．抗剪性能

6．悬索结构的主要承重构件是（　　　　）。

    A．钢索保护套管　　　　　　　B．螺栓

    C．铆钉　　　　　　　　　　　D．钢索

7．结构的（　　　　）是指在正常维护的条件下，应能在预计的使用年限内满足各项功能要求的性能。

    A．安全性　　　　　　　　　　B．耐久性

    C．稳定性　　　　　　　　　　D．适用性

8．结构的（　　　　）是指在正常使用时，结构应具有良好的工作性能。

    A．稳定性　　　　　　　　　　B．安全性

    C．耐久性　　　　　　　　　　D．适用性

9．结构的（　　　　）是指在正常条件下，结构能承受各种荷载作用和变形而不发生破坏；在发生偶然事件后，结构仍能保持整体稳定性。

    A．适用性　　　　　　　　　　B．耐久性

    C．安全性　　　　　　　　　　D．技术性

10．建筑结构的安全等级分为（　　　　）个级别。

    A．1　　　　　　　　　　　　B．2

    C．3　　　　　　　　　　　　D．4

11．建筑物中结构构件的安全等级不得低于（　　　　）级。

    A．一　　　　　　　　　　　　B．二

    C．三　　　　　　　　　　　　D．四

12．结构破坏可能产生严重后果的，采用的结构设计安全等级应为（　　　　）级。

    A．一　　　　　　　　　　　　B．二

    C．三　　　　　　　　　　　　D．四

13．对环境影响很大的房屋，其结构设计安全等级应为（　　　　）级。

    A．一　　　　　　　　　　　　B．二

    C．三　　　　　　　　　　　　D．四

14．在室内增加装饰性石柱的做法是对结构增加了（　　　　）。

    A．均布荷载　　　　　　　　　B．线荷载

    C．集中荷载　　　　　　　　　D．面荷载

15．梁的变形主要是（　　　　）引起的弯曲变形。

    A．压力　　　　　　　　　　　B．扭力

    C．弯矩　　　　　　　　　　　D．剪力

16．关于梁变形的说法，正确的是（　　　　）。

    A．与材料的弹性模量 E 成反比，与截面的惯性矩 I 成正比

    B．与材料的弹性模量 E 成正比，与截面的惯性矩 I 成反比

C．与材料的弹性模量 E 成正比，与截面的惯性矩 I 成正比

D．与材料的弹性模量 E 成反比，与截面的惯性矩 I 成反比

17．通常条件下，下列影响因素中，对梁变形影响最大的是（　　）。

A．材料性能　　　　　　　　　B．构件跨度

C．构件截面　　　　　　　　　D．荷载

18．混凝土结构梁的裂缝控制中，构件不出现拉应力的，一般只有（　　）构件。

A．预应力　　　　　　　　　　B．钢筋混凝土

C．钢－混凝土组合　　　　　　D．素混凝土

19．普通住宅楼设计使用年限为（　　）年。

A．40　　　　　　　　　　　　B．50

C．70　　　　　　　　　　　　D．100

20．设计使用年限是设计规定的结构或构件不需进行（　　）即可按预定要求使用的年限。

A．维修　　　　　　　　　　　B．小修

C．中修　　　　　　　　　　　D．大修

21．根据《混凝土结构耐久性设计标准》GB/T 50476—2019 规定，结构所处环境类别为Ⅱ级时，是处在（　　）。

A．冻融环境　　　　　　　　　B．海洋氯化物环境

C．化学腐蚀环境　　　　　　　D．除冰盐等其他氯化物环境

22．环境作用类别"Ⅲ-E"表示：海洋氯化物环境对配筋混凝土结构的作用达到（　　）程度。

A．中度　　　　　　　　　　　B．严重

C．非常严重　　　　　　　　　D．极端严重

23．设计工作年限 50 年的预应力混凝土楼板的混凝土最低强度等级不应低于（　　）。

A．C30　　　　　　　　　　　B．C35

C．C40　　　　　　　　　　　D．C45

24．在地基土上直接浇筑的基础，其底部受力钢筋的混凝土保护层厚度不应小于（　　）mm。

A．40　　　　　　　　　　　　B．50

C．60　　　　　　　　　　　　D．70

25．预制构件中普通钢筋的混凝土保护层最小厚度为（　　）mm。

A．10　　　　　　　　　　　　B．15

C．20　　　　　　　　　　　　D．25

26．下列荷载中，属于永久作用的是（　　）。

A．固定隔墙自重　　　　　　　B．爆炸力

C．雪荷载　　　　　　　　　　D．风荷载

27．下列荷载中，属于偶然作用的是（　　）。

A．固定隔墙自重　　　　　　　B．爆炸力

C．雪荷载 　　　　　　　　　　　D．风荷载

28．建筑结构设计时，对永久荷载应采用（　　　）作为代表值。

A．组合值 　　　　　　　　　　　B．标准值

C．频遇值 　　　　　　　　　　　D．准永久值

29．混凝土结构中应用最多的是（　　　）结构。

A．素混凝土 　　　　　　　　　　B．钢筋混凝土

C．预应力混凝土 　　　　　　　　D．钢－混凝土组合

30．钢筋混凝土的主要材料中所占比例最大的是（　　　）。

A．水 　　　　　　　　　　　　　B．水泥

C．砂、石 　　　　　　　　　　　D．钢筋

31．下列建筑结构中，整体性最好的是（　　　）。

A．现浇钢筋混凝土结构 　　　　　B．预制混凝土结构

C．砖混结构 　　　　　　　　　　D．木结构

32．混凝土在（　　　）是可塑的。

A．终凝前 　　　　　　　　　　　B．终凝后

C．初凝后 　　　　　　　　　　　D．初凝前

33．采用轻质、高强的混凝土，可克服混凝土（　　　）的缺点。

A．抗裂性能差 　　　　　　　　　B．模板用量大

C．自重大 　　　　　　　　　　　D．工期长

34．采用预应力混凝土，可克服混凝土（　　　）的缺点。

A．自重大 　　　　　　　　　　　B．抗裂性能差

C．模板用量大 　　　　　　　　　D．工期长

35．采用（　　　），可减小模板用量，缩短工期。

A．预制构件 　　　　　　　　　　B．轻质混凝土

C．预应力混凝土 　　　　　　　　D．纤维混凝土

36．混凝土结构体系设计不应采用（　　　）。

A．框架结构体系

B．筒中筒结构体系

C．双向抗侧力结构体系

D．混凝土结构构件与砌体结构构件混合承重的结构体系

37．抗震设防烈度为9度的高层建筑，可采用（　　　）。

A．带转换层的结构 　　　　　　　B．带加强层的结构

C．组合结构 　　　　　　　　　　D．连体结构

38．混凝土结构实心屋面板的厚度不应小于（　　　）mm。

A．80 　　　　　　　　　　　　　B．100

C．110 　　　　　　　　　　　　D．120

39．对设计工作年限70年的混凝土结构，结构混凝土的最低强度等级正确的是
（　　　）。

A．素混凝土结构构件的混凝土强度等级不应低于C20

B. 钢筋混凝土结构构件的混凝土强度等级不应低于 C25

C. 预应力混凝土楼板结构的混凝土强度等级不应低于 C30

D. 钢 – 混凝土组合结构构件的混凝土强度等级不应低于 C35

40. 不允许出现裂缝的混凝土构件，应根据实际情况控制混凝土截面不产生（　　　）。

A. 拉应力　　　　　　　　　　B. 压应力

C. 剪应力　　　　　　　　　　D. 扭应力

41. 钢筋套筒灌浆连接接头破坏时，位置应位于（　　　）。

A. 套筒内连接钢筋　　　　　　B. 钢筋丝扣滑脱

C. 套筒　　　　　　　　　　　D. 套筒外连接钢筋

42. 下列结构形式中，不属于砌体结构的是（　　　）。

A. 砖砌体结构　　　　　　　　B. 框架结构

C. 砌块砌体结构　　　　　　　D. 石砌体结构

43. 下列特性中，不属于砌体结构特点的是（　　　）。

A. 自重大　　　　　　　　　　B. 保温隔热性能好

C. 抗弯能力好　　　　　　　　D. 抗震性能差

44. 处于环境类别为（　　　）类条件下的砌体结构应采取抗侵蚀和耐腐蚀措施。

A. 1　　　　　　　　　　　　B. 2

C. 3　　　　　　　　　　　　D. 4

45. 下列砌筑砂浆的最低强度等级要求，错误的是（　　　）。

A. 设计工作年限大于或等于 25 年的烧结普通砖和烧结多孔砖砌体为 M2.5

B. 蒸压加气混凝土砌块砌体为 Ma5.0

C. 混凝土普通砖为 Mb5

D. 煤矸石混凝土砌块为 Mb7.5

46. 配筋砌块砌体抗震墙（　　　）应用灌孔混凝土灌实。

A. 三分之一砖孔　　　　　　　B. 二分之一砖孔

C. 三分之二砖孔　　　　　　　D. 全部砖孔

47. 下列建筑结构中，不属于钢结构建筑的是（　　　）。

A. 轻型钢结构　　　　　　　　B. 悬索结构

C. 钢 – 混凝土组合结构　　　　D. 重型钢结构

48. 下列性质中，（　　　）不是钢结构具有的优点。

A. 材料强度高　　　　　　　　B. 施工工期短

C. 抗震性能好　　　　　　　　D. 耐火性好

49. 焊缝应采用减少（　　　）方向的焊接收缩应力的坡口形式与构造措施。

A. 平行于厚度　　　　　　　　B. 垂直于厚度

C. 平行于长度　　　　　　　　D. 垂直于长度

50. 栓焊并用连接应按全部剪力由（　　　）承担的原则，对焊缝进行疲劳验算。

A. 焊缝＋螺栓　　　　　　　　B. 铆栓

C. 焊缝　　　　　　　　　　　D. 螺栓

51. 关于装配式混凝土建筑特点的说法，错误的是（   ）。

    A．可以缩短施工工期

    B．可以提高施工质量

    C．可以节约能源，减少消耗

    D．与现浇混凝土结构相比，整体性能更强

52. 预制剪力墙最常用的平面形式是（   ）。

    A．一字形   B．L 形

    C．T 形   D．U 形

二 多项选择题

1. 结构的（   ）应使结构在规定的设计使用年限内以规定的可靠度满足规定的各项功能要求。

    A．美观   B．设计

    C．施工   D．稳定

    E．维护

2. 下列装修施工中，属于常见荷载变动的有（   ）。

    A．楼面上加铺隔音层   B．室内增加隔墙

    C．封闭阳台   D．室内增加大吊灯

    E．电线改造

3. 通常条件下，影响梁变形的因素有（   ）。

    A．材料性能   B．构件跨度

    C．构件截面   D．强度

    E．荷载

4. 根据《混凝土结构耐久性设计标准》GB/T 50476—2019 规定，一般环境是指（   ）。

    A．无风雪作用   B．无氯化物作用

    C．无其他化学腐蚀物质作用   D．无冻融作用

    E．无酸雨作用

5. 下列荷载中，属于可变作用的有（   ）。

    A．结构自重   B．爆炸力

    C．雪荷载   D．风荷载

    E．安装荷载

6. 钢筋混凝土结构的优点有（   ）。

    A．耐久性好   B．整体性好

    C．耐火性好   D．可模性好

    E．抗裂性好

7. 混凝土结构体系应满足工程的（   ）性能要求。

    A．承载能力   B．舒适度

C．刚度　　　　　　　　　　　D．节能

E．延性

8．混凝土结构构件之间、非结构构件与结构构件之间的连接应符合（　　　）规定。

A．应满足被连接构件之间的受力及变形性能要求

B．非结构构件与结构构件的连接应适应主体结构变形需求

C．连接不应先于被连接构件破坏

D．连接应先于被连接构件破坏

E．非结构构件与结构构件的连接应适应围护结构变形需求

9．混凝土结构构件应满足结构（　　　）要求。

A．耐久性　　　　　　　　　　B．防水

C．防火　　　　　　　　　　　D．配筋构造

E．混凝土养护

10．混凝土结构构件应符合（　　　）规定。

A．矩形截面框架梁的截面宽度不应小于 200mm

B．矩形截面框架柱的边长不应小于 300mm，圆形截面柱的直径不应小于350mm

C．高层建筑剪力墙的截面厚度不应小于 160mm，多层建筑剪力墙的截面厚度不应小于 140mm

D．现浇钢筋混凝土实心楼板的厚度不应小于 80mm，现浇空心楼板的顶板、底板厚度均不应小于 50mm

E．预制钢筋混凝土实心叠合楼板的预制底板及后浇混凝土厚度均不应小于70mm

11．对设计工作年限 50 年的混凝土结构，结构混凝土的最低强度等级正确的有（　　　）。

A．承受重复荷载作用的钢筋混凝土结构构件，混凝土强度等级不应低于 C30

B．抗震等级不低于二级的钢筋混凝土结构构件，混凝土强度等级不应低于 C30

C．采用 500MPa 钢筋的钢筋混凝土结构构件，混凝土的强度等级不应低于 C30

D．预应力混凝土楼板结构的混凝土强度等级不应低于 C30

E．钢–混凝土组合结构构件的混凝土强度等级不应低于 C35

12．普通钢筋锚固长度取值应符合（　　　）规定。

A．受拉钢筋锚固长度应根据钢筋的直径、钢筋及混凝土抗拉强度等进行计算

B．受压钢筋锚固长度应根据钢筋的直径、钢筋及混凝土抗拉强度等进行计算

C．受拉钢筋锚固长度不应小于 200mm

D．受压钢筋需锚固时，其锚固长度不应小于受拉钢筋锚固长度的 70%

E．受拉钢筋需锚固时，其锚固长度不应小于受压钢筋锚固长度的 70%

13．当施工中进行混凝土结构构件的钢筋、预应力筋代换时，应符合设计规定的（　　　）要求。

A．构件承载能力　　　　　　　B．正常使用

C．配筋构造　　　　　　　　　D．耐久性能

E．变形

14．下列特性中，属于砌体结构特点的有（　　　　）。

A．容易就地取材　　　　　　　　B．较好的耐久性

C．良好的耐火性　　　　　　　　D．保温隔热性能好

E．抗剪能力高

15．砌体结构钢筋混凝土板、屋面板设计规定中，正确的有（　　　　）。

A．现浇钢筋混凝土楼板伸进纵、横墙内的长度不应小于120mm

B．预制钢筋混凝土板在圈梁上的支承长度不应小于80mm

C．当板未直接搁置在圈梁上时，在外墙上的支承长度不应小于100mm

D．预制钢筋混凝土板端钢筋应与支座处沿墙或圈梁配置的纵筋绑扎

E．预制钢筋混凝土板端钢筋应与现浇板可靠连接

16．钢结构设计要求中，正确的有（　　　　）。

A．螺栓孔加工精度满足要求

B．高强度螺栓摩擦面处理工艺正确

C．施加过预拉力的受力高强度螺栓循环使用

D．高强度螺栓施加的预拉力正确

E．任意加大焊缝尺寸

17．承重钢结构采用的钢材应具有（　　　　）性能合格证明。

A．屈服强度　　　　　　　　　　B．伸长率

C．抗拉强度　　　　　　　　　　D．硫、磷含量

E．抗压强度

18．钢结构承受动荷载且需进行疲劳验算时，严禁使用（　　　　）接头。

A．塞焊　　　　　　　　　　　　B．槽焊

C．电渣焊　　　　　　　　　　　D．气电立焊

E．贴角焊

19．关于装配式混凝土结构特点的说法，正确的有（　　　　）。

A．可以提高质量　　　　　　　　B．可以缩短工期

C．可以节约能源　　　　　　　　D．可以减少消耗

E．能有效降低工程造价

20．高层装配整体式结构中宜采用现浇混凝土的部位有（　　　　）。

A．地下室　　　　　　　　　　　B．标准层楼板

C．底部加强部位剪力墙　　　　　D．框架结构首层柱

E．顶层楼盖

【答案与解析】

一、单项选择题

1．D；　　2．B；　　3．A；　　4．B；　　5．B；　　6．D；　　7．B；　　8．D；

9．C；　　10．C；　　*11．C；　　12．B；　　13．A；　　14．C；　　15．C；　　16．D；

*17. B； 18. A； 19. B； 20. D； 21. A； 22. C； 23. A； *24. D；
25. B； 26. A； 27. B； *28. B； 29. B； *30. C； 31. A； *32. D；
*33. C； 34. B； 35. A； 36. D； *37. C； 38. B； 39. D； 40. A；
41. D； 42. B； 43. C； *44. D； *45. A； 46. D； 47. C； 48. D；
49. B； 50. C； 51. D； 52. A

【解析】

11. 答案C

建筑物中各类结构构件的安全等级，宜与整个结构的安全等级相同，对其中部分结构构件的安全等级可进行调整，但不得低于三级。

17. 答案B

从公式看出，梁的变形与构件跨度 l 的 n 次方成正比，因此，其对计算结果影响最大。

24. 答案D

基础中纵向受力钢筋的混凝土保护层厚度不应小于 40mm；当无垫层时，不应小于 70mm。

28. 答案B

建筑结构设计时，对不同荷载应采用不同的代表值，对永久荷载应采用标准值作为代表值。

30. 答案C

钢筋混凝土的主要材料是砂、石，其重量在混凝土中所占比例约为 70%。

32. 答案D

新拌合的混凝土是可塑的，初凝以后，其可塑性变差，终凝后，开始有强度，其可塑性丧失。

33. 答案C

采用高强混凝土，可减小混凝土截面，降低混凝土用量，相应降低了混凝土的自重。

37. 答案C

抗震设防烈度为 9 度的高层建筑，不应采用带转换层的结构、带加强层的结构、错层结构和连体结构。

44. 答案D

处于环境类别为 4 类、5 类条件下的砌体结构应采取抗侵蚀和耐腐蚀措施。

45. 答案A

砌筑砂浆的最低强度等级应符合下列规定：

（1）设计工作年限大于或等于 25 年的烧结普通砖和烧结多孔砖砌体为 M5；设计工作年限小于 25 年的烧结普通砖和烧结多孔砖砌体为 M2.5。

（2）蒸压加气混凝土砌块砌体为 Ma5.0；蒸压灰砂普通砖和蒸压粉煤灰普通砖砌体为 Ms5.0。

（3）混凝土普通砖、混凝土多孔砖砌体为 Mb5。

（4）混凝土砌块、煤矸石混凝土砌块为 Mb7.5。

（5）配筋砌块砌体为 Mb10。

（6）毛料石、毛石砌体为 M5。

二、多项选择题

1．B、C、E；　　　　*2．A、B、C、D；　　　3．A、B、C、E；　　　*4．B、C、D；

5．C、D、E；　　　6．A、B、C、D；　　　7．A、C、E；　　　8．A、B、C；

9．A、B、C、D；　　10．A、B、C、D；　　*11．A、B、C、D；　　12．A、C、D；

13．A、B、C、D；　　14．A、B、C、D；　　15．A、B、D、E；　　16．A、B、D；

17．A、B、C、D；　　18．A、B、C、D；　　19．A、B、C、D；　　20．A、C、D、E

【解析】

2．答案 A、B、C、D

电线改造的荷载变化，对于结构计算的荷载影响微小，可以忽略不计。

4．答案 B、C、D

一般认为，风雪、酸雨作用是自然环境的正常影响，属于一般环境的正常作用。

11．答案 A、B、C、D

对设计工作年限为 50 年的混凝土结构，结构混凝土的强度等级尚应符合下列规定；对设计工作年限大于 50 年的混凝土结构，结构混凝土的最低强度等级应高于下列规定。

素混凝土结构构件的混凝土强度等级不应低于 C20；钢筋混凝土结构构件的混凝土强度等级不应低于 C25；预应力混凝土楼板结构的混凝土强度等级不应低于 C30，其他预应力混凝土结构构件的混凝土强度等级不应低于 C40；钢 – 混凝土组合结构构件的混凝土强度等级不应低于 C30。

第2章 主要建筑工程材料性能与应用

2.1 常用结构工程材料

微信扫一扫
在线做题+答疑

复习要点

2.1.1 建筑钢材的性能与应用
2.1.2 水泥的性能与应用
2.1.3 混凝土及组成材料的性能与应用
2.1.4 砌体材料的性能与应用

一 单项选择题

1. 钢材是以（　　　）为主要元素，并含有其他元素的合金材料。
   A．碳　　　　　　　　　　　　B．铁
   C．磷　　　　　　　　　　　　D．锰

2. 碳素钢中含碳量为（　　　）的属于中碳钢。
   A．0.22%　　　　　　　　　　B．0.42%
   C．0.62%　　　　　　　　　　D．0.82%

3. 合金钢中合金元素总含量为（　　　）的属于低合金钢。
   A．3%　　　　　　　　　　　　B．6%
   C．9%　　　　　　　　　　　　D．12%

4. 一般不用低合金高强度结构钢生产的是（　　　）。
   A．钢板　　　　　　　　　　　B．钢管
   C．钢筋　　　　　　　　　　　D．钢铸件

5. 钢结构中采用的主要钢材是（　　　）。
   A．型钢　　　　　　　　　　　B．钢管
   C．钢索　　　　　　　　　　　D．线材

6. 下列构件中，通常不用薄钢板的是（　　　）。
   A．屋面板　　　　　　　　　　B．结构柱
   C．楼板　　　　　　　　　　　D．墙板

7. 钢筋混凝土结构用钢最主要品种是（　　　）。
   A．热轧钢筋　　　　　　　　　B．热处理钢筋
   C．预应力钢丝　　　　　　　　D．钢绞线

8. 与混凝土的握裹力大，可作为钢筋混凝土用最主要受力钢筋的是（　　　）。
   A．热轧光圆钢筋　　　　　　　B．热轧带肋钢筋
   C．热处理钢筋　　　　　　　　D．预应力钢丝

9. 带肋钢筋牌号后加（　　　）的钢筋更适合有较高要求的抗震结构使用。

A．C   B．D

C．E   D．F

10．下列指标中，不属于建筑钢材拉伸性能的是（   ）。

A．屈服强度   B．抗拉强度

C．强屈比   D．伸长率

11．结构设计中，钢材强度的取值依据是（   ）。

A．抗拉强度   B．抗压强度

C．屈服强度   D．极限强度

12．钢材疲劳破坏是在（   ）状态下突然发生的脆性断裂破坏。

A．低应力   B．高应力

C．低变形   D．高变形

13．普通硅酸盐水泥的代号是（   ）。

A．P·P   B．P·F

C．P·C   D．P·O

14．终凝时间不得长于6.5h的是（   ）水泥。

A．普通   B．硅酸盐

C．矿渣   D．火山灰

15．国家标准规定，六大常用水泥的初凝时间均不得短于（   ）min。

A．45   B．60

C．75   D．90

16．水泥体积安定性不良，会使混凝土构件产生（   ）裂缝，影响工程质量。

A．温度   B．结构

C．收缩   D．膨胀

17．下列水泥中，水化热较大的是（   ）。

A．普通水泥   B．粉煤灰水泥

C．矿渣水泥   D．火山灰水泥

18．袋装水泥每袋（   ）kg。

A．净重25   B．毛重25

C．净重50   D．毛重50

19．下列性能中，不属于混凝土拌合物的和易性的是（   ）。

A．可塑性   B．流动性

C．黏聚性   D．保水性

20．混凝土试件的标准养护条件为（   ）。

A．温度（20±2）℃，相对湿度95%以上

B．温度（20±2）℃，相对湿度95%以下

C．温度（20±3）℃，相对湿度95%以上

D．温度（20±3）℃，相对湿度95%以下

21．影响混凝土强度的因素中，属于原材料方面的是（   ）。

A．搅拌   B．振捣

C．养护的温度　　　　　　　D．水胶比

22．抗冻混凝土的最低抗冻等级是（　　　）。

  A．F25　　　　　　　　　　B．F50

  C．F100　　　　　　　　　　D．F150

23．改善混凝土耐久性的外加剂是（　　　）。

  A．缓凝剂　　　　　　　　　B．早强剂

  C．引气剂　　　　　　　　　D．速凝剂

24．下列混凝土材料中，（　　　）是非活性矿物掺合料。

  A．火山灰质材料　　　　　　B．磨细石英砂

  C．钢渣粉　　　　　　　　　D．硅粉

25．砌筑砂浆用砂宜优先选用（　　　）。

  A．特细砂　　　　　　　　　B．细砂

  C．中砂　　　　　　　　　　D．粗砂

26．在潮湿环境或水中使用的砂浆，必须选用（　　　）作为胶凝材料。

  A．石灰　　　　　　　　　　B．石膏

  C．水玻璃　　　　　　　　　D．水泥

27．砂浆强度等级立方体试件的边长是（　　　）mm。

  A．70　　　　　　　　　　　B．70.2

  C．70.5　　　　　　　　　　D．70.7

28．普通混凝土小型空心砌块的主规格尺寸为（　　　）。

  A．390mm×190mm×190mm　　B．390mm×240mm×240mm

  C．390mm×240mm×190mm　　D．390mm×240mm×120mm

29．关于轻骨料混凝土小型空心砌块特点的说法，错误的是（　　　）。

  A．密度较小　　　　　　　　B．热工性能差

  C．干缩较大　　　　　　　　D．易产生裂缝

30．蒸压加气混凝土砌块通常也可用于（　　　）建筑的承重墙。

  A．低层　　　　　　　　　　B．多层

  C．高层　　　　　　　　　　D．超高层

31．混凝土强度等级的判定依据是（　　　）。

  A．立方体抗压强度　　　　　B．轴心抗压强度

  C．轴向抗拉强度　　　　　　D．劈裂抗拉强度

二　多项选择题

1．优质碳素结构钢按质量等级分为（　　　）。

  A．优质钢　　　　　　　　　B．低级优质钢

  C．中级优质钢　　　　　　　D．高级优质钢

  E．特级优质钢

2．可用优质碳素结构钢生产的有（　　　）。

A．预应力钢丝 　　　　　　　　B．预应力钢绞线

C．预应力锚具 　　　　　　　　D．热轧钢筋

E．高强度螺栓

3．常用的热轧钢筋牌号有（　　　　）。

A．HPB300 　　　　　　　　　B．HRBF335

C．HRB400 　　　　　　　　　D．HRBF400

E．HRB500

4．下列要求中，牌号为"HRB400E"的钢筋需满足的要求有（　　　　）。

A．抗拉强度实测值与屈服强度实测值的比值不小于1.25

B．抗拉强度实测值与屈服强度实测值的比值不大于1.25

C．屈服强度实测值与屈服强度标准值的比值不大于1.30

D．屈服强度实测值与屈服强度标准值的比值不小于1.30

E．钢筋的最大力总延伸率不小于9%

5．钢材的主要力学性能有（　　　　）。

A．弯曲性能 　　　　　　　　　B．焊接性能

C．拉伸性能 　　　　　　　　　D．冲击性能

E．疲劳性能

6．普通硅酸盐水泥的强度等级有（　　　　）。

A．32.5R 　　　　　　　　　　B．42.5

C．42.5R 　　　　　　　　　　D．52.5

E．52.5R

7．按照国家标准规定，确定水泥强度等级的测试指标有（　　　　）。

A．3d的抗压强度 　　　　　　　B．3d的抗折强度

C．7d的抗压强度和抗折强度 　　D．28d的抗压强度

E．28d的抗折强度

8．普通水泥的主要特性有（　　　　）。

A．早期强度高 　　　　　　　　B．水化热小

C．抗冻性较好 　　　　　　　　D．耐热性较差

E．干缩性较小

9．普通混凝土一般是由（　　　　）等组成。

A．水泥 　　　　　　　　　　　B．砂子

C．钢筋 　　　　　　　　　　　D．石子

E．水

10．混凝土的技术性能包括（　　　　）。

A．和易性 　　　　　　　　　　B．强度

C．耐久性 　　　　　　　　　　D．安定性

E．凝结时间

11．普通混凝土的强度性能包括（　　　　）。

A．立方体抗压强度 　　　　　　B．立方体抗压标准强度

C. 轴心抗压强度 　　　　　　D. 抗折强度

E. 抗拉强度

12. 混凝土的耐久性包括（　　　）等性能。

A. 抗渗性 　　　　　　　　　B. 抗冻性

C. 可泵性 　　　　　　　　　D. 碱－骨料反应

E. 钢筋锈蚀

13. 施工中宜采用混凝土缓凝剂的有（　　　）。

A. 高温季节混凝土 　　　　　B. 蒸养混凝土

C. 大体积混凝土 　　　　　　D. 应急工程混凝土

E. 商品混凝土

14. 建筑砂浆按所用胶凝材料的不同，可分为（　　　）。

A. 水泥砂浆 　　　　　　　　B. 石灰砂浆

C. 水泥石灰混合砂浆 　　　　D. 砌筑砂浆

E. 抹面砂浆

15. 为改善砂浆和易性而加入的掺合料有（　　　）。

A. 石灰膏 　　　　　　　　　B. 黏土膏

C. 粉煤灰 　　　　　　　　　D. 防水粉

E. 沸石粉

16. 影响砌筑砂浆强度的因素有（　　　）。

A. 组成材料 　　　　　　　　B. 配合比

C. 组砌方式 　　　　　　　　D. 养护条件

E. 砌体材料的吸水率

17. 砌块通常按其所用主要原料及生产工艺分类，主要有（　　　）。

A. 水泥混凝土砌块 　　　　　B. 黏土烧结砌块

C. 加气混凝土砌块 　　　　　D. 粉煤灰砌块

E. 石膏砌块

【答案与解析】

一、单项选择题

1. B; 　　*2. B; 　　3. A; 　　4. D; 　　5. A; 　　6. B; 　　7. A; 　　8. B;

9. C; 　　10. C; 　　11. C; 　　*12. A; 　　13. D; 　　*14. B; 　　15. A; 　　16. D;

17. A; 　　18. C; 　　19. A; 　　20. A; 　　21. D; 　　22. B; 　　23. C; 　　*24. B;

25. C; 　　26. D; 　　27. D; 　　28. A; 　　29. B; 　　*30. A; 　　31. A

【解析】

2. 答案 B

低碳钢含碳量小于 0.25%、中碳钢含碳量 0.25%～0.6%、高碳钢含碳量大于 0.6%。

12. 答案 A

疲劳破坏是受交变荷载反复作用时，钢材在应力远低于其屈服强度的情况下突然发生脆性断裂破坏的现象。

14. 答案 B

硅酸盐水泥的终凝时间不得大于 6.5h，其他五类常用水泥的终凝时间不得大于 10h。

24. 答案 B

非活性矿物掺合料与水泥组分的化学作用很小，如磨细石英砂、石灰石、硬矿渣等。

30. 答案 A

加气混凝土砌块多用于多层建筑物的非承重墙及隔墙，也可用于低层建筑的承重墙。

二、多项选择题

1. A、D、E； 2. A、B、C、E； *3. A、C、D、E； 4. A、C、E；

5. C、D、E； 6. B、C、D、E； 7. A、B、D、E； 8. A、C、D、E；

9. A、B、D、E； *10. A、B、C； 11. A、B、C、E； 12. A、B、D、E；

*13. A、C、E； 14. A、B、C； 15. A、B、C、E； 16. A、B、D、E；

*17. A、C、D、E

【解析】

3. 答案 A、C、D、E

HRBF335 牌号钢筋已经淘汰。

10. 答案 A、B、C

安定性和凝结时间是水泥的技术要求，不是混凝土的性能要求。

13. 答案 A、C、E

蒸养混凝土是为了混凝土的早强，和缓凝剂的功能相反。同理，缓凝剂也不适用于应急工程混凝土。

17. 答案 A、C、D、E

黏土砖（包括黏土空心砖）是禁用、限用材料，黏土也不用于做砌块材料。

2.2 常用建筑装饰装修和防水、保温材料

复习要点

2.2.1 饰面板材和陶瓷的特性和应用

2.2.2 木材和木制品的特性和应用

2.2.3 建筑玻璃的特性和应用

2.2.4 防水材料的特性和应用

2.2.5 保温隔热材料的特性和应用

一 单项选择题

1. 由于其耐磨性差，用于室内地面，可以采用表面结晶处理提高表面耐磨性和耐酸腐蚀能力的石材是（   ）。

A. 瓷砖 B. 花岗岩

C. 微晶石   D. 大理石

2. 陶瓷砖按吸水率分类，属于高吸水率砖的是（　　　）。

    A. 陶质砖   B. 瓷质砖

    C. 细炻砖   D. 炻瓷砖

3. 湿胀会使木材（　　　）。

    A. 表面鼓凸   B. 开裂

    C. 接榫松动   D. 拼缝不严

4. 下列理化性能指标中，不属于实木地板的是（　　　）。

    A. 含水率   B. 漆膜表面耐磨

    C. 抗滑系数   D. 漆膜附着力

5. 浸渍层压木质地板商品名称为（　　　）。

    A. 实木复合木地板   B. 软木地板

    C. 强化木地板   D. 实木地板

6. 室内用胶合板按甲醛释放限量的标志正确的是（　　　）。

    A. E_0 B. E

    C. E_1 D. E_2

7. 厚度为 3～5mm 的净片玻璃可直接使用的部位是（　　　）。

    A. 有框门窗   B. 隔断

    C. 橱窗   D. 无框门

8. 下列玻璃中，不属于安全玻璃的是（　　　）。

    A. 钢化玻璃   B. 浮法平板玻璃

    C. 防火玻璃   D. 夹层玻璃

9. 关于对钢化玻璃的说法，错误的是（　　　）。

    A. 钢化玻璃机械强度高

    B. 钢化玻璃抗冲击性高

    C. 钢化玻璃碎后不易伤人

    D. 钢化玻璃在受急冷急热作用时易发生炸裂

10. 防火玻璃按耐火等级可分为（　　　）个等级。

    A. 2   B. 3

    C. 4   D. 5

11. 关于防火玻璃耐火等级的说法，错误的是（　　　）。

    A. 大于等于 1h   B. 大于等于 2h

    C. 大于等于 3h   D. 大于等于 3.5h

12. 下列玻璃中，适用于采光天窗的是（　　　）。

    A. 浮法玻璃   B. 吸热玻璃

    C. 夹层玻璃   D. 热反射玻璃

13. 下列玻璃中，不属于节能装饰型玻璃的是（　　　）。

    A. 着色玻璃   B. 镀膜玻璃

    C. 平板玻璃   D. 中空玻璃

14. 关于镀膜玻璃的说法，错误的是（　　　　）。

    A．具有良好的隔热性能　　　　　　B．具有良好的采光性

    C．可以避免暖房效应　　　　　　　D．具有单向透视性

15. 低辐射膜玻璃又称"Low-E"玻璃，该种玻璃对于可见光有较高的（　　　　）。

    A．反射率　　　　　　　　　　　　B．遮光率

    C．透过率　　　　　　　　　　　　D．吸光率

16. 下列功能要求中，通常不采用中空玻璃的是（　　　　）。

    A．保温　　　　　　　　　　　　　B．隔热

    C．吸光　　　　　　　　　　　　　D．隔声

17. 下列关于中空玻璃的描述正确的是（　　　　）。

    A．露点低　　　　　　　　　　　　B．玻璃层间气体导热系数大

    C．可以有效吸收太阳辐射热　　　　D．可以避免眩光

18. 下列防水卷材中，抗穿刺性能优异的是（　　　　）。

    A．自粘复合防水卷材　　　　　　　B．TPO 防水卷材

    C．SBS 改性沥青防水卷材　　　　　D．APP 改性沥青防水卷材

19. 下列防水卷材中，具有较好自愈性特点的是（　　　　）。

    A．APP 改性沥青防水卷材　　　　　B．聚乙烯丙纶（涤纶）防水卷材

    C．PVC 高分子防水卷材　　　　　　D．自粘复合防水卷材

20. 下列防水涂料中，属于刚性防水材料的是（　　　　）。

    A．聚氨酯　　　　　　　　　　　　B．水泥基渗透结晶型

    C．JS 聚合物水泥基　　　　　　　　D．丙烯酸酯

21. 兼有结构层和防水层双重功效的防水材料是（　　　　）。

    A．防水卷材　　　　　　　　　　　B．防水砂浆

    C．防水混凝土　　　　　　　　　　D．防水涂料

22. 起到防水保护和装饰作用的防水材料是（　　　　）。

    A．防水涂料　　　　　　　　　　　B．防水砂浆

    C．防水混凝土　　　　　　　　　　D．防水卷材

23. 防水砂浆不适用于（　　　　）的工程。

    A．结构刚度大　　　　　　　　　　B．建筑物变形小

    C．有剧烈振动　　　　　　　　　　D．抗渗要求不高

24. 不属于纤维状保温材料的是（　　　　）。

    A．岩棉　　　　　　　　　　　　　B．膨胀蛭石

    C．矿渣棉　　　　　　　　　　　　D．硅酸铝棉

25. 下列材料中，导热系数最小的是（　　　　）材料。

    A．金属　　　　　　　　　　　　　B．非金属

    C．液体　　　　　　　　　　　　　D．气体

26. 影响保温材料导热系数的因素中，说法正确的是（　　　　）。

    A．表观密度小，导热系数大；孔隙率相同时，孔隙尺寸越大，导热系数越大

    B．表观密度小，导热系数小；孔隙率相同时，孔隙尺寸越大，导热系数越大

C. 表观密度小，导热系数小；孔隙率相同时，孔隙尺寸越小，导热系数越大

D. 表观密度小，导热系数大；孔隙率相同时，孔隙尺寸越小，导热系数越小

27. 中空玻璃微珠表面的主要特性不包括（   ）。

    A. 耐沾污性   B. 耐气候老化性

    C. 反射隔热性能   D. 抗振隔声性能

二 多项选择题

1. 天然大理石板材等级按质量分为（   ）。

    A. A 级   B. B 级

    C. C 级   D. D 级

    E. E 级

2. 人造石按主要原材料分为（   ）。

    A. 人造石实体面材   B. 人造石英石

    C. 人造石岗石   D. 大理石

    E. 石灰石

3. 陶瓷砖按吸水率可分为（   ）。

    A. 低吸水率砖   B. 中吸水率砖

    C. 高吸水率砖   D. 陶质砖

    E. 釉面砖

4. 下列关于卫生陶瓷说法正确的有（   ）。

    A. 卫生陶瓷产品的任何部位的坯体厚度应不小于 6mm

    B. 所有带整体存水弯便器的水封深度应不小于 50mm

    C. 小便器普通型用水上限不大于 4.0L

    D. 小便器节水型用水上限不大于 3.0L

    E. 小便器节水型用水上限不大于 4.0L

5. 干缩会使木材发生（   ）。

    A. 翘曲   B. 开裂

    C. 接榫松动   D. 拼缝不严

    E. 表面鼓凸

6. 可使用 8～12mm 平板玻璃的部分有（   ）。

    A. 隔断   B. 有框门窗

    C. 橱窗   D. 无框门

    E. 天窗

7. 下列玻璃中，属于安全玻璃的有（   ）。

    A. 钢化玻璃   B. 防火玻璃

    C. 镀膜玻璃   D. 夹层玻璃

    E. 彩釉玻璃

8. 常用的防水材料有（   ）。

A．金属材料   B．防水卷材

C．建筑防水涂料   D．刚性防水材料

E．建筑密封材料

9．建筑上可采用建筑密封材料保持水密、气密性能的部位有（   ）。

A．裂缝   B．沉降缝

C．施工缝   D．伸缩缝

E．抗震缝

10．保温材料按材质可分为（   ）。

A．无机保温材料   B．有机保温材料

C．纤维状保温材料   D．复合保温材料

E．多孔状保温材料

11．聚氨酯泡沫塑料保温材料主要性能特点有（   ）。

A．保温性能好   B．防水性能优

C．防火性能好   D．使用范围广

E．耐腐蚀性好

【答案与解析】

一、单项选择题

1．D；   2．A；   3．A；   4．C；   5．C；   6．C；   7．A；   8．B；

9．D；   *10．D；   11．D；   *12．C；   13．C；   14．B；   15．C；   16．C；

17．A；   18．B；   *19．D；   20．B；   21．C；   22．A；   23．C；   24．B；

25．D；   26．B；   27．D

【解析】

10．答案 D

防火玻璃按耐火等级可分为五级，分别对应 3h、2h、1.5h、1h、0.5h。

12．答案 C

采光天窗应采用夹层安全玻璃，防止玻璃破碎散落伤人。

19．答案 D

所列防水卷材中，只有自粘复合防水卷材具有自愈性好的特点。

二、多项选择题

*1．A、B、C；   2．A、B、C；   3．A、B、C；   4．A、B、C、D；

5．A、B、C、D；   6．A、C、D；   *7．A、B、D；   8．B、C、D、E；

*9．A、B、D、E；   10．A、B、D；   11．A、B、C、E

【解析】

1．答案 A、B、C

天然大理石板材按板材的加工质量和外观质量分为 A、B、C 三个等级。

7．答案 A、B、D

安全玻璃包括钢化玻璃、防火玻璃、夹层玻璃。镀膜玻璃和彩釉玻璃都不属于安

全玻璃。

9. 答案A、B、D、E

施工缝是一种因混凝土先、后施工而形成的接缝（面），不是通常意义上的缝，一般不需要进行密封处理。

3.1　施工测量放线

微信扫一扫
在线做题＋答疑

复习要点

3.1.1　常用测量仪器的性能与应用

3.1.2　施工测量放线的内容与方法

一　单项选择题

1. 楼层内测量放线常用的距离测量工具是（　　　）。
   A．钢尺　　　　　　　　　　B．水准仪
   C．经纬仪　　　　　　　　　D．全站仪

2. 测量工程轴线间距时，一般使用的钢尺长度为（　　　）。
   A．2m　　　　　　　　　　　B．3m
   C．5m　　　　　　　　　　　D．20m

3. 常用于一般工程测量的水准仪型号是（　　　）。
   A．$DS_{0.5}$　　　　　　　　　B．DS_1
   C．DS_2　　　　　　　　　　D．DS_3

4. 住宅工程测量中常用的水准尺长度为（　　　）m。
   A．1　　　　　　　　　　　　B．2
   C．3　　　　　　　　　　　　D．4

5. 工程中最常用的经纬仪型号是（　　　）。
   A．$DJ_{0.7}$　　　　　　　　　B．DJ_1
   C．DJ_2　　　　　　　　　　D．DJ_6

6. 经纬仪的主要功能是测量（　　　）。
   A．角度　　　　　　　　　　B．距离
   C．高差　　　　　　　　　　D．高程

7. 激光铅直仪的主要功能是（　　　）。
   A．测高差　　　　　　　　　B．测角度
   C．测坐标　　　　　　　　　D．点位竖向传递

8. 能够同时测出角度和距离的仪器是（　　　）。
   A．经纬仪　　　　　　　　　B．全站仪
   C．水准仪　　　　　　　　　D．铅直仪

9. 高层建筑物主轴线竖向投测一般采用的方法是（　　　）。
   A．内控法　　　　　　　　　B．外控法
   C．内、外控兼顾法　　　　　D．轴线法

10. 前视点 A 的高程为 20.503m，读数为 1.082m，后视点 B 的读数为 1.102m，则后视点 B 的高程为（　　　）m。

    A．21.582　　　　　　　　　　B．21.605

    C．20.483　　　　　　　　　　D．19.421

11. 组成全站仪的部件主要包括（　　　）。

    A．经纬仪和水准仪

    B．仪器和支架

    C．电子记录装置和电子经纬仪

    D．电子测距仪、电子经纬仪和电子记录装置

12. 某高层建筑标高竖向传递时，标高传递孔应至少设置（　　　）处。

    A．2　　　　　　　　　　　　B．3

    C．4　　　　　　　　　　　　D．5

二　多项选择题

1. 建筑工程中，常用于网格测量距离的钢尺长度有（　　　）。

    A．50m　　　　　　　　　　B．10m

    C．20m　　　　　　　　　　D．30m

    E．40m

2. 钢尺量距结果中应考虑的修正因素有（　　　）。

    A．尺长　　　　　　　　　　B．温度

    C．湿度　　　　　　　　　　D．倾斜

    E．人员

3. 下列用于精密水准测量的仪器有（　　　）。

    A．$DS_{0.5}$　　　　　　　　　B．DS_1

    C．DS_2　　　　　　　　　　D．DS_3

    E．DS_4

4. 可以测出两点间水平距离的仪器有（　　　）。

    A．水准仪　　　　　　　　　B．经纬仪

    C．全站仪　　　　　　　　　D．水准尺

    E．卷尺

5. 下列部件中，属于全站仪主要组成部分的有（　　　）。

    A．电子测距仪　　　　　　　B．底座

    C．电子经纬仪　　　　　　　D．电子记录装置

    E．传输接口

6. 施工现场的测量工作主要有对（　　　）的测设。

    A．长度　　　　　　　　　　B．角度

    C．平面位置　　　　　　　　D．高程

    E．城市水准点

7. 结构施工期间测量的主要工作内容有（　　　）。

　　A．轴线基准点设置　　　　　　B．施工楼层放线抄平

　　C．轴线投测　　　　　　　　　D．标高传递

　　E．测量人员培训

【答案与解析】

【解析】

2．答案 D

轴线定位尺长必须足够，以减少多次测量带来的误差，一般工程轴线长度为 5m 以上，20m 以下，故选 D 合理。

4．答案 C

工程中常用的水准尺长度为 3m，也是标准尺；其他长度的为非标尺，偶尔也在特别部位使用，是特殊定制的。

7．答案 D

该仪器是点位竖向传递的专用仪器，目前在高层建筑中常用。

9．答案 A

高层建筑轴线传递频繁，且涉及外装修的插入施工、操作人员的安全，还存在脚手架等障碍，因此常采用内控法，且控制点也容易保护。B 方法适用于多层建筑，C 方法不切实际，D 方法不存在。

10．答案 C

水准仪测高程是建立在"水平"的基础上，即 $H_A + a = H_B + b$，$H_B = 20.503 + 1.082 - 1.102 = 20.483m$，故选 C。

【解析】

3．答案 A、B

工程中常用的水准仪有 $DS_{0.5}$、DS_1、DS_3，$DS_{0.5}$、DS_1 为精密水准仪，用于精密测量，DS_3 为普通水准仪，用于一般工程，没有 DS_2、DS_4 型号。

4．答案 A、B、C

A 和 B 可通过视距测量原理得出，C 可以直接测得，D 是辅助工具，E 只能直接测出两点间的距离，不能测出水平距离。

7．答案 A、B、C、D

前 4 项均属于结构施工期间不可少的工作内容，培训应在工作之外进行，且人员上岗应能熟练操作，不属于主要工作内容。

3.2 地基与基础工程施工

复习要点

3.2.1　基坑支护工程施工
3.2.2　土方与人工降排水施工
3.2.3　基坑验槽的方法与要求
3.2.4　常见地基处理方法应用
3.2.5　混凝土桩基础施工
3.2.6　混凝土基础施工

一　单项选择题

1. 下列土方开挖方式中，属于无支护土方工程的是（　　）。
   - A．放坡开挖
   - B．中心岛式开挖
   - C．盆式挖土
   - D．逆作法挖土

2. 当基坑开挖深度不大，地质条件和周围环境允许时，最适宜的开挖方案是（　　）。
   - A．逆作法挖土
   - B．中心岛式挖土
   - C．盆式挖土
   - D．放坡挖土

3. 当基坑较深，开挖土体大多位于地下水位以下时，应首先采取的合理措施是（　　）。
   - A．放坡
   - B．降水
   - C．加固
   - D．分段开挖

4. 下列土料中，不能用作填方土料的是（　　）。
   - A．碎石土
   - B．黏性土
   - C．含有机质 6% 的土
   - D．砂土

5. 采用平碾压实土方时，通常每层虚铺厚度为（　　）mm，每层压实（　　）遍。
   - A．200～250，3～4
   - B．200～250，6～8
   - C．250～300，3～4
   - D．250～300，6～8

6. 基坑排水明沟边缘与边坡坡脚的距离应不小于（　　）m。
   - A．0.5
   - B．0.4
   - C．0.3
   - D．0.2

7. 基坑验槽时应仔细检查基槽（坑）的开挖平面位置、尺寸和深度，核对是否与（　　）相符。
   - A．设计图纸
   - B．勘察报告
   - C．施工方案
   - D．钎探记录

8. 地基验槽通常采用观察法。对于基底以下土层的不可见部位，通常采用（　　）法。

A. 局部开挖 B. 钎探

C. 钻孔 D. 超声波检测

9. 基槽底采用钎探时，记录一次锤击数的钢钎贯入深度为（　　）mm。

A. 200 B. 250

C. 300 D. 350

10. 大体积混凝土采取分层浇筑时，应在下层混凝土（　　）浇筑上层混凝土。

A. 终凝前 B. 终凝后

C. 初凝前 D. 初凝后

11. 下列振捣设备中，最适宜用于大体积混凝土振捣的是（　　）。

A. 振捣棒 B. 振动台

C. 平板振动器 D. 外部振动器

12. 采用普通硅酸盐水泥拌制的大体积混凝土的养护时间不得少于（　　）d。

A. 7 B. 14

C. 21 D. 28

13. 当基础平面尺寸过大时，混凝土浇筑可设置（　　）。

A. 沉降带 B. 后浇带

C. 变形带 D. 温度带

14. 钢筋混凝土预制桩采用静力压桩法施工时，其施工工序包括：① 打桩机就位；② 测量定位；③ 吊桩插桩；④ 桩身对中调直；⑤ 静压沉桩。正确的施工程序为（　　）。

A. ①②③④⑤ B. ②①③④⑤

C. ①②③⑤④ D. ②①③⑤④

15. 泥浆护壁钻孔灌注桩施工工艺流程中，"第二次清孔"的下一道工序是（　　）。

A. 下钢筋笼 B. 下钢导管

C. 孔位校正 D. 清孔质量检验

16. 基坑支护结构安全等级为二级时，其相对应的重要系数是（　　）。

A. 0.90 B. 1.00

C. 1.10 D. 1.20

17. 基坑工程监测工作应贯穿于基坑工程和（　　）工程施工全过程。

A. 地下 B. 地上

C. 装饰装修 D. 机电安装

二 多项选择题

1. 建筑地基的岩土可分为（　　）。

A. 岩石 B. 碎石土

C. 砂土 D. 黏性土

E. 混凝土

2. 土钉墙可分为（　　）等类型。

A. 单一土钉墙 B. 预应力锚杆复合土钉墙

C. 水泥土桩复合土钉墙　　　　D. 微型桩复合土钉墙

E. 重力式挡土墙

3. 填方土料应符合设计要求，一般情况下可选用的有（　　　）。

A. 砂土　　　　　　　　　　B. 淤泥质土

C. 膨胀土　　　　　　　　　D. 有机质含量大于 8% 的土

E. 碎石土

4. 关于土方填筑与压实的说法，正确的有（　　　）。

A. 填土应从最低处开始分层进行

B. 填方应尽量采用同类土填筑

C. 基础墙两侧应分别回填夯实

D. 当天填土当天压实

E. 当填方高度大于 10m 时，填方边坡坡度可采用 1：1.0

5. 基坑验槽时，必须参加的单位有（　　　）。

A. 施工单位　　　　　　　　B. 勘察单位

C. 监理单位　　　　　　　　D. 设计单位

E. 质量监督单位

6. 验槽的主要内容有（　　　）。

A. 基槽支护体系

B. 基槽的开挖平面位置、尺寸、槽底深度

C. 槽壁、槽底土质类型、均匀程度

D. 基槽之中是否有旧建筑物基础、古井、古墓、洞穴和地下掩埋物等

E. 基槽边坡外缘与附近建筑物的距离

7. 采用钎探法判断土的软硬情况及有无古井、古墓、洞穴、地下掩埋物等，主要的分析指标有（　　　）。

A. 钎孔大小　　　　　　　　B. 钎锤重量

C. 锤击次数　　　　　　　　D. 入土深度

E. 入土难易程度

8. 验槽时，需进行轻型动力触探的情况有（　　　）。

A. 持力层明显不均匀

B. 局部有软弱下卧层

C. 基槽底面有积水

D. 基槽底面存在高低差

E. 直接观察难以发现的浅埋坑穴、古墓、古井等

9. 设备基础混凝土分层浇筑时，下面做法正确的有（　　　）。

A. 允许上下层之间留设施工缝

B. 保证上下层之间不留施工缝

C. 保证下层初凝前浇筑上层

D. 保证下层初凝后浇筑上层

E. 每层混凝土的厚度为 300～500mm

10. 大体积混凝土所用水泥宜优先选用（　　）。

    A．中热硅酸盐水泥　　　　　　　B．硅酸盐水泥

    C．低热硅酸盐水泥　　　　　　　D．低热矿渣硅酸盐水泥

    E．普通水泥

11. 复合地基按照增强体的不同可分为（　　）。

    A．旋喷桩复合地基　　　　　　　B．强夯处理地基

    C．水泥粉煤灰碎石桩复合地基　　D．灰土（土）挤密桩复合地基

    E．砂石地基

12. 下列有利于大体积混凝土裂缝控制的措施有（　　）。

    A．掺入一定量的粉煤灰

    B．采用二次抹面工艺

    C．适当提高水胶比

    D．选用硅酸盐水泥

    E．采用人工降温措施，降低混凝土的浇筑温度

13. 钻孔灌注桩可以分为（　　）。

    A．人工挖孔灌注桩　　　　　　　B．干作业法钻孔灌注桩

    C．泥浆护壁法钻孔灌注桩　　　　D．套管护壁法钻孔灌注桩

    E．沉管灌注桩

14. 降水井井点管安装完毕后应进行试运转，运转过程中应检查的项目有（　　）。

    A．管路接头　　　　　　　　　　B．出水状况

    C．观测孔中的水位　　　　　　　D．排水沟

    E．机械设备运转情况

15. 关于基坑工程监测的规定，正确的有（　　）。

    A．应编制基坑工程监测方案

    B．当基坑监测到变形值应立即进行预警

    C．监测点应沿基坑围护墙顶部周边布设

    D．基坑降水应对水位降深进行监测

    E．逆作法施工应全过程进行监测

16. 基坑工程监测应至少进行（　　）监测。

    A．基坑底沉降　　　　　　　　　B．围护墙顶部水平位移

    C．围护墙顶部沉降　　　　　　　D．周边建筑沉降

    E．周边道路沉降

三　实务操作和案例分析题

【案例 3.2-1】

背景：

某写字楼工程，建筑面积 78000m^2，现浇框筒结构，地下 2 层，地上 36 层。基础

埋深 8.4m，底板厚 2.1m，底板混凝土为 C40P10。已知：

1. 本工程处于软土地区，地下水位 –2.00m，基坑开挖深度 8.2m。
2. 项目经理部编制了基础底板混凝土施工方案，确定了商品混凝土供应站。
3. 基础底板施工环境温度 29℃，混凝土入模温度 40℃。

问题：

1. 说明基础底板大体积混凝土温度控制应符合哪些规定？
2. 结合本工程，说明大体积混凝土裂缝控制的措施。

【答案与解析】

一、单项选择题

1. A；　2. D；　3. B；　4. C；　5. D；　6. A；　7. A；　8. B；
9. C；　10. C；　11. A；　12. B；　13. B；　14. B；　15. D；　16. B；
17. A

二、多项选择题

1. A、B、C、D；　　2. A、B、C、D；　　3. A、E；　　　　4. A、B、D；
5. A、B、C、D；　　6. B、C、D、E；　　7. C、E；　　　　8. A、B、E；
*9. B、C、E；　　　10. A、C、D；　　　11. A、C、D；　　*12. A、B、E；
*13. B、C、D；　　　14. A、B、E；　　　15. A、C、D、E；　16. B、C、D、E

【解析】

9. 答案 B、C、E

混凝土初凝后再进行振捣，会破坏已经凝结的混凝土结构。因此，应在下层混凝土初凝前将上层混凝土浇筑完毕；由于设备基础承受的上部荷载很大，故混凝土施工中一般不宜留设施工缝。所以 A、D 不正确。

12. 答案 A、B、E

提高水胶比会相应增加胶凝材料中水泥的用量；硅酸盐水泥水化热较高，不利于大体积混凝土施工。

13. 答案 B、C、D

钢筋混凝土灌注桩按其成孔方法不同，可分为钻孔灌注桩、沉管灌注桩和人工挖孔灌注桩等几类，A、E 不是钻孔灌注桩工艺。

三、实务操作和案例分析题

【案例 3.2-1】答：

1. 基础底板大体积混凝土施工时，应对混凝土进行温度控制，并应符合下列规定：

（1）混凝土浇筑体的入模温度不宜大于 30℃，最大温升值不宜大于 50℃；

（2）混凝土浇筑块体的里表温差（不含混凝土收缩的当量温度）不宜大于 25℃；

（3）混凝土浇筑体的降温速率不宜大于 2.0℃/d；

（4）混凝土浇筑体表面与大气温差不宜大于 20℃。

2. 大体积混凝土裂缝的主要控制措施有：

（1）优先选用低水化热的水泥拌制混凝土，并适当使用缓凝减水剂。

（2）在保证混凝土设计强度等级的前提下，适当降低水胶比，减少胶凝材料中水泥用量。

（3）降低混凝土的入模温度，控制混凝土内外的温差。如降低拌合水温度；骨料用水冲洗降温，避免暴晒。

（4）及时对混凝土覆盖保温、保湿材料，并加强养护。

（5）可在基础内预埋冷却水管，通入循环水，强制降低混凝土水化热产生的温度。

（6）在拌合混凝土时，还可掺入适量的微膨胀剂或膨胀水泥，使混凝土得到补偿收缩，减少混凝土的温度应力。

（7）设置后浇缝，以减小外应力和温度应力；同时，也有利于散热，降低混凝土的内部温度。

（8）大体积混凝土可采用二次抹面工艺，减少表面收缩裂缝。

3.3 主体结构工程施工

复习要点

3.3.1 混凝土结构工程施工
3.3.2 砌体结构工程施工
3.3.3 钢结构工程施工
3.3.4 装配式混凝土结构工程施工
3.3.5 常见施工脚手架

一 单项选择题

1. 下列模板中，最适宜用于混凝土冬期施工的是（　　）。
   A. 大钢模板　　　　　　　　B. 木模板
   C. 滑升模板　　　　　　　　D. 爬升模板

2. 下列因素中，不属于模板工程设计主要原则的是（　　）。
   A. 实用性　　　　　　　　　B. 安全性
   C. 经济性　　　　　　　　　D. 耐久性

3. 跨度为 8m 的现浇钢筋混凝土梁，其模板设计时，起拱高度宜为（　　）mm。
   A. 4　　　　　　　　　　　B. 6
   C. 16　　　　　　　　　　　D. 25

4. 现浇钢筋混凝土楼盖，梁的跨度为 6m，板的跨度为 4m，设计对拆模无特别要求，楼盖拆模时现场混凝土强度至少应达到设计强度的（　　）%。
   A. 50　　　　　　　　　　　B. 75
   C. 90　　　　　　　　　　　D. 100

5. 跨度为 2m 的板，设计混凝土强度等级为 C20，底模拆除时，其同条件养护的标准立方体试块的抗压强度标准值至少应达到（　　　）N/mm²。

    A．5　　　　　　　　　　　　　B．10

    C．15　　　　　　　　　　　　　D．20

6. 某悬挑长度为 1.2m、设计强度等级为 C30 的现浇混凝土阳台板，拆除底模时，其混凝土强度至少应达到（　　　）N/mm²。

    A．15　　　　　　　　　　　　　B．21

    C．22.5　　　　　　　　　　　　D．30

7. 常温条件下墙体模板拆除时，混凝土强度至少应达到（　　　）N/mm²。

    A．0.5　　　　　　　　　　　　B．1.0

    C．2.0　　　　　　　　　　　　D．5.0

8. 关于梁钢筋保护层厚度的说法，正确的是（　　　）。

    A．主筋表面至梁表面的距离　　　B．主筋中心至梁表面的距离

    C．箍筋表面至梁表面的距离　　　D．箍筋中心至梁表面的距离

9. 梁下部纵向受力钢筋接头位置宜设置在（　　　）。

    A．梁跨中 1/3 处　　　　　　　　B．梁支座处

    C．距梁支座 1/3 处　　　　　　　D．可随意设置

10. 当采用冷拉调直钢筋时，必须控制钢筋的（　　　）。

    A．冷拉率　　　　　　　　　　　B．屈服强度

    C．强屈比　　　　　　　　　　　D．直径

11. 已知某钢筋混凝土单向板中受力钢筋的直径 D 为 8mm，外包尺寸 3300mm，钢筋两端弯钩的增长值各为 $6.25D$，钢筋保护层厚度为 20mm，则此钢筋的下料长度为（　　　）mm。

    A．3236　　　　　　　　　　　　B．3314

    C．3360　　　　　　　　　　　　D．3386

12. 按一、二级抗震等级设计的各类框架中的纵向受力钢筋，当采用普通钢筋时，其检验所得的钢筋抗拉强度实测值与下屈服强度实测值的比值不应小于（　　　）。

    A．1.2　　　　　　　　　　　　B．1.25

    C．1.3　　　　　　　　　　　　D．1.35

13. 框架梁柱节点部位，板、次梁与主梁交叉处，其钢筋的绑扎位置正确的是（　　　）。

    A．主梁筋在上，次梁筋居中，板筋在下

    B．主梁筋居中，次梁筋在下，板筋在上

    C．主梁筋在下，次梁筋在上，板筋居中

    D．主梁筋在下，次梁筋居中，板筋在上

14. 混凝土施工缝宜留在结构受（　　　）较小且便于施工的部位。

    A．荷载　　　　　　　　　　　　B．弯矩

    C．剪力　　　　　　　　　　　　D．压力

15. 梁板后浇带的模板及支架应（　　　）设置。

    A．独立　　　　　　　　　　　　B．与梁板一起

C．先于梁板　　　　　　　　　D．拆除后重新

16．墙模板内混凝土浇筑（粗骨料最大粒径 36.5mm）时出料口距离工作面达到（　　　）m 及以上时，应采用溜槽或串筒的措施。

  A．1　　　　　　　　　　　　B．2

  C．3　　　　　　　　　　　　D．5

17．在浇筑墙柱混凝土时，在其底部应先注入不大于 30mm 厚的与混凝土成分相同的（　　　）。

  A．水泥浆　　　　　　　　　　B．水泥砂浆

  C．细石混凝土　　　　　　　　D．混凝土

18．填充后浇带的微膨胀混凝土浇筑完后应保持至少（　　　）d 的湿润养护。

  A．7　　　　　　　　　　　　B．10

  C．14　　　　　　　　　　　　D．21

19．当采用插入式振捣器振捣混凝土时，应（　　　）。

  A．快插快拔　　　　　　　　　B．快插慢拔

  C．慢插快拔　　　　　　　　　D．慢插慢拔

20．在施工缝处继续浇筑混凝土时，其抗压强度不应小于（　　　）。

  A．1.2N/mm^2　　　　　　　　B．2.5N/mm^2

  C．设计强度的 25%　　　　　　D．设计强度的 50%

21．混凝土标准养护条件的养护温度、湿度分别为（　　　）。

  A．20±5℃，90%　　　　　　　B．20±2℃，90%

  C．20±5℃，95%　　　　　　　D．20±2℃，95%

22．在常温条件下采用自然养护方法时，主体结构混凝土浇筑完毕后，应在（　　　）h 内加以覆盖和浇水。

  A．12　　　　　　　　　　　　B．16

  C．20　　　　　　　　　　　　D．24

23．对于掺用缓凝型外加剂、矿物掺合料或有抗渗性要求的混凝土，覆盖浇水养护的时间不得少于（　　　）。

  A．7d　　　　　　　　　　　　B．10d

  C．14d　　　　　　　　　　　　D．15d

24．泵送混凝土的坍落度至少应达到（　　　）mm。

  A．20　　　　　　　　　　　　B．50

  C．80　　　　　　　　　　　　D．100

25．砖砌体留直槎时应加设拉结筋，拉结筋应沿墙高每（　　　）mm 留一道。

  A．300　　　　　　　　　　　　B．500

  C．750　　　　　　　　　　　　D．1000

26．下列砌筑加气混凝土砌块时错缝搭接的做法中，正确的是（　　　）。

  A．搭砌长度不应小于砌块长度的 1/4

  B．搭砌长度不应小于 100mm

  C．搭砌长度不应小于砌块长度的 1/3

D．搭砌不受长度影响

27．《砌体结构工程施工质量验收规范》GB 50203—2011 规定，凡在砂浆中掺入（　　），应有砌体强度的型式检验报告。

A．有机塑化剂　　　　　　　　　　　B．缓凝剂

C．早强剂　　　　　　　　　　　　　D．防冻剂

28．加气混凝土砌块的竖向灰缝宽度宜为（　　）mm。

A．5　　　　　　　　　　　　　　　　B．10

C．15　　　　　　　　　　　　　　　　D．20

29．施工时所用小砌块的产品龄期不应小于（　　）d。

A．12　　　　　　　　　　　　　　　　B．24

C．28　　　　　　　　　　　　　　　　D．36

30．混凝土小型空心砌块墙体高 3.6m，转角处和纵横墙交接处应同时砌筑，若有临时间断，应砌成斜槎，斜槎水平投影长度不应小于（　　）m。

A．1.2　　　　　　　　　　　　　　　B．2.4

C．3.6　　　　　　　　　　　　　　　D．4.8

31．砖砌体工程中可设置脚手眼的墙体或部位是（　　）。

A．120mm 厚墙　　　　　　　　　　B．砌体门窗洞口两侧 450mm 处

C．独立柱　　　　　　　　　　　　　D．宽度为 800mm 的窗间墙

32．关于小砌块砌筑方式的说法，正确的是（　　）。

A．底面朝下正砌　　　　　　　　　　B．底面朝外垂直砌

C．底面朝上反砌　　　　　　　　　　D．底面朝内垂直砌

33．高强度螺栓连接摩擦面的处理不宜采用（　　）方法。

A．切削　　　　　　　　　　　　　　B．喷丸

C．喷砂　　　　　　　　　　　　　　D．酸洗

34．钢结构的连接方法不包括（　　）。

A．焊接　　　　　　　　　　　　　　B．铆接

C．高强度螺栓连接　　　　　　　　　D．绑扎

35．钢结构涂装工程通常情况下，（　　）。

A．先进行防火涂料涂装，再进行防腐涂料涂装

B．先进行防腐涂料涂装，再进行防火涂料涂装

C．防腐涂料与防火涂料同时涂装

D．防腐涂料与防火涂料交替涂装

36．钢结构连接节点处，高强度螺栓紧固次序应为（　　）。

A．从中间开始，对称向两边进行

B．从两边开始，对称向中间进行

C．从一边开始，依次向另一边进行

D．根据螺栓受力情况而定

37．预制构件采用钢筋套筒灌注连接时，其浆料应做的试块尺寸正确的是（　　）。

A．100mm×100mm×100mm　　　　　B．40mm×40mm×160mm

C. 150mm×150mm×150mm   D. 70mm×70mm×70mm

38. 常温型灌浆料灌浆施工时，其环境温度不应低于（   ）℃。

    A. 0   B. 4

    C. 5   D. 10

39. 属于脚手架的永久荷载的是（   ）。

    A. 施工荷载   B. 脚手板自重

    C. 风荷载   D. 水平泵管设置的作用

40. 支撑脚手架独立架体高宽比不应大于（   ）。

    A. 2.0   B. 2.5

    C. 3.0   D. 3.5

二 多项选择题

1. 模板工程应具有足够的（   ）。

    A. 承载力   B. 刚度

    C. 整体稳固性   D. 耐久性

    E. 经济性

2. 关于模板工程安装的说法，错误的有（   ）。

    A. 模板用木杆、钢管、门架等支架立柱不得混用

    B. 梁柱节点的模板宜在钢筋安装前安装

    C. 浇筑混凝土前，所有模板均应浇水湿润，但模板内不得有积水

    D. 模板及其支架基础应平整、坚实

    E. 模板的接缝应严密，不漏浆

3. 关于模板拆除顺序的说法，正确的有（   ）。

    A. 先支先拆，后支后拆

    B. 后支先拆，先支后拆

    C. 先拆非承重部分，后拆承重部分

    D. 先拆承重部分，后拆非承重部分

    E. 先下后上，先内后外

4. 钢筋代换后，钢筋的（   ）等构造要求应符合规范要求。

    A. 间距   B. 锚固长度

    C. 最小钢筋直径   D. 重量

    E. 数量

5. 钢筋安装常用的连接方法有（   ）。

    A. 焊接连接   B. 铆钉连接

    C. 化学粘结   D. 机械连接

    E. 绑扎连接

6. 关于钢筋安装的说法中，正确的有（   ）。

    A. 框架梁钢筋一般应安装在柱纵向钢筋外侧

B．柱箍筋转角与纵向钢筋交叉点均应扎牢

C．楼板的钢筋中间部分可以相隔交叉绑扎

D．现浇悬挑板上部负筋被踩下可以不修理

E．主次梁交叉处主梁钢筋通常在下

7．某现浇钢筋混凝土楼盖，主梁跨度为 8.4m，次梁跨度为 4.5m，次梁轴线间距为 4.2m，下列施工缝留置方式正确的有（　　　　）。

A．距主梁轴线 1m，且平行于主梁轴线

B．距主梁轴线 1.8m，且平行于主梁轴线

C．距主梁轴线 2m，且平行于主梁轴线

D．距次梁轴线 2m，且平行于次梁轴线

E．距次梁轴线 1m，且平行于次梁轴线

8．关于混凝土施工缝留置位置的说法，正确的有（　　　　）。

A．柱的施工缝留置在基础的顶面

B．单向板的施工缝留置在平行于板的长边的任何位置

C．有主次梁的楼板，施工缝留置在主梁跨中 1/3 范围内

D．墙体留置在门洞口过梁跨中 1/3 范围内

E．墙体留置在纵横墙的交接处

9．关于泵送混凝土施工的说法，正确的有（　　　　）。

A．混凝土泵可以将混凝土一次输送到浇筑地点

B．混凝土泵车可随意设置

C．泵送混凝土配合比设计可以同普通混凝土要求一致

D．混凝土泵送应能连续工作

E．混凝土泵送输送管宜直，转弯宜缓

10．关于混凝土自然养护的说法，符合相关规定的有（　　　　）。

A．掺有缓凝型外加剂的混凝土，不得少于 7d

B．在混凝土浇筑完毕后，应在终凝前加以覆盖和浇水

C．硅酸盐水泥拌制的混凝土，不得少于 7d

D．矿渣硅酸盐水泥拌制的混凝土，不得少于 7d

E．有抗渗性要求的混凝土，不得少于 14d

11．关于砌筑砂浆稠度的说法，正确的有（　　　　）。

A．雨期施工，砂浆的稠度值应适当增加

B．冬期施工，砂浆的稠度值应适当增加

C．当在干热条件下砌筑时，应选用较大稠度值的砂浆

D．当在湿冷条件下砌筑时，应选用较小稠度值的砂浆

E．当砌筑材料为粗糙多孔且吸水较大的块料时，应选用较小稠度值的砂浆

12．设计有钢筋混凝土构造柱的抗震多层砖房，下列施工做法中正确的有（　　　　）。

A．先绑扎构造柱钢筋，然后砌砖墙

B．构造柱沿高度方向每 1000mm 设一道拉结筋

C．拉结筋每边深入砖墙不少于 500mm

D．马牙槎沿高度方向的尺寸不超过 300mm

E．马牙槎从每层柱脚开始，应先退后进

13．加气混凝土砌块墙如无切实有效措施，不得使用的部位有（   ）。

A．建筑物室内地面标高以上部位

B．长期浸水或经常受干湿交替部位

C．受化学环境侵蚀的部位

D．抗震设防烈度 8 度地区的内隔墙

E．砌块表面经常处于 80℃以上的高温环境

14．下列砌体工程部位中，不得设置脚手眼的有（   ）。

A．120mm 厚墙、料石清水墙和独立柱

B．240mm 厚墙

C．宽度为 1.2m 的窗间墙

D．过梁上与过梁成 60° 角的三角形范围及过梁净跨度 1/2 的高度范围内

E．梁或梁垫下及其左右 500mm 范围内

15．钢结构焊接产生热裂纹的主要原因有（   ）。

A．母材抗裂性差

B．焊接材料质量不好

C．焊接工艺参数选择不当

D．焊前未预热，焊后冷却快

E．焊接结构设计不合理，焊缝布置不当

16．关于高强度螺栓连接施工的说法，正确的有（   ）。

A．在施工前对连接副实物和摩擦面进行检验和复验

B．必要时，可以采用气割扩孔

C．高强度螺栓的安装可采用自由穿入和强行穿入两种

D．高强度螺栓连接中连接钢板的孔应采用钻孔成型的方法

E．高强度螺栓不能兼作安装螺栓

17．钢结构构件防腐涂料涂装的常用施工方法有（   ）。

A．涂刷法 　　　　　　　　　　B．喷涂法

C．滚涂法 　　　　　　　　　　D．弹涂法

E．粘贴法

18．钢结构防火涂料按涂层厚度划分的类型有（   ）。

A．B 类 　　　　　　　　　　　B．CB 类

C．F 类 　　　　　　　　　　　D．G 类

E．H 类

19．在高强度螺栓施工中，摩擦面的处理方法有（   ）。

A．喷丸法 　　　　　　　　　　B．砂轮打磨法

C．酸洗法 　　　　　　　　　　D．碱洗法

E．钢丝刷人工除锈

20．预制构件间钢筋连接宜采用的方法有（   ）。

A．套筒灌浆连接　　　　　B．浆锚搭接连接

C．直螺纹套筒连接　　　　D．电渣压力焊连接

E．挤压连接

21．下列预制剪力墙墙板安装做法正确的有（　　　）。

A．墙板以轴线和轮廓线为控制线

B．外墙应以轴线和外轮廓线双控制

C．安装就位后测量预制墙板的水平位置、倾斜度、高度等

D．通过墙底垫片调整墙板倾斜度

E．与现浇结构连接的墙板宜先行吊装，其他墙板先外后内吊装

22．下列作业脚手架连墙件设置要求符合规定的有（　　　）。

A．连墙件采用能承受压力和拉力的刚性构件

B．连墙点的水平间距不得超过 3 跨，竖向间距不得超过 3 步

C．连墙点之上架体的悬臂高度不应超过 2 步

D．在架体的转角处、开口型作业脚手架端部可不增设连墙件

E．连墙件竖向间距不应大于建筑物层高，且不应大于 4m

三　实务操作和案例分析题

【案例 3.3-1】

背景：

某框架剪力墙结构，框架柱间距 9m，采用预拌混凝土，钢筋现场加工，模架体系采用多层板加碗扣支撑。

施工组织设计中规定：钢筋焊接方法采用搭接焊；钢筋机械连接采用直螺纹套筒连接；钢筋接头位置设置在受力较大处；柱中的竖向钢筋搭接时，箍筋的接头（弯钩叠合处）应交错布置在四角纵向钢筋上；墙的垂直钢筋每段长度不得超过 4m（钢筋直径不大于 12mm）或 6m（钢筋直径大于 12mm），水平钢筋每段长度不得超过 10m。监理工程师审查时，认为存在错误，要求修改。

模板安装使用具有足够承载力和刚度的碗扣式钢管脚手架作模板底支撑，模板拼接整齐、严密。梁板模板安装完毕后，用水准仪抄平，保证整体在同一个平面上，不存在凹凸不平问题。

当时市场上 HPB300 级直径 12mm 的钢筋紧缺，施工单位征得监理单位和建设单位同意后，按等强度折算后（设计按最小配筋率配筋），用 HRB400 级直径 12mm 的钢筋进行代换，间距由 200mm 变为 250mm。

砌筑施工时，监理工程师现场巡查，发现砌筑工程中留设脚手眼位置不符合相关规范规定，通知施工单位整改。

问题：

1．指出项目部编制的施工组织设计中不妥之处，并分别写出正确做法。

2．指出模板安装中不妥之处，说明理由。

3．钢筋按等强度进行代换是否正确，说明理由。

4．写出砌体工程不能设置脚手眼的部位。

【答案与解析】

*1．B； 2．D； *3．C； *4．B； *5．B； *6．D； 7．B； *8．C；

*9．C； 10．A； *11．C； 12．B； 13．D； 14．C； 15．A； *16．C；

17．B； 18．C； 19．B； 20．A； *21．D； 22．A； 23．C； *24．D；

25．B； 26．C； 27．A； 28．D； 29．C； 30．C； 31．B； 32．C；

33．A； 34．D； 35．B； *36．A； 37．B； 38．C； 39．B； 40．C

【解析】

1．答案 B

木模板体系：优点是制作、拼装灵活，较适用于外形复杂或异形混凝土构件，以及冬期施工的混凝土工程；缺点是制作量大，木材资源浪费大等。

3．答案 C

对跨度不小于 4m 的梁、板，其模板起拱高度宜为梁、板跨度的 $1/1000 \sim 3/1000$。本题梁跨度为 8m，模板跨中起拱高度宜为 $8 \sim 24$mm。

4．答案 B

跨度 6m 的现浇钢筋混凝土梁，底模拆除时应达到设计强度的 75%；跨度 4m 的现浇混凝土板，底模拆除时也应达到设计强度的 75%，故本题正确选项为 B。

5．答案 B

跨度为 2m 的板，其底模拆模时混凝土强度应大于等于设计强度的 50%。

6．答案 D

悬臂构件，其底模拆除时混凝土强度应达到设计强度的 100%。

8．答案 C

混凝土保护层，指结构构件中钢筋外边缘至构件表面范围用于保护钢筋的混凝土，简称保护层。

9．答案 C

钢筋接头位置宜设置在受力最小处，梁跨中正弯矩较大，所以梁下部纵向受力钢筋不宜在跨中断开。

11．答案 C

"直钢筋下料长度 ＝ 构件长度 ＋ 弯钩增加长度 － 钢筋保护层厚度"，本题钢筋下料长度为：$3300 + 2 \times 6.25D - 2 \times 20 = 3360$mm。

16．答案 C

柱、墙模板内的混凝土浇筑时，当无可靠措施保证混凝土不产生离析，其自由倾落高度应符合规定，当不能满足时，应加设串筒、溜管、溜槽等装置。粗骨料粒径大于 25mm 时，不宜超过 3m；粗骨料粒径不大于 25mm 时，不宜超过 6m。

21. 答案 D

混凝土标准养护温度为 20±2℃，相对湿度为 95% 以上。

24. 答案 D

对不同泵送高度，入泵时混凝土的坍落度通常为 100～200mm。

36. 答案 A

高强度螺栓的安装顺序应从刚度大的部位向不受约束的自由端进行，即从中间向两边或四周进行。

二、多项选择题

1. A、B、C;	2. B、C;	3. B、C;	*4. A、B、C、E;
5. A、D、E;	6. B、C、E;	*7. B、C;	8. A、D、E;
9. A、D、E;	*10. B、C、D、E;	11. B、C、D;	*12. A、D、E;
13. B、C、E;	14. A、D、E;	15. A、B、C;	16. A、D、E;
17. A、B、C;	18. A、B、E;	19. A、B、C、E;	*20. A、B、C;
*21. A、B、C、E;	22. A、B、C、E		

【解析】

4. 答案 A、B、C、E

钢筋代换时，应征得设计单位的同意并办理相应设计变更文件。代换后钢筋的间距、锚固长度、最小钢筋直径、数量等构造要求和受力、变形情况均应符合相应规范要求。

7. 答案 B、C

有主次梁的楼板，施工缝应留置在次梁跨中的 1/3 范围内。针对本题，应留置在次梁跨中的 1/3 范围内，很明显选项 D、E 排除；选项 A 距主梁轴线 1m，在梁端的 1/3 跨内，错误。

10. 答案 B、C、D、E

混凝土的养护时间，应符合下列规定：采用硅酸盐水泥、普通硅酸盐水泥或矿渣硅酸盐水泥配制的混凝土，不应少于 7d；采用其他品种水泥时，养护时间应根据水泥性能确定；采用缓凝型外加剂、大掺量矿物掺合料配制的混凝土，不应少于 14d；抗渗混凝土、强度等级 C60 及以上的混凝土，不应少于 14d；后浇带混凝土的养护时间不应少于 14d。

12. 答案 A、D、E

对设计有钢筋混凝土构造柱的抗震多层砖房，应先绑扎钢筋，而后砌砖墙，最后浇筑混凝土。墙与柱应沿高度方向每 500mm 设一道拉结筋，每边深入砌体墙内不应小于 1m，故选项 B、C 不正确。

20. 答案 A、B、C

因为空间窄小，D、E 的连接方式通常在现场无法使用。

21. 答案 A、B、C、E

预制剪力墙墙板安装应符合下列规定：

（1）与现浇结构连接的墙板宜先行吊装，其他墙板先外后内吊装；

（2）墙板以轴线和轮廓线为控制线，外墙应以轴线和外轮廓线双控制；

（3）安装就位后应设置可调斜撑作临时固定，测量预制墙板的水平位置、倾斜度、高度等，通过墙底垫片、临时斜支撑进行调整。

三、实务操作和案例分析题

【案例 3.3-1】答：

1. 施工组织设计中的不妥之处和正确做法分别如下：

不妥之处一：钢筋接头位置设置在受力较大处；

正确做法：钢筋接头位置设置在受力较小处。

不妥之处二：水平钢筋每段长度不得超过 10m；

正确做法：水平钢筋每段长度不得超过 8m。

2. 模板安装中的不妥之处：梁板模板安装完毕后，要求整体在同一个平面上。

理由：本工程框架柱间距 9m，设计无具体要求，则梁板模板应按跨度的 1/1000～3/1000 起拱。

3. 钢筋按等强度进行代换：不正确。

理由：当设计按最小配筋率配筋时，应按照等面积代换的原则进行钢筋代换，即钢筋间距不应增大。

4. 砌体工程不能设置脚手眼的部位有：

（1）120mm 厚墙；

（2）过梁上与过梁成 60° 角的三角形范围；

（3）过梁净跨度 1/2 的高度范围内；

（4）宽度小于 1m 的窗间墙；

（5）砌体门窗洞口两侧 200mm 范围内；

（6）转角处 450mm 范围内；

（7）梁或梁垫下；

（8）梁或梁垫左右 500mm 范围内；

（9）轻质墙体；

（10）设计不允许设置脚手眼的部位。

3.4 屋面、防水与保温工程施工

复习要点

3.4.1 屋面工程构造和施工

3.4.2 保温隔热工程施工

3.4.3 地下结构防水工程施工

3.4.4 室内与外墙防水工程施工

一 单项选择题

1. 地下工程防水混凝土墙体的水平施工缝应留在（   ）。

A．顶板与侧墙的交接处

B．底板与侧墙的交接处

C．低于顶板底面不小于 300mm 的墙体上

D．高出底板表面不小于 300mm 的墙体上

2．下列环境中，可以进行防水工程防水层施工的是（　　　）。

A．雨天　　　　　　　　　　　B．夜间

C．雪天　　　　　　　　　　　D．六级大风

3．防水混凝土养护时间不得少于（　　　）d。

A．7　　　　　　　　　　　　　B．10

C．14　　　　　　　　　　　　D．21

4．关于地下工程防水混凝土配合比的说法，正确的是（　　　）。

A．水泥用量必须大于 300kg/m³

B．水胶比不得大于 0.45

C．泵送时入泵坍落度宜为 120～160mm

D．预拌混凝土的初凝时间宜为 4.5～10h

5．水泥砂浆防水层可用于地下工程防水的最高环境温度是（　　　）℃。

A．25　　　　　　　　　　　　B．50

C．80　　　　　　　　　　　　D．100

6．水泥砂浆防水层终凝后应及时进行养护，养护温度不宜低于（　　　）℃。

A．0　　　　　　　　　　　　　B．5

C．10　　　　　　　　　　　　D．15

7．聚合物水泥砂浆硬化后应采用（　　　）的方法养护。

A．浇水　　　　　　　　　　　B．干湿交替

C．自然　　　　　　　　　　　D．覆盖

8．地下侧墙采用外防外贴法的卷材及顶板部位卷材施工应采用（　　　）。

A．点粘法　　　　　　　　　　B．满粘法

C．半粘法　　　　　　　　　　D．空铺法

9．关于涂料防水的说法，正确的是（　　　）。

A．有机防水涂料宜用于结构主体的迎水面

B．无机防水涂料不可用于结构主体的迎水面

C．防水涂膜多遍完成，每遍涂刷时应顺同一方向交替搭接

D．涂料防水层中胎体增强材料上下两层应相互垂直铺贴

10．墙体基层产生的变形较大时，聚合物水泥防水涂料宜选择（　　　）。

A．Ⅰ型　　　　　　　　　　　B．Ⅱ型

C．Ⅲ型　　　　　　　　　　　D．Ⅳ型

11．屋面防水设防要求为一道防水设防的建筑，其防水等级为（　　　）。

A．一级　　　　　　　　　　　B．二级

C．三级　　　　　　　　　　　D．四级

12．平屋面采用结构找坡时，屋面防水找平层的排水坡度不应小于（　　　）%。

A．1　　　　　　　　　　　　　B．1.5

C．2　　　　　　　　　　　　D．3

13．屋面防水卷材平行屋脊的卷材搭接缝，其方向应（　　　）。

　　A．顺流水方向　　　　　　　B．垂直流水方向

　　C．顺年最大频率风向　　　　D．垂直年最大频率风向

14．大坡面铺贴防水卷材时，应采用的方法是（　　　）。

　　A．空铺法　　　　　　　　　B．点粘法

　　C．条粘法　　　　　　　　　D．满粘法

15．关于屋面卷材防水保护层的说法，正确的是（　　　）。

　　A．水泥砂浆保护层的表面应拉毛

　　B．保护层施工前，应在防水层上做隔离层

　　C．细石混凝土铺设应留施工缝

　　D．保护层完成后应进行蓄水试验

16．热熔型防水涂料大面施工时，最适宜的施工方法是（　　　）。

　　A．喷涂施工　　　　　　　　B．滚涂施工

　　C．刮涂施工　　　　　　　　D．刷涂施工

17．关于屋面防水水落口做法的说法，正确的是（　　　）。

　　A．水落口周围直径500mm范围内的坡度不应小于3%

　　B．水落口周围直径300mm范围内的坡度不应小于5%

　　C．水落口周围直径300mm范围内的坡度不应小于3%

　　D．水落口周围直径500mm范围内的坡度不应小于5%

18．下列保温材料中，属于整体保温材料的是（　　　）。

　　A．岩棉　　　　　　　　　　B．加气混凝土

　　C．硬泡聚氨酯　　　　　　　D．玻璃棉

19．EPS板薄抹灰系统粘贴聚苯板做法正确的是（　　　）。

　　A．按顺砌方式粘贴　　　　　B．竖缝应上下通顺

　　C．墙角处不得交错互锁　　　D．门窗洞口四角部位拼接

二　多项选择题

1．水泥砂浆防水层施工前，基层表面应（　　　）。

　　A．坚实　　　　　　　　　　B．平整

　　C．光滑　　　　　　　　　　D．清洁

　　E．充分湿润

2．关于防水混凝土施工技术的说法，正确的有（　　　）。

　　A．混凝土胶凝材料总量不宜小于320kg/m³

　　B．砂率宜为35%～40%，泵送时可增至45%

　　C．防水混凝土采用预拌混凝土时，入泵坍落度宜控制在120～160mm

　　D．墙体有预留孔洞时，施工缝距孔洞边缘不应小于200mm

　　E．养护时间不得少于14d

3. 关于地下防水混凝土施工技术要求的说法，正确的有（　　）。

A．防水混凝土拌合物应采用机械搅拌，搅拌时间不小于 2min

B．防水混凝土拌合物在运输后如出现离析，必须进行二次搅拌

C．防水混凝土应连续浇筑，宜少留施工缝

D．防水混凝土终凝收面后立即进行养护

E．掺粉煤灰混凝土设计强度等级的龄期应采用 60d 或 90d

4. 地下工程防水混凝土留设施工缝时，其留置位置正确的有（　　）。

A．墙体水平施工缝应留在底板与侧墙的交接处

B．墙体有预留孔洞时，施工缝距孔洞边缘不宜大于 300mm

C．顶板、底板不宜留施工缝

D．垂直施工缝宜与变形缝相结合

E．板墙结合的水平施工缝可留在板墙接缝处

5. 采用外防内贴法铺贴卷材防水层时，正确的施工顺序有（　　）。

A．先铺立面　　　　　　　　　B．后铺平面

C．立面应先铺转角，后铺大面　　D．立面应先铺大面，后铺转角

E．立面转角与大面同时铺贴

6. 关于室内防水工程防水层施工要求的说法，正确的有（　　）。

A．防水砂浆应采用抹压法施工，分遍成活

B．聚合物水泥防水砂浆未达到硬化状态时，不得浇水养护

C．涂膜防水层应多遍成活，前后两遍的涂刷方向应相互垂直

D．以粘贴法施工的防水卷材，其与基层应采用满粘法铺贴

E．防水卷材施工宜先铺平面，后铺立面

7. 室内涂膜防水层施工铺贴胎体增强材料时，做法正确的有（　　）。

A．充分浸透防水涂料

B．不得露胎及褶皱

C．胎体材料长边搭接宽度不应小于 50mm

D．短边搭接宽度不应小于 70mm

E．胎体材料长边搭接宽度不应小于 100mm

8. 关于地下卷材防水层的基面要求，正确的有（　　）。

A．坚实、平整、清洁、干燥

B．细部构造尺寸应根据基层材料确定

C．基面潮湿时，应涂刷湿固化型胶粘剂

D．基面潮湿时，应涂刷潮湿界面隔离剂

E．阴阳角处应做成 75° 坡角

9. 关于重要建筑屋面防水等级及设防要求，正确的有（　　）。

A．一级防水　　　　　　　　　B．二级防水

C．三级防水　　　　　　　　　D．二道防水做法

E．三道防水做法

10. 屋面卷材防水层铺贴顺序和方向符合规定的有（　　）。

A．先进行细部构造处理，然后由最低标高向上铺贴

B．檐沟、天沟卷材施工时，搭接缝应顺流水方向

C．卷材宜平行屋脊铺贴

D．上下层卷材应相互垂直铺贴

E．上下层卷材不得相互垂直铺贴

11．关于屋面防水卷材铺贴时采用搭接法连接的说法，正确的有（　　）。

A．上下层卷材的搭接缝应对正

B．上下层卷材的铺贴方向应垂直

C．相邻两幅卷材的搭接缝应错开

D．平行于屋脊的搭接缝应顺水流方向搭接

E．垂直于屋脊的搭接缝应顺年最大频率风向搭接

12．关于屋面涂膜防水层施工的说法，正确的有（　　）。

A．防水涂料应多遍均匀涂布

B．涂膜间夹铺胎体增强材料时，宜边涂布边铺胎体

C．先进行大面积涂布，再做好细部处理

D．最上面的涂膜厚度不应小于 0.5mm

E．在胎体上涂布涂料时，应使涂料浸透胎体，并应覆盖完全

13．关于屋面热粘法铺贴卷材的做法，正确的有（　　）。

A．熔化热熔型改性沥青胶结料时，使用温度不宜低于 180℃

B．熔化热熔型改性沥青胶结料时，使用温度不宜低于 200℃

C．粘贴卷材的热熔型改性沥青胶结料厚度宜为 1.0～1.5mm

D．热熔型改性沥青胶结料铺贴卷材时，应随刮随滚铺

E．热熔型改性沥青胶结料铺贴卷材时，应先铺卷后刮胶结料

14．常用的墙体保温层设置形式主要有（　　）。

A．外墙外保温　　　　　　　　　B．内墙内保温

C．内墙外保温　　　　　　　　　D．外墙内保温

E．夹心保温

15．建筑外墙节点构造防水设计应包括（　　）等交接部位的防水设防。

A．门窗洞口　　　　　　　　　　B．排气层排气口

C．阳台　　　　　　　　　　　　D．变形缝

E．预制构件

三　实务操作和案例分析题

【案例 3.4-1】

背景：

某住宅工程，建筑面积 12300m²，地上 6 层，地下 2 层；筏板基础，框架剪力墙结构；采用预拌混凝土。底板防水为高聚物改性沥青卷材两层防水；屋面为卷材防水，面

积 2000m²。室内厕浴间为聚合物水泥防水涂料。此项目防水工程分包给了某防水公司。

防水公司项目部在底板卷材防水施工前对施工班组进行了技术交底。其中规定：底板垫层混凝土平面部位的卷材采用满粘法；严禁采用热熔法施工；卷材接缝必须粘贴封严，两幅卷材短边和长边的搭接宽度为80mm；上下两层和相邻两幅卷材的接缝错开1/3～1/2幅宽，且两层卷材不得相互垂直铺贴；在立面与平面的转角处，卷材的接缝留在平面上，距立面600mm处；阴阳角处找平层应做成90°。监理单位认为部分内容不正确，要求重新交底。

防水公司项目部在室内防水施工前对施工班组进行了技术交底。其中规定：防水层厚度不应小于0.8mm；先做四周立墙防水层，再做地面与墙面阴阳角及管根处附加层处理；管根平面与管根周围立面转角处可不做涂膜防水附加层。监理单位认为部分内容不正确，要求重新交底。

问题：

1. 底板卷材防水施工技术交底中有哪些不妥之处？请分别写出正确做法。

2. 室内防水施工技术交底中有哪些不妥之处？请分别写出正确做法。

【答案与解析】

一、单项选择题

1. D；　　2. B；　　3. C；　　4. C；　　5. C；　　6. B；　　7. B；　　*8. B；
*9. A；　　10. A；　　*11. C；　　*12. D；　　*13. A；　　*14. D；　　15. B；　　*16. C；
17. D；　　18. C；　　19. A

【解析】

8. 答案B

结构底板垫层混凝土部位的卷材可采用空铺法或点粘法施工，侧墙采用外防外贴法的卷材及顶板部位的卷材应采用满粘法施工。

9. 答案A

无机防水涂料宜用于结构主体的背水面或迎水面，有机防水涂料宜用于地下工程主体结构的迎水面，用于背水面的有机防水涂料应具有较高的抗渗性，且与基层有较好的粘结性。

11. 答案C

屋面防水等级分为一级、二级和三级，其中一道防水设防的屋面防水等级为三级。

12. 答案D

平屋面采用结构找坡不应小于3%，采用材料找坡宜为2%。

13. 答案A

平行屋脊的卷材搭接缝应顺流水方向。

14. 答案D

立面或大坡面铺贴卷材时，应采用满粘法，并宜减少卷材短边搭接。

16. 答案C

涂膜防水层施工工艺如下：水乳型及溶剂型防水涂料宜选用滚涂或喷涂施工；反

应固化型防水涂料宜选用刮涂或喷涂施工；热熔型防水涂料宜选用刮涂施工；聚合物水泥防水涂料宜选用刮涂法施工；所有防水涂料用于细部构造时，宜选用刷涂或喷涂施工。

二、多项选择题

*1. A、B、D、E；　　2. A、B、C、E；　　3. A、B、C、D；　　4. C、D；

*5. A、B、C；　　6. A、B、C、D；　　*7. A、B、C、D；　　8. A、C、D；

*9. A、E；　　*10. A、B、C、E；　　11. C、D、E；　　12. A、B、E；

13. A、C、D；　　14. A、D、E；　　15. A、C、D、E

【解析】

1. 答案 A、B、D、E

防水层要做到与基层粘结牢固，基层表面光滑显然不行，故选项 C 不正确。

5. 答案 A、B、C

采用外防内贴法铺贴卷材防水层时，应符合下列规定：

（1）混凝土结构的保护墙内表面应抹厚度为 20mm 的 1∶3 水泥砂浆找平层，然后铺贴卷材。

（2）卷材宜先铺立面，后铺平面；铺贴立面时，应先铺转角，后铺大面。

7. 答案 A、B、C、D

铺贴胎体增强材料时应充分浸透防水涂料，不得露胎及褶皱。胎体材料长边搭接宽度不应小于 50mm，短边搭接宽度不应小于 70mm。

9. 答案 A、E

针对重要和使用功能要求高的建筑，其屋面防水等级为一级、防水设防要求为三道防水做法。

10. 答案 A、B、C、E

卷材防水层铺贴顺序和方向应符合下列规定：

（1）卷材防水层施工时，应先进行细部构造处理，然后由屋面最低标高向上铺贴；

（2）檐沟、天沟卷材施工时，宜顺檐沟、天沟方向铺贴，搭接缝应顺流水方向；

（3）卷材宜平行屋脊铺贴，上下层卷材不得相互垂直铺贴。

三、实务操作和案例分析题

【案例 3.4-1】答：

1. 底板卷材防水施工技术交底中的不妥之处和正确做法分别如下：

不妥之处一：底板垫层混凝土平面部位的卷材采用满粘法；

正确做法：底板垫层混凝土平面部位的卷材采用点粘法。

不妥之处二：两幅卷材短边和长边的搭接宽度为 80mm；

正确做法：两幅卷材短边和长边的搭接宽度为 100mm。

不妥之处三：阴阳角处找平层应做成 90°；

正确做法：阴阳角处找平层应做成圆弧或 45°。

2. 室内防水施工技术交底中的不妥之处和正确做法分别如下：

不妥之处一：防水层厚度不应小于 0.8mm；

正确做法：防水层厚度不应小于 1.2mm。

不妥之处二：先做四周立墙防水层，再做地面与墙面阴阳角及管根处附加层处理；

正确做法：先做地面与墙面阴阳角及管根处附加层处理，再做四周立墙防水层。

不妥之处三：管根平面与管根周围立面转角处可不做涂膜防水附加层；

正确做法：管根平面与管根周围立面转角处应做涂膜防水附加层。

3.5　装饰装修工程施工

复习要点

3.5.1　抹灰工程施工
3.5.2　轻质隔墙工程施工
3.5.3　吊顶工程施工
3.5.4　地面工程施工
3.5.5　饰面板（砖）工程施工
3.5.6　门窗工程施工
3.5.7　涂料涂饰、裱糊、软包与细部工程施工
3.5.8　建筑幕墙工程施工

一　单项选择题

1. 采用单层条板做分户墙时，其厚度不应小于（　　）mm。
   A. 100
   B. 120
   C. 130
   D. 140

2. 不宜用作潮湿环境隔墙的条板是（　　）。
   A. 增强水泥板
   B. 混凝土轻质板
   C. 普通石膏条板
   D. 玻璃板

3. 条板隔墙上需要吊挂重物和设备时，不得单点固定，并应在设计时考虑加固措施，固定点间距应大于（　　）mm。
   A. 200
   B. 300
   C. 400
   D. 500

4. 防水型石膏条板隔墙及其他有防水要求的条板隔墙用于潮湿环境时，下端应做混凝土条形墙垫，墙垫高度不应小于（　　）mm。
   A. 50
   B. 100
   C. 150
   D. 200

5. 骨架隔墙固定沿顶和沿地龙骨，固定点间距应不大于（　　）mm。
   A. 600
   B. 800
   C. 1000
   D. 1200

6. 双层石膏板安装时两层板的接缝不应在（　　）龙骨上。
   A. 同一根
   B. 同二根

C．同三根　　　　　　　　　　D．同四根

7．隔墙石膏板应采用自攻螺钉固定，固定螺钉的顺序为（　　　）。

A．从板的四边开始向板的中部固定

B．从板的中部开始向板的四边固定

C．由板的边部开始，从左往右固定

D．由板的边部开始，从上往下固定

8．关于板材隔墙安装工艺的说法，正确的是（　　　）。

A．隔墙中间向两边主体墙安装

B．先安装隔墙板后安装门窗框

C．主体柱一端向另一端安装

D．条板全部安装完成后统一调整垂直度和平整度

9．轻质隔墙与顶棚和其他墙体的交接处应采取防开裂措施，设计无要求时，板缝处粘贴50～60mm宽的嵌缝带，阴阳角处粘贴（　　　）mm宽纤维布。

A．50　　　　　　　　　　　　B．100

C．200　　　　　　　　　　　　D．250

10．吊杆距主龙骨端部距离不得大于（　　　）mm。

A．100　　　　　　　　　　　　B．200

C．300　　　　　　　　　　　　D．400

11．吊顶主龙骨间距不应大于（　　　）mm。

A．800　　　　　　　　　　　　B．1000

C．1200　　　　　　　　　　　　D．1500

12．当吊杆长度大于1.5m时应（　　　）。

A．设反向支撑　　　　　　　　　B．加粗吊杆

C．减小吊杆间距　　　　　　　　D．增大吊杆间距

13．石膏板吊顶面积大于（　　　）m^{2}时，纵横方向每15m距离处宜做伸缩缝处理。

A．50　　　　　　　　　　　　B．100

C．150　　　　　　　　　　　　D．200

14．吊顶施工工艺流程正确的是（　　　）。

A．吊杆安装→吊顶内管道、设备的安装、调试及隐蔽验收→龙骨安装→填充材料→安装饰面板→安装收口、收边压条

B．吊杆安装→龙骨安装→吊顶内管道、设备的安装、调试及隐蔽验收→填充材料→安装饰面板→安装收口、收边压条

C．吊杆安装→龙骨安装→填充材料→吊顶内管道、设备的安装、调试及隐蔽验收→安装饰面板→安装收口、收边压条

D．吊顶内管道、设备的安装、调试及隐蔽验收→吊杆安装→龙骨安装→填充材料→安装饰面板→安装收口、收边压条

15．不上人的吊顶，吊杆可以采用ϕ（　　　）钢筋的吊杆。

A．6　　　　　　　　　　　　B．8

C．10　　　　　　　　　　　　D．12

16. 面积大于 $300m^2$ 的吊顶，在主龙骨上每隔（　　）m 加一道横卧主龙骨，并垂直于主龙骨连接牢固。

  A. 10   B. 12

  C. 20   D. 25

17. 整体面层吊顶面板安装时，正面朝外，面板（　　）铺设。

  A. 长边与次龙骨垂直   B. 短边与次龙骨垂直

  C. 长边与主龙骨垂直   D. 短边与主龙骨垂直

18. 下列地面施工中，需要磨光、打蜡、抛光工艺的是（　　）。

  A. 水磨石地面   B. 水泥砂浆地面

  C. 自流平地面   D. 混凝土地面

19. 天然石材地面铺贴前，石材应进行（　　）处理。

  A. 防腐   B. 防酸

  C. 防碱   D. 防锈

20. 地面工程施工中水泥混凝土垫层的厚度不应小于（　　）mm。

  A. 20   B. 40

  C. 60   D. 80

21. 地面工程施工中水泥砂浆面层的厚度应符合设计要求，且不应小于（　　）mm。

  A. 10   B. 20

  C. 30   D. 40

22. 室内地面的水泥混凝土垫层，纵向缩缝间距不得大于（　　）m。

  A. 2   B. 4

  C. 6   D. 8

23. 室内地面的水泥混凝土垫层，横向缩缝间距不得大于（　　）m。

  A. 6   B. 8

  C. 10   D. 12

24. 水泥混凝土散水、明沟等与建筑物连接处应设缝处理，缝宽度为（　　）mm，缝内填嵌柔性密封材料。

  A. 5～10   B. 15～20

  C. 20～25   D. 25～30

25. 实木地板面层铺设时，面板与墙之间留（　　）mm 缝隙。

  A. 4～6   B. 8～12

  C. 14～18   D. 20～25

26. 厕浴间和有防水要求的建筑地面必须设置防水隔离层。楼层结构必须采用现浇混凝土或整块预制混凝土板，混凝土强度等级不应小于（　　）。

  A. C10   B. C15

  C. C20   D. C25

27. 厕浴间和有防水要求的建筑楼板四周除门洞外应做混凝土翻边，高度不应小于（　　）mm，宽同墙厚，混凝土强度等级不应小于 C20。

  A. 100   B. 150

C. 200 D. 250

28. 整体面层施工后，养护时间不应小于（　　　）d。

A. 1 B. 3

C. 5 D. 7

29. 饰面板安装工程是指内墙饰面板安装工程和高度不大于（　　　）m、抗震设防烈度不大于 8 度的外墙饰面板安装工程。

A. 16 B. 18

C. 20 D. 24

30. 饰面砖工程是指内墙饰面砖和高度不大于 100m，抗震设防烈度不大于（　　　）度、满粘法施工方法的外墙饰面砖工程。

A. 5 B. 6

C. 7 D. 8

31. 石材饰面板安装，每层灌注高度宜为 150～200mm，且不超过板高的（　　　），插捣应密实。

A. 1/2 B. 1/3

C. 1/4 D. 2/3

32. 饰面砖粘贴做法正确的是（　　　）。

A. 饰面砖粘贴不应采用对缝排列方式

B. 饰面砖粘贴不应采用错缝排列方式

C. 粘贴前根据需要浸水 2h 以上

D. 柱应一次粘贴到顶

33. 饰面砖粘贴，每面墙不宜有两列（行）以上非整砖，非整砖宽度不宜小于整砖的（　　　）。

A. 1/2 B. 1/3

C. 1/4 D. 1/5

34. 饰面砖粘贴，结合层砂浆宜采用 1：2 水泥砂浆，砂浆厚度宜为（　　　）mm。

A. 3～5 B. 6～10

C. 12～15 D. 16～20

35. 铝合金门窗工程施工方法正确的是（　　　）。

A. 预留洞口安装 B. 必须采用射钉固定

C. 边砌口边安装 D. 先安装后砌口

36. 防雷连接导体宜与铝合金门窗框防雷连接件焊接连接，焊接长度不应小于（　　　）mm。

A. 80 B. 100

C. 120 D. 150

37. 塑料门窗固定片之间的间距应符合设计要求，并不得大于（　　　）mm。

A. 400 B. 500

C. 600 D. 700

38. 安装塑料门窗时，其环境温度不应低于（　　　）。

A. −5℃   B. 0℃

C. 2℃   D. 5℃

39. 混凝土基层涂刷乳液型涂料时，含水率不得大于（   ）。

    A. 4%   B. 6%

    C. 8%   D. 10%

40. 厨房、卫生间墙面必须使用（   ）。

    A. 普通腻子   B. 耐水腻子

    C. 水性腻子   D. 油性腻子

41. 旧墙面在裱糊前应清除疏松的旧装修层并涂刷（   ）。

    A. 界面剂   B. 抗碱封闭底漆

    C. 水性腻子   D. 防水涂料

42. 按建筑幕墙的面板材料分，属于金属复合板幕墙的是（   ）。

    A. 不锈钢板幕墙   B. 瓷板幕墙

    C. 铝塑复合板幕墙   D. 锌合金板幕墙

43. 幕墙工程中埋设预埋件的主体结构混凝土强度等级不应低于（   ）。

    A. C15   B. C20

    C. C25   D. C30

44. 点支承玻璃幕墙面板玻璃应采用（   ）。

    A. 夹层玻璃   B. 平板玻璃

    C. 钢化玻璃   D. 半钢化玻璃

45. 采用玻璃肋支承的点支承玻璃幕墙，其玻璃肋应采用（   ）。

    A. 普通平板玻璃   B. 夹层玻璃

    C. 钢化玻璃   D. 钢化夹层玻璃

46. 建筑幕墙预埋锚筋，不应采用（   ）。

    A. HPB300 热轧钢筋   B. HRB400E 热轧钢筋

    C. HRB400 热轧钢筋   D. 冷加工钢筋

47. 下列不应作为幕墙支承结构的是（   ）。

    A. 混凝土结构墙   B. 钢结构

    C. 轻质填充墙   D. 钢筋混凝土结构墙

48. 框支承玻璃幕墙的立柱安装，每个连接部位的受力螺栓，至少需要布置 2 个，且螺栓直径不宜小于（   ）mm。

    A. 6   B. 7

    C. 10   D. 12

49. 框支承玻璃幕墙的立柱安装，凡是两种不同金属的接触面之间，除不锈钢外，都应加（   ），以防止产生双金属腐蚀。

    A. 绝缘垫片   B. 弹簧垫片

    C. 防腐隔离柔性垫片   D. 胶木垫片

50. 玻璃幕墙的玻璃面板安装时，构件框槽底部应设两块橡胶块，其放置宽度与槽宽相同、长度不小于（   ）mm。

A．50
B．100
C．150
D．200

51．玻璃幕墙开启窗的开启角度不宜大于30°，开启距离不宜大于（　　）mm。

A．100
B．200
C．300
D．400

52．构件式玻璃幕墙，当玻璃在横梁上偏置使横梁产生较大的扭矩时，应进行横梁（　　）计算。

A．抗压承载力
B．抗扭承载力
C．抗剪承载力
D．抗弯承载力

53．幕墙防火层镀锌钢板承托厚度不应小于（　　）mm。

A．1
B．1.5
C．2
D．2.5

54．设置幕墙的建筑，当室内设置自动喷水灭火系统时，其上、下层外墙上开口之间的实体墙高度不应小于（　　）m。

A．1.2
B．1.0
C．0.8
D．0.5

55．金属与石材幕墙板面嵌缝应采用（　　）。

A．碱性硅酮结构密封胶
B．中性硅酮结构密封胶
C．酸性硅酮耐候密封胶
D．中性硅酮耐候密封胶

56．抹灰工程用砂子宜选用（　　）。

A．特细砂
B．细砂
C．中砂
D．粗砂

57．不同材料基体交接处表面的抹灰，应采取（　　）的加强措施。

A．保温
B．防裂
C．防腐
D．防火

二 多项选择题

1．轻质隔墙特点有（　　）。

A．自重轻
B．墙身薄
C．拆装方便
D．节能环保
E．防开裂

2．骨架隔墙墙面板通常有（　　）。

A．纸面石膏板
B．人造木板
C．水泥纤维板
D．增强水泥板
E．混凝土轻质板

3．接触（　　）等的龙骨、埋置的木楔和金属型材应作防腐处理。

A．塑料
B．石
C．混凝土
D．玻璃

E．砖

4．活动隔墙安装按固定方式不同分为（　　　）固定方式。

A．悬吊导向　　　　　　　　　B．推拉导向

C．支承导向　　　　　　　　　D．平开导向

E．旋转导向

5．活动隔墙工艺流程有（　　　）。

A．墙位放线　　　　　　　　　B．预制隔扇（帷幕）

C．安装轨道　　　　　　　　　D．安装隔扇（帷幕）

E．验收

6．吊顶工程按施工工艺和采用材料的不同分为（　　　）。

A．整体面层吊顶　　　　　　　B．板块面层吊顶

C．格栅吊顶　　　　　　　　　D．明龙骨吊顶

E．暗龙骨吊顶

7．吊顶工程的（　　　）必须进行防火处理。

A．木吊杆　　　　　　　　　　B．轻钢龙骨

C．木龙骨　　　　　　　　　　D．木饰面板

E．金属饰面板

8．严禁安装在吊顶龙骨上的有（　　　）。

A．筒灯　　　　　　　　　　　B．重型设备

C．烟感器　　　　　　　　　　D．重型灯具

E．电扇

9．建筑室内地面应做防水处理的房间有（　　　）。

A．厕浴间　　　　　　　　　　B．厨房

C．卧室　　　　　　　　　　　D．有排水要求房间

E．有其他液体排放要求房间

10．建筑地面工程施工时，各构造层施工环境温度应符合（　　　）。

A．采用掺有水泥、石灰的拌合料铺设不应低于5℃

B．采用石油沥青胶结料铺设时，不应低于5℃

C．采用有机胶粘剂粘贴时，不宜低于10℃

D．采用砂、石材料铺设时，不应低于5℃

E．采用自流平涂料铺设时，不应低于5℃，也不应高于30℃

11．变形缝包括（　　　）。

A．沉降缝　　　　　　　　　　B．伸缩缝

C．防震缝　　　　　　　　　　D．施工缝

E．预留缝

12．有防水要求的建筑地面工程，铺设前必须对（　　　）进行密封处理，并进行隐蔽验收。

A．立管　　　　　　　　　　　B．阴角

C．套管　　　　　　　　　　　D．地漏与楼板节点之间

E. 地面与门槛连接处

13. 水泥混凝土（　　）等与建筑物连接处应设缝处理。

   A. 明沟　　　　　　　　　　B. 暗沟

   C. 散水　　　　　　　　　　D. 窗台

   E. 台阶

14. 石材饰面板安装方法有（　　）。

   A. 干挂法　　　　　　　　　B. 粘贴法

   C. 湿作业法　　　　　　　　D. 短槽式

   E. 背栓式

15. 石材干挂法施工工艺中灌浆工艺正确的有（　　）。

   A. 灌注砂浆前应将石材背面及基层润湿

   B. 应用填缝材料临时封闭石材板缝，避免漏浆

   C. 灌注砂浆宜用 1∶2.5 水泥砂浆，灌注时应分层进行

   D. 每层灌注高度宜为 150～200mm，且不超过板高的 1/2

   E. 待其初凝后方可灌注上层水泥砂浆

16. 门窗安装工程有（　　）。

   A. 木门窗安装　　　　　　　B. 金属门窗安装

   C. 塑料门窗安装　　　　　　D. 门窗玻璃安装

   E. 成品保护

17. 当铝合金门窗框与墙体固定时，固定方法正确的有（　　）。

   A. 钢筋混凝土墙洞口采用射钉或膨胀螺钉固定

   B. 砖墙洞口采用射钉固定

   C. 砖墙洞口采用燕尾铁脚连接

   D. 钢结构洞口采用连接件焊接固定

   E. 钢筋混凝土墙洞口采用预埋件连接固定

18. 关于涂饰工程基层的说法，正确的有（　　）。

   A. 混凝土或抹灰基层涂刷溶剂型涂料时，含水率不得大于 8%

   B. 木材基层的含水率不得大于 10%

   C. 厨房、卫生间墙面必须使用耐水腻子

   D. 旧墙面在涂饰涂料前应清除疏松的旧装修层

   E. 新建筑物的混凝土或抹灰基层在涂饰涂料前应涂刷抗碱封闭底漆

19. 涂饰工程的基层腻子应（　　）。

   A. 平整　　　　　　　　　　B. 坚实

   C. 牢固　　　　　　　　　　D. 粉化

   E. 无起皮和裂缝

20. 混凝土及抹灰面涂饰方法一般采用（　　）等方法。

   A. 喷涂　　　　　　　　　　B. 滚涂

   C. 刷涂　　　　　　　　　　D. 弹涂

   E. 压涂

21. 关于裱糊施工技术要求的说法，正确的有（　　　）。

A. 裱糊前，应按壁纸、墙布的品种、花色、规格进行选配、拼花、裁切、编号，裱糊时应按编号顺序粘贴

B. 裱糊使用的胶粘剂应按壁纸或墙布的品种选配，应具备防霉、耐久等性能

C. 各幅拼接应横平竖直，拼接处花纹、图案应吻合，不离缝，不搭接，不显拼缝

D. 裱糊时，阴阳角处应无接缝，应包角压实

E. 壁纸、墙布应粘贴牢固，不得有漏贴补贴、脱层、空鼓和翘边

22. 金属板幕墙包括（　　　）幕墙。

A. 铝板　　　　　　　　　　　B. 不锈钢板

C. 搪瓷钢板　　　　　　　　　D. 陶板

E. 纤维增强水泥板

23. 建筑幕墙按面板材料分为（　　　）幕墙。

A. 玻璃　　　　　　　　　　　B. 金属板

C. 石材　　　　　　　　　　　D. 构件式

E. 单元式

24. 建筑幕墙预埋件的说法，正确的有（　　　）。

A. 直锚筋与锚板应采用 T 形焊

B. 受力预埋件的锚筋可采用冷加工钢筋

C. 埋设预埋件主体结构混凝土强度等级不应低于 C30

D. 当锚筋直径不大于 20mm 时，宜采用压力埋弧焊

E. 当锚筋直径大于 20mm 时，宜采用穿孔塞焊

25. 框支承玻璃幕墙的安装，立柱与主体结构采用螺栓连接时必须具有（　　　）。

A. 一定的适应位移能力　　　　B. 可靠的防松措施

C. 绝缘措施　　　　　　　　　D. 防滑措施

E. 防锈措施

26. 玻璃幕墙开启窗周边缝隙宜采用（　　　）密封条制品密封。

A. 氯丁橡胶　　　　　　　　　B. 结构胶

C. 云石胶　　　　　　　　　　D. 三元乙丙橡胶

E. 硅橡胶

27. 下列全玻璃幕墙应采用吊挂方式的有（　　　）。

A. 玻璃厚度 10mm，高度 4.5m　　B. 玻璃厚度 12mm，高度 4.5m

C. 玻璃厚度 15mm，高度 4.5m　　D. 玻璃厚度 15mm，高度 5.5m

E. 玻璃厚度 19mm，高度 6.5m

28. 关于建筑幕墙防火构造要求的说法，正确的有（　　　）。

A. 幕墙与每层隔墙处的缝隙可不用防火封堵材料封堵

B. 幕墙与每层楼板处的缝隙应采用防火封堵材料封堵

C. 承托板与主体结构、幕墙结构及承托板之间的缝隙宜填充防火密封料

D. 同一幕墙玻璃单元不宜跨越建筑物的两个防火分区

E. 设置幕墙的建筑，当室内设置自动喷水灭火系统时，其外墙上、下层开口之间的实体墙高度不应小于 0.5m

29. 关于建筑幕墙的防雷构造要求的说法，正确的有（　　　）。

A. 幕墙的金属框架与主体结构的防雷体系连接部位应清除非导电保护层

B. 幕墙的铝合金立柱，在不大于 12m 范围内宜有一根立柱采用柔性导线，将每个上柱与下柱的连接处连通

C. 铜质导线截面积不宜小于 25mm²

D. 铝质导线截面积不宜小于 30mm²

E. 防雷连接的镀膜层构件应除去其镀膜层

30. 抹灰工程分为（　　　）等分项工程。

A. 高级抹灰 　　　　　　　　B. 一般抹灰

C. 装饰抹灰 　　　　　　　　D. 保温层薄抹灰

E. 清水砌体勾缝

31. 抹灰应分层进行，通常抹灰构造分为（　　　）。

A. 底层 　　　　　　　　　　B. 中层

C. 面层 　　　　　　　　　　D. 加强层

E. 保温层

三 实务操作和案例分析题

【案例 3.5-1】

背景：

某酒店工程，客房采用轻钢龙骨双层石膏板隔墙，走廊长度 50m，宽度 2.5m，中间是电梯间，走廊采用轻钢龙骨双层石膏板平面吊顶，室内采用轻钢龙骨石膏板造型吊顶。

已知：

（1）客房采用轻钢龙骨石膏板隔墙天地龙骨固定间距 1200mm，竖龙骨间距 650mm。

（2）走廊吊顶考虑整体效果未留伸缩缝，因机电管道影响，吊杆间距 1300mm。室内吊顶面板的安装固定从板四周边开始向中间固定，板边钉距 300mm。

问题：

1. 客房采用轻钢龙骨石膏板隔墙做法有什么地方不妥？有什么后果？写出正确做法。

2. 走廊吊顶哪些做法不妥？为什么？

3. 室内吊顶有无错误？正确做法是什么？

4. 轻钢龙骨隔墙石膏板固定和接缝处理的技术要求是什么？

【案例 3.5-2】

背景：

某构件式玻璃幕墙工程，部分采用隐框玻璃幕墙，部分采用明框玻璃幕墙，骨架采用铝合金型材。具体做法如下：

（1）隐框玻璃幕墙玻璃板块在洁净、通风的注胶车间进行加工。室内温度控制在 10～20℃，相对湿度在 30% 以上。

（2）明框玻璃幕墙玻璃板块安装时在构件框槽底部安放三块长度 50mm 的橡胶垫块。

（3）幕墙现场安装时，钢角码先与主体结构连接，铝合金立柱再直接与钢角码连接，每个连接部位布置 1 个受力螺栓，螺栓直径 8mm。玻璃幕墙开启窗的开启角度不大于 45°，开启距离不大于 350mm。

问题：

1. 隐框玻璃板块注胶车间的温度湿度控制是否正确？说明理由。

2. 明框玻璃幕墙玻璃板块安装时安放的垫块是否妥当？说出正确做法。

3. 幕墙现场安装时存在哪些错误？

4. 指出开启窗安装有什么不妥之处？写出正确做法。

【答案与解析】

一、单项选择题

1. B；　2. C；　3. B；　4. B；　5. C；　6. A；　7. B；　8. C；

9. C；　10. C；　11. C；　12. A；　13. B；　14. D；　15. A；　16. B；

17. A；　18. A；　19. C；　20. C；　21. B；　22. C；　23. A；　24. B；

25. B；　26. C；　27. C；　28. D；　29. D；　30. D；　31. B；　32. C；

33. B；　34. B；　35. A；　36. B；　37. C；　38. D；　39. D；　40. B；

41. A；　42. C；　43. B；　44. C；　45. D；　46. D；　47. C；　48. C；

49. C；　50. B；　51. C；　52. B；　53. A；　54. C；　55. D；　56. C；

57. B

二、多项选择题

1. A、B、C、D；　2. A、B、C；　3. B、C、E；　4. A、C；

5. A、B、C、D；　6. A、B、C；　7. A、C、D；　8. B、D、E；

9. A、B、D、E；　10. A、B、C、E；　11. A、B、C；　12. A、C、D；

13. A、C；　14. A、B、C；　15. A、B、C、E；　16. A、B、C、D；

17. A、C、D、E；　18. A、C、D、E；　19. A、B、C、E；　20. A、B、C、D；

21. A、B、C、E；　22. A、B、C；　23. A、B、C；　24. A、D、E；

25. A、B、D；　26. A、D、E；　27. A、B、C；　28. B、C、D；

29. A、C、D、E；　30. B、C、D、E；　31. A、B、C

三、实务操作和案例分析题

【案例 3.5-1】答：

1. 不妥之处：隔墙天地龙骨固定间距 1200mm，竖龙骨间距 650mm，间距过大。

后果：可能导致墙体饰面产生开裂现象。

正确做法：隔墙天地龙骨固定间距不大于 1000mm，竖龙骨间距 300mm、400mm 或 600mm，不应超过 600mm。

2．走廊吊顶未留伸缩缝，吊杆间距过大不妥。因为走廊吊顶过长，面积超过100m²应设伸缩缝，吊杆间距不应大于1000mm。当吊杆与设备相遇时，应调整增设吊杆。

3．室内吊顶面板的安装固定从板四周边开始向中间固定不妥；板边钉距300mm过大不妥。石膏板固定应先从板的中间开始，然后向板的两端和周边延伸。板周边螺钉的间距不应大于200mm。

4．接缝处理：轻质隔墙与顶棚和其他墙体的交接处应采取防开裂措施。设计无要求时，板缝处粘贴50～60mm宽的嵌缝带，阴阳角处粘贴200mm宽纤维布（每边各100mm宽），并用石膏腻子刮平，总厚度应控制在3mm内。

【案例3.5-2】答：

1．隐框玻璃板块注胶车间的温度湿度控制不正确。

正确做法：温度应在15～30℃，相对湿度应在50%以上。

2．明框玻璃幕墙玻璃板块安装时安放的垫块：不妥当。

正确做法：应放两块，长度应不小于100mm。

3．幕墙现场安装时，立柱应先与角码连接，角码再与主体结构连接。

每个连接部位的受力螺栓，至少需要布置2个，螺栓直径不宜小于10mm。

钢角码和铝合金立柱应加防腐隔离柔性垫片，以防止产生双金属腐蚀。

4．开启窗开启角度和距离过大不妥。

正确做法：开启角度不宜大于30°，开启距离不宜大于300mm。

3.6　季节性施工技术

复习要点

3.6.1 冬期施工技术
3.6.2 雨期施工技术
3.6.3 高温天气施工技术

一　单项选择题

1．冬期土方回填每层铺土厚度应比常温施工时至少减少（　　）。
　　A．20%～25%　　　　　　　　　　B．25%～30%
　　C．30%～35%　　　　　　　　　　D．35%～40%

2．关于冬期室外基槽（坑）或管沟回填冻土块的说法，正确的是（　　）。
　　A．粒径不得大于150mm，含量不得超过15%
　　B．粒径不得大于150mm，含量不得超过20%
　　C．粒径不得大于200mm，含量不得超过20%
　　D．粒径不得大于200mm，含量不得超过15%

3．冬期施工砌体采用氯盐砂浆施工，每日砌筑高度不宜超过（　　）m。
　　A．1.2　　　　　　　　　　　　　B．1.4

C．1.5　　　　　　　　　　　　　　D．1.8

4．冬期砌筑施工时，砂浆温度不应低于（　　）℃。

A．0　　　　　　　　　　　　　　B．2

C．3　　　　　　　　　　　　　　D．5

5．冬期钢筋调直冷拉环境温度控制的最小限值是（　　）℃。

A．−30　　　　　　　　　　　　　B．−20

C．−10　　　　　　　　　　　　　D．−5

6．关于冬期施工阶段砂浆试块留置的说法，正确的是（　　）。

A．与常温施工留置同样的试件　　　B．比常温增加一组同条件试件

C．比常温增加一组标养试件　　　　D．比常温增加同条件和标养试件各一组

7．HRB400 钢筋冬期冷弯加工环境温度控制的最小限值是（　　）℃。

A．−30　　　　　　　　　　　　　B．−20

C．−15　　　　　　　　　　　　　D．−5

8．针对冬期施工混凝土配合比，宜选择较小的指标是（　　）。

A．水灰比和坍落度　　　　　　　　B．水灰比和外加剂掺量

C．水胶比和坍落度　　　　　　　　D．水胶比和外加剂掺量

9．冬期施工混凝土搅拌时，当仅加热拌合水不能满足热工计算要求时，可直接加热的混凝土原材料是（　　）。

A．水泥　　　　　　　　　　　　　B．外加剂

C．矿物掺合料　　　　　　　　　　D．骨料

10．关于钢结构冬期施工工作温度的说法，正确的是（　　）。

A．普通碳素结构钢工作地点温度低于 −20℃时，不得剪切、冲孔

B．低合金钢工作地点温度低于 −10℃时，不得剪切、冲孔

C．普通碳素结构钢工作地点温度低于 −10℃时，不得进行冷矫正和冷弯曲

D．工作地点温度低于 −20℃时，不宜进行现场火焰切割作业

11．关于冬期施工大体积防水混凝土温度控制及养护的说法，正确的是（　　）。

A．中心温度与表面温度的差值不应大于 20℃

B．表面温度与大气温度的差值不应大于 25℃

C．温降梯度不得大于 4℃/d

D．养护时间不应少于 14d

12．关于冬期水泥砂浆防水层施工的说法，正确的是（　　）。

A．施工气温不应低于 0℃　　　　　B．养护温度不宜低于 −5℃

C．保持砂浆表面湿润　　　　　　　D．养护时间不得小于 7d

13．某防水工程，施工环境气温 −8℃，应选择的防水材料是（　　）。

A．高聚物改性沥青防水卷材　　　　B．现喷硬泡聚氨酯

C．合成高分子防水涂料　　　　　　D．改性石油沥青密封材料

14．关于冬期屋面保温工程施工的说法，正确的是（　　）。

A．采用沥青胶结的保温层应在气温不低于 −15℃时施工

B．采用水泥胶结的保温层应在气温不低于 0℃时施工

C．干铺的保温层可在负温下施工

D．采用胶结料胶结的保温层应在气温不低于 –10℃时施工

15．关于冬期建筑装饰装修工程施工的说法，正确的是（　　　）。

A．室内抹灰，块料装饰工程施工与养护期间的温度不应低于 0℃

B．室外施工油漆、刷浆、裱糊、玻璃工程时，其最低环境温度不应低于 5℃

C．室外喷、涂作业时，料浆温度宜保持在 5℃左右

D．塑料门窗在 5℃以下存放时，安装前应在室温不低于 5℃的环境放置 24h

16．雨期基坑开挖，坡顶散水的宽度最小限值是（　　　）m。

A．0.8　　　　　　　　　　　　　　B．1.0

C．1.5　　　　　　　　　　　　　　D．1.6

17．雨期施工中，砌筑工程每天砌筑高度最大限值是（　　　）m。

A．0.8　　　　　　　　　　　　　　B．1.2

C．1.5　　　　　　　　　　　　　　D．1.6

18．雨期 CFG 桩施工，槽底预留的保护土层厚度最小限值是（　　　）m。

A．0.2　　　　　　　　　　　　　　B．0.3

C．0.5　　　　　　　　　　　　　　D．0.7

19．雨期钢结构工程施工，焊接作业区的相对湿度最大限值是（　　　）%。

A．70　　　　　　　　　　　　　　B．85

C．90　　　　　　　　　　　　　　D．95

20．施工期间最高气温超过 30℃时，现场拌制砂浆使用完毕时间应在（　　　）h 内。

A．2.0　　　　　　　　　　　　　　B．2.5

C．3.0　　　　　　　　　　　　　　D．4.0

21．高温天气混凝土施工，为降低水化热，常用的方法是（　　　）。

A．降低粗骨料温度　　　　　　　　B．提高拌合水温度

C．提高细骨料温度　　　　　　　　D．粉煤灰取代部分水泥

22．关于建筑装饰装修工程高温施工环境温度控制的说法，正确的是（　　　）。

A．塑料门窗储存的环境温度应低于 60℃

B．抹灰环境温度不宜高于 50℃

C．粘贴饰面砖环境温度不宜高于 45℃

D．涂饰工程施工现场环境温度不宜高于 35℃

二　多项选择题

1．关于冬期冻土回填施工的说法，正确的有（　　　）。

A．室外的基槽（坑）或管沟可采用含有一定比例冻土块的土回填

B．填方边坡的表层 1m 以内，不得采用含有冻土块的土填筑

C．室外管沟底以上 500mm 的范围内不得用含有冻土块的土回填

D．室内的基槽（坑）或管沟可采用含有冻土块的土回填

E．室内地面垫层下回填的土方，填料中可含有冻土块

2. 关于冬期桩基施工的说法，正确的有（　　）。

A. 当冻土层厚度超过 500mm 时，冻土层宜采用钻孔机引孔

B. 采用钻孔机引孔，引孔直径不宜大于桩径 20mm

C. 振动沉管成孔施工有间歇时，宜将桩管埋入桩孔中进行保温

D. 预制桩沉桩不应连续进行

E. 预制桩沉桩施工完成后，对桩头上不做保温

3. 关于冬期砌体工程施工的说法，正确的有（　　）。

A. 应编制冬期施工专项方案

B. 不得使用遭水浸和受冻后表面结冰、污染的砖或砌块

C. 砌筑砂浆宜采用普通硅酸盐水泥配制，不得使用无水泥拌制的砂浆

D. 最低气温等于或低于 –25℃时，砌体砂浆强度等级应较常温施工提高一级

E. 暖棚法施工时，暖棚内的最低温度不应低于 5℃

4. 冬期施工不得采用掺氯盐砂浆砌筑的砌体有（　　）。

A. 对装饰工程有特殊要求的建筑物

B. 配筋、钢埋件无可靠防腐处理措施的砌体

C. 接近高压电线的建筑物（如变电所、发电站等）

D. 经常处于地下水位变化范围内的结构

E. 地下已设防水层的结构

5. 冬期施工混凝土配合比确定依据有（　　）。

A. 环境气温　　　　　　　　　B. 原材料

C. 初凝时间　　　　　　　　　D. 混凝土性能要求

E. 养护方法

6. 关于外墙外保温工程冬期施工的说法，正确的有（　　）。

A. 施工最低温度不应低于 –10℃

B. 施工期间以及完工后 24h 内，基层及环境空气温度不应低于 5℃

C. 胶粘剂和聚合物抹面胶浆拌合温度皆应高于 5℃

D. 聚合物抹面胶浆拌合水温度不宜大于 90℃，且不宜低于 40℃

E. EPS 板粘贴应保证有效粘贴面积大于 30%

7. 关于砌体工程雨期施工的说法，正确的有（　　）。

A. 烧结类块体的相对含水率为 60%～70%

B. 每天砌筑高度不得超过 1.2m

C. 根据石子的含水量变化随时调整砂浆水胶比

D. 湿拌砂浆根据气候条件采取遮阳、保温、防雨等措施

E. 蒸压加气混凝土砌块的相对含水率为 40%～50%

8. 关于混凝土工程雨期施工的说法，正确的有（　　）。

A. 对粗、细骨料含水率实时监测，及时调整混凝土配合比

B. 选用具有防雨水冲刷性能的模板隔离剂

C. 雨后应检查地基面的沉降，并应对模板及支架进行检查

D. 大雨、暴雨天气不宜进行混凝土露天浇筑

E．梁板同时浇筑时应沿主梁方向浇筑

9．高温施工混凝土配合比调整的因素有（　　　）。

A．环境温度　　　　　　　　　　　B．湿度

C．风力　　　　　　　　　　　　　D．混凝土初凝时间

E．采取的温控措施

10．关于防水工程高温施工的说法，正确的有（　　　）。

A．防水材料应随用随配，配制好的混合料宜在 3h 内用完

B．大体积防水混凝土入模温度不应大于 30℃

C．改性石油沥青密封材料施工环境气温不高于 35℃

D．高聚物改性沥青防水卷材贮存环境最高气温不得超过 45℃

E．自粘型卷材贮存叠放层数不应超过 5 层

三　实务操作和案例分析题

【案例 3.6-1】

背景：

某综合楼工程，建筑面积 29970m²，筏板基础，框架剪力墙结构。地下 2 层，地上 10 层。该工程需进行冬期施工和雨期施工。钢筋采用 HRB400 钢筋，连接采用电弧焊和电渣压力焊。

项目经理部安排 2021 年 2 月 15 日至 25 日进行底板混凝土浇筑，底板厚度 1.5m。项目部根据环境温度经试验确定了混凝土配合比。混凝土养护采用综合蓄热法。

2021 年 7 月 15 日，工程进入雨期施工，此时结构施工至地上十层最后一段墙体；垂直运输工具为塔吊和外用电梯；外架采用了落地式钢管脚手架；零星混凝土现场搅拌。

问题：

1．确定底板混凝土配合比的依据还应有哪些？养护期间温度测量的规定有哪些？养护方法还有哪些？混凝土温度控制要求有哪些？

2．施工现场应采取的雨期混凝土施工措施有哪些（至少列出六项）？

【答案与解析】

一、单项选择题

1．A；　　2．A；　　3．A；　　4．D；　　5．B；　　6．B；　　7．B；　　*8．C；

9．D；　　*10．A；　11．D；　12．C；　*13．A；　14．C；　*15．B；　16．C；

17．B；　18．C；　19．C；　20．A；　*21．D；　22．D

【解析】

8．答案 C

冬期施工混凝土配合比应根据施工期间环境气温、原材料、养护方法、混凝土性能要求等经试验确定，并宜选择较小的水胶比和坍落度。改变水胶比和外加剂掺量会改

变混凝土的性能。

10．答案 A

普通碳素结构钢工作地点温度低于 –20℃、低合金钢工作地点温度低于 –15℃时不得剪切、冲孔，普通碳素结构钢工作地点温度低于 –16℃、低合金钢工作地点温度低于 –12℃时不得进行冷矫正和冷弯曲。当工作地点温度低于 –30℃时，不宜进行现场火焰切割作业。

13．答案 A

现喷硬泡聚氨酯施工环境气温不低于 15℃；合成高分子防水卷材施工环境气温冷粘法不低于 5℃；改性石油沥青密封材料施工环境气温不低于 0℃，高聚物改性沥青防水材料施工环境温度为 –10℃。

15．答案 B

室内抹灰，块料装饰工程施工与养护期间的温度不应低于 5℃；粉浆类料浆宜采用热水配制，料浆使用温度宜保持在 15℃左右；塑料门窗当在不大于 0℃的环境中存放时，与热源的距离不应小于 1m。

21．答案 D

宜选用水化热较低的水泥，采用粉煤灰取代部分水泥。调整其他三种材料会改变混凝土性能。

二、多项选择题

*1. A、B、C;　　　2. A、B、C;　　　*3. A、B、C、E;　　4. A、B、C、D;

5. A、B、D、E;　*6. B、C;　　　*7. A、B、D、E;　　*8. A、B、C;

9. A、B、C、E;　*10. B、C、D、E

【解析】

1．答案 A、B、C

室内的基槽（坑）或管沟不得采用含有冻土块的土回填，室内地面垫层下回填的土方，填料中不得含有冻土块。

3．答案 A、B、C、E

冬期砌筑施工时，砂浆温度不应低于 5℃。当设计无要求，且最低气温等于或低于 –15℃时，砌体砂浆强度等级应较常温施工提高一级。

6．答案 B、C

建筑外墙外保温工程冬期施工最低温度不应低于 –5℃；聚合物抹面胶浆拌合水温度不宜大于 80℃，且不宜低于 40℃；EPS 板粘贴应保证有效粘贴面积大于 50%。

7．答案 A、B、D、E

雨期施工砌筑砂浆应通过适配确定配合比，要根据砂的含水量变化随时调整水胶比。适当减少稠度，过湿的砂浆不宜上墙，以避免砂浆流淌。

8．答案 A、B、C

雨期施工除采用防护措施外，小雨、中雨天气不宜进行混凝土露天浇筑，且不应开始大面积作业面的混凝土露天浇筑；大雨、暴雨天气不应进行混凝土露天浇筑；梁板同时浇筑时应沿次梁方向浇筑。

10．答案 B、C、D、E

高温施工防水材料应随用随配，配制好的混合料宜在 2h 内用完。

三、实务操作和案例分析题

【案例 3.6-1】答：

1．（1）确定底板混凝土配合比的依据还应有：原材料、养护方法、混凝土性能要求。

（2）混凝土养护期间温度测量的规定有：

① 在达到受冻临界强度之前应每隔 4～6h 测量一次；

② 混凝土在达到受冻临界强度后，可停止测温。

（3）养护方法还应有：蓄热法、暖棚法、掺化学外加剂法。

（4）混凝土温度控制要求有：

① 混凝土的中心温度与表面温度的差值不应大于 25℃；

② 表面温度与大气温度的差值不应大于 20℃；

③ 温降梯度不得大于 3℃/d；

④ 养护时间不应少于 14d。

2．施工现场应采取的雨期混凝土施工措施有：

（1）对水泥和掺合料采取防水和防潮措施，对粗、细骨料含水率实时监测，及时调整混凝土配合比；

（2）选用具有防雨水冲刷性能的模板隔离剂；

（3）对混凝土搅拌、运输设备和浇筑作业面采取防雨措施，并加强施工机械检查维修及接地接零检测工作；

（4）小雨、中雨天气不进行大面积作业面的混凝土露天浇筑；大雨、暴雨天气不进行混凝土露天浇筑；

（5）雨后检查地基面的沉降，并对模板及支架进行检查；

（6）采取防止基槽或模板内积水的措施；

（7）对因雨水冲刷致使水泥浆流失严重的部位，采取补救措施后再继续施工；

（8）浇筑板、墙、柱混凝土时，可适当减小坍落度；

（9）梁板同时浇筑时沿次梁方向浇筑，遇雨而停止施工，可将施工缝留在弯矩、剪力较小处的次梁和板上；

（10）浇筑完毕后，及时采取覆盖塑料薄膜等防雨措施。

第2篇 建筑工程相关法规与标准

第4章 相关法规

4.1 建筑工程施工相关法规

微信扫一扫
在线做题+答疑

复习要点

4.1.1 建筑工程生产安全重大事故隐患判定标准有关规定

4.1.2 危险性较大的分部分项工程专项施工方案编制指南有关规定

4.1.3 施工现场建筑垃圾减量化有关规定

4.1.4 国家主管部门近年来安全生产及施工现场管理有关规定

一 单项选择题

1. 下列行为中，不属于重大事故隐患情形的是（   ）。
   A．危险性较大的分部分项工程未编制专项施工方案
   B．施工单位的项目负责人未取得安全生产考核合格证书就从事相关工作
   C．未按规定组织专家对"超过一定规模的危险性较大的分部分项工程范围"的专项施工方案进行论证
   D．建筑施工企业未取得施工许可证，擅自从事建筑施工活动

2. 模板工程有下列（   ）情形，应判定为重大事故隐患。
   A．模板工程的地基基础承载力满足设计要求
   B．模板支架承受的施工荷载超过设计值
   C．模板支架拆除时，混凝土强度未达到设计强度的100%
   D．爬模爬升时，混凝土强度未达到设计强度的100%

3. 附着式升降脚手架使用过程中架体悬臂高度大于（   ），应判定为重大事故隐患。
   A．3m 或架体高度的1/5   B．4m 或架体高度的1/5
   C．5m 或架体高度的1/5   D．6m 或架体高度的2/5

4. 基坑工程专项施工方案编制要求中，施工工艺技术参数包括（   ）施工、降水、帷幕、关键设备等。
   A．地基工程   B．垫层
   C．支护结构   D．基础工程

5. 模板支撑体系工程专项施工方案编制要求中，工艺流程包括支撑体系搭设、使

用及拆除工艺流程和（　　　）。

　　A．监测方案　　　　　　　　　B．安全防护方案

　　C．文明施工方案　　　　　　　D．支架预压方案

　　6. 脚手架工程专项施工方案编制要求中，相关设计图纸包括脚手架平面布置、立（剖）面图，（　　　），连墙件布置图及节点详图。

　　A．模板图　　　　　　　　　　B．脚手架基础节点图

　　C．脚手板布置图　　　　　　　D．安全网设置图

　　7. 施工现场临时设施建设，宜采用（　　　）方式。

　　A．钢结构　　　　　　　　　　B．永久工程

　　C．永临结合　　　　　　　　　D．临时工程

　　8. 施工现场建筑垃圾减量化应遵循的总体原则是（　　　）。

　　A．源头减量、集中管理、就地处置、排放控制、计划先行

　　B．源头减量、集中管理、原位处置、严格控制、再生利用

　　C．源头减量、分类管理、原位处置、集中排放、循环利用

　　D．估算先行、源头减量、分类管理、就地处理、排放控制

　　9. 由（　　　）委托的具有相应检测资质的检测机构出具的检测报告可以作为工程质量验收资料。

　　A．建设单位　　　　　　　　　B．施工单位

　　C．监理单位　　　　　　　　　D．勘察单位

　　10. 现场检测或者检测试样送检时，应当由（　　　）等填写委托单。

　　A．建设单位　　　　　　　　　B．检测内容提供单位、送检单位

　　C．监理单位　　　　　　　　　D．勘察单位

　　11. 建设工程施工企业应以建筑安装工程造价为依据，于月末按工程进度申请提取企业安全生产费用，房屋建筑工程提取标准为（　　　）。

　　A．2%　　　　　　　　　　　　B．3%

　　C．4%　　　　　　　　　　　　D．5%

　　12. 建设单位应当在合同中单独约定并于工程开工后（　　　）个月内，向承包单位支付至少（　　　）企业安全生产费用。

　　A．2；30%　　　　　　　　　　B．2；50%

　　C．1；50%　　　　　　　　　　D．1；30%

　　13. 下列材料中，属于实施工业产品生产许可证管理的是（　　　）。

　　A．水泥　　　　　　　　　　　B．碎石

　　C．人工砂　　　　　　　　　　D．水

　　14. 下列施工工艺中，属于限制使用的是（　　　）。

　　A．铝合金模板　　　　　　　　B．泵送混凝土

　　C．钢筋直螺纹连接　　　　　　D．钢筋闪光对焊

1．超过一定规模危险性较大的分部分项工程（ ）专项施工方案，应判定为重大事故隐患。

    A．未编制   B．未审核

    C．未论证   D．未公示

    E．未验收

2．在起重和吊装工程中，以下情形应判定为重大事故隐患的有（ ）。

    A．塔式起重机、施工升降机、物料提升机等起重机械设备未按规定办理使用登记

    B．塔式起重机的地基基础承载力和变形不满足设计要求

    C．起重机械的安装、拆卸过程中未对安全装置进行检查

    D．塔式起重机未按照规定进行年检

    E．塔式起重机独立起升高度、附着间距不符合规范要求

3．危险性较大的分部分项工程专项施工方案的主要内容应包括（ ）。

    A．工程概况   B．编制依据

    C．工程造价   D．施工工艺

    E．施工计划

4．基坑工程专项施工方案编制要求中，施工方法及操作要求内容有（ ）。

    A．基坑工程施工前准备

    B．地下水控制、支护施工、土方开挖等工艺流程、要点

    C．材料进场质量检查、抽检

    D．常见问题及预防、处理措施

    E．基坑施工过程中各工序检验内容及检验标准

5．模板支撑体系工程专项施工方案编制要求中，施工工艺技术参数内容有（ ）。

    A．混凝土浇筑方式、顺序

    B．模板支撑体系所用材料的选型、规格及品质要求

    C．模架体系设计

    D．模架使用安全要求

    E．构造措施

6．脚手架工程专项施工方案编制要求中，落地脚手架计算书内容有（ ）。

    A．受弯构件的强度和连接扣件的抗滑移、立杆稳定性、连墙件的强度、稳定性和连接强度

    B．落地架立杆地基承载力

    C．悬挑架钢梁挠度

    D．支撑结构穿墙螺栓及螺栓孔混凝土局部承压计算

    E．爬升连接节点计算

7．起重吊装及安装拆卸工程专项施工方案编制要求中，验收人员包括（ ）等

单位相关负责人。

    A．建设   B．设计

    C．勘察   D．施工

    E．监理

8．下列施工现场建筑垃圾减量化措施中，属于源头减量措施的有（　　　）。

    A．施工现场建筑垃圾应分类收集、存放

    B．楼板宜采用免临时支撑的结构体系

    C．在灌注桩施工时，应采用智能化灌注标高控制方法

    D．施工现场宜采用智慧工地管理平台

    E．金属类工程弃料宜进行再利用

9．工程质量检测试样应满足的条件有（　　　）。

    A．具有唯一性标识、封志   B．可加工性

    C．符合性   D．代表性

    E．真实性

10．关于企业安全生产费用的说法，正确的有（　　　）。

    A．建设工程施工企业在竞标时，企业安全生产费用不得删减

    B．总包单位应当于分包工程开工后一个月内，将至少30%的企业安全生产费用直接支付给分包单位并监督使用

    C．建设工程施工企业编制投标报价应当包含并单列企业安全生产费用

    D．工程竣工决算后结余的企业安全生产费用，应当退回建设单位

    E．工程竣工决算后结余的企业安全生产费用，应当退回施工单位

11．地下水丰富、软弱土层、流沙等不良地质条件的基桩成桩工艺可以使用（　　　）。

    A．人工挖孔   B．旋挖钻

    C．冲击钻   D．回转钻

    E．螺旋钻

三　实务操作和案例分析题

【案例 4.1-1】

背景：

某学校体育场馆，共四层，建筑高度为39m，采用钢筋混凝土框架剪力墙结构，首层层高为10m，其余层高均为9m，楼盖采用有粘结预应力井式梁楼盖体系，立面采用石材幕墙。建设单位与具有相应资质的施工单位A签订了施工承包合同，施工单位A按照合同要求进场施工。施工单位A租赁了一台塔式起重机用于现场吊装作业，塔式起重机独立起升高度为38m，委托了具有相应资质的安装单位B负责塔式起重机的安装、拆卸和维护。施工单位A委托了具有相应资质的检测单位C对塔式起重机进行检测。

事件1：塔式起重机安装单位进场安装塔吊，塔式起重机安装高度为38m（塔式起重机使用说明书规定的独立起升高度为38m），安装完毕自检合格，经施工单位委托的

检测机构检测合格，并出具了检测报告书，施工单位 A 安排人员到政府行政主管部门办理使用登记手续。登记手续办理期间，施工单位 A 购买的钢筋进场，施工单位 A 安排具有建筑施工特种作业操作资格证书的司机、指挥人员、司索工使用塔式起重机对进场钢筋进行吊运。

事件 2：主体结构施工到顶层时，由于塔式起重机的独立起升高度为 38m，不满足顶层屋面施工的使用要求，需要顶升，增加一个标准节，塔式起重机安装单位完成顶升后，没有安装附着，即投入使用。

事件 3：外脚手架采用双排落地扣件式钢管脚手架，搭设高度为 41m。外立面石材幕墙施工过程中，塔式起重机吊起最后一批石料至脚手架顶层作业面时，脚手架因载荷过重突然坍塌，多名正在作业人员被埋压。

问题：

1．指出事件 1 中的不妥之处，并给出正确做法。

2．指出事件 2 中的不妥之处，并给出正确做法。塔式起重机有哪些情形应判定为重大事故隐患？

3．分析事件 3 中可能造成脚手架坍塌的原因（至少列出 3 项）。

4．《房屋市政工程生产安全重大事故隐患判定标准》中规定脚手架工程有哪些情形应判定为重大事故隐患？

5．根据《企业安全生产费用提取和使用管理办法》，建筑物的外脚手架安装和拆除费用是否可以从企业安全生产费用中提取？房屋建筑工程的施工企业安全生产费用可用于支出的范围有哪些？

【答案与解析】

一、单项选择题

*1. D；　2. B；　3. D；　4. C；　5. D；　6. B；　7. C；　8. D；
*9. A；　10. B；　11. B；　12. C；　13. A；　14. D

【解析】

1. 答案 D

《房屋市政工程生产安全重大事故隐患判定标准》中规定，施工安全管理有下列情形之一的，应判定为重大事故隐患：（1）建筑施工企业未取得安全生产许可证擅自从事建筑施工活动；（2）施工单位的主要负责人、项目负责人、专职安全生产管理人员未取得安全生产考核合格证书从事相关工作；（3）建筑施工特种作业人员未取得特种作业人员操作资格证书上岗作业；（4）危险性较大的分部分项工程未编制、未审核专项施工方案，或未按规定组织专家对"超过一定规模的危险性较大的分部分项工程范围"的专项施工方案进行论证。

9. 答案 A

《建设工程质量检测管理办法》（中华人民共和国住房和城乡建设部令第 57 号）中规定，非建设单位委托的检测机构出具的检测报告不得作为工程质量验收资料。所以，A 为正确答案。

二、多项选择题

1. A、B、C;　　2. A、B、C、E;　　*3. A、B、D、E;　　4. A、B、D;

5. B、C、E;　　*6. A、B、C;　　7. A、B、D、E;　　8. B、C、D;

*9. A、C、D、E;　　*10. A、C、D;　　11. B、C、D、E

【解析】

3. 答案 A、B、D、E

工程造价虽然重要，但是不属于编制施工方案的必要内容，因此，选项 C 不正确。

6. 答案 A、B、C

落地脚手架计算书内容：受弯构件的强度和连接扣件的抗滑移、立杆稳定性、连墙件的强度、稳定性和连接强度；落地架立杆地基承载力；悬挑架钢梁挠度。

附着式脚手架计算书内容：架体结构的稳定计算（厂家提供）、支撑结构穿墙螺栓及螺栓孔混凝土局部承压计算、连接节点计算。

9. 答案 A、C、D、E

《建设工程质量检测管理办法》第十九条规定，提供检测试样的单位和个人，应当对检测试样的符合性、真实性及代表性负责。检测试样应当具有清晰的、不易脱落的唯一性标识、封志。第四十七条规定，提供的检测试样不满足符合性、真实性、代表性要求的应承担相应的法律责任。选项 B 不正确，选项 A、C、D、E 正确。

10. 答案 A、C、D

《企业安全生产费用提取和使用管理办法》规定，总包单位应当在合同中单独约定并于分包工程开工后一个月内将至少 50% 企业安全生产费用直接支付给分包单位并监督使用，分包单位不再重复提取。

三、实务操作和案例分析题

【案例 4.1-1】答：

1. 事件 1 中的不妥之处：

不妥之处 1：施工单位 A 未对塔式起重机安装进行验收即投入使用。

正确做法：经安装单位自检合格、检测单位检验合格出具检验报告后，施工单位 A 应组织产权单位、安装单位和监理单位等进行验收。实行施工总承包的，应由施工总承包单位组织验收。

不妥之处 2：使用登记手续没有办理完毕即投入使用。

正确做法：施工单位 A 应在塔机安装验收合格，办理使用登记手续后，方可启用。

2. 事件 2 中的不妥之处：

（1）不妥之处：塔机使用高度超过最大独立高度没有安装附着即投入使用。

正确做法：当塔机使用高度超过使用说明书的最大独立高度时必须安装附着。

（2）塔式起重机有下列情形之一的，应判定为重大事故隐患：

① 塔式起重机未经验收合格即投入使用，或未按规定办理使用登记；

② 塔式起重机独立起升高度、附着间距和最高附着以上的最大悬高及垂直度不符合规范要求；

③ 塔式起重机安装、拆卸、顶升加节以及附着前未对结构件、顶升机构和附着装置以及高强度螺栓、销轴、定位板等连接件及安全装置进行检查；

④ 塔式起重机的安全装置不齐全、失效或者被违规拆除、破坏;

⑤ 塔式起重机的地基基础承载力和变形不满足设计要求。

3．事件 3 中可能造成脚手架坍塌的原因:

（1）脚手架工程的地基基础承载力和变形不满足设计要求。

（2）未设置连墙件、连墙件整层缺失或连墙件数量不足。

（3）主节点未按规定设置小横杆或缺少扣件连接。

（4）放置物料过多,施工荷载超过设计值。

（5）脚手架钢管、扣件等配件和材料不合格。

（6）水平杆步距、立杆纵距、横距等不满足设计要求。

（7）扫地杆、剪刀撑和横向斜撑等构造不满足设计和规范要求。

4．脚手架工程有下列情形之一的,应判定为重大事故隐患:

（1）脚手架工程的地基基础承载力和变形不满足设计要求。

（2）未设置连墙件或连墙件整层缺失。

（3）附着式升降脚手架未经验收合格即投入使用。

（4）附着式升降脚手架的防倾覆、防坠落或同步升降控制装置不符合设计要求、失效、被人为拆除破坏。

（5）附着式升降脚手架在使用过程中架体悬臂高度大于架体高度的 2/5 或大于 6m。

5．施工企业安全生产费用管理中:

（1）建筑物的外脚手架安装和拆除费用不可以从企业安全生产费用中提取。

（2）房屋建筑工程的施工企业安全生产费用可用于支出的范围有:

① 购置、更新改造、检测检验、检定校准、运行维护安全防护和紧急避险设施、设备支出（不含按照"建设项目安全设施必须与主体工程同时设计、同时施工、同时投入生产和使用"规定投入的安全设施、设备）;

② 购置、开发、推广应用、更新升级、运行维护安全生产信息系统、软件、网络安全、技术支出;

③ 配备、更新、维护、保养安全防护用品和应急救援器材、设备支出;

④ 企业应急救援队伍建设（含建设应急救援队伍所需应急救援物资储备、人员培训等方面）、安全生产宣传教育培训、从业人员发现报告事故隐患的奖励支出;

⑤ 安全生产责任保险、承运人责任险等与安全生产直接相关的法定保险支出;

⑥ 安全生产检查检测、评估评价（不含新建、改建、扩建项目安全评价）、评审、咨询、标准化建设、应急预案制订修订、应急演练支出;

⑦ 与安全生产直接相关的其他支出。

4.2　建筑工程通用规范

复习要点

4.2.1　《施工脚手架通用规范》有关规定

4.2.2　《建筑与市政工程施工质量控制通用规范》有关规定

4.2.3 《建筑与市政地基基础通用规范》有关规定

4.2.4 《混凝土结构通用规范》有关规定

4.2.5 《砌体结构通用规范》有关规定

4.2.6 《钢结构通用规范》有关规定

4.2.7 《建筑节能与可再生能源利用通用规范》有关规定

一 单项选择题

1. 沿所施工建筑物每（　　）层或高度不大于（　　）处应设置一层水平防护。

    A．2；8m　　　　　　　　　　B．2；10m

    C．3；10m　　　　　　　　　　D．3；12m

2. 落地作业脚手架、悬挑脚手架一次搭设高度不应超过最上层连墙件（　　）步，且自由高度不应大于（　　）m。

    A．3；4　　　　　　　　　　　B．2；4

    C．2；5　　　　　　　　　　　D．3；5

3. 脚手架搭设达到设计高度或安装就位（　　），应进行验收。

    A．前　　　　　　　　　　　　B．中

    C．时　　　　　　　　　　　　D．后

4. 脚手架使用期间，应当严格禁止（　　）。

    A．架体下人员施工

    B．搭设防护栏杆

    C．脚手架立杆基础下方及附近进行挖掘作业

    D．连墙件安装和脚手板铺设同时进行

5. 工程施工前，应由（　　）制定单位工程、分部工程、分项工程和检验批的划分方案，并应由（　　）审核通过后实施。

    A．建设单位；监理单位　　　　B．监理单位；建设单位

    C．施工单位；监理单位　　　　D．施工单位；建设单位

6. 工程竣工验收备案前，应由（　　）将全部工程文件收集齐全、整理立卷，向城建档案管理机构移交。

    A．工程管理单位　　　　　　　B．监理单位

    C．施工单位　　　　　　　　　D．建设单位

7. 当未设置混凝土垫层时，筏形基础、桩筏基础中受力钢筋的混凝土保护层厚度不应小于（　　）。

    A．40mm　　　　　　　　　　B．50mm

    C．60mm　　　　　　　　　　D．70mm

8. 安全等级为（　　）的支护结构，在基坑开挖过程与支护结构使用期内，必须进行支护结构的水平位移监测和基坑开挖影响范围内建（构）筑物、地面的沉降监测。

    A．一级、二级　　　　　　　　B．二级、三级

    C．一级　　　　　　　　　　　D．二级

9. 混凝土内支撑结构的混凝土强度等级不应低于（　　）；排桩支护结构的桩身混凝土强度等级不应低于（　　）。

    A．C20；C25　　　　　　　　　　B．C25；C25

    C．C25；C20　　　　　　　　　　D．C25；C30

10. 混凝土结构在进行模板拆除、预制构件起吊、预应力筋张拉和放张时，混凝土的（　　）试件应达到规定强度。

    A．同条件养护　　　　　　　　　B．第三方实验室标养

    C．现场实验室标养　　　　　　　D．混凝土供应商实验室

11. 预制构件的套筒灌浆连接接头应进行工艺检验和性能检验，关于性能检验试件取样的说法，正确的是（　　）。

    A．在现场安装完成的构件上随机抽取试件

    B．在现场平行加工试件

    C．在构件预制厂加工

    D．在连接接头加工厂加工

12. 钢筋机械连接或焊接连接接头试件应从完成的实体中截取，并应按规定进行（　　）检验。

    A．强度　　　　　　　　　　　　B．伸长率

    C．强屈比　　　　　　　　　　　D．性能

13. 采用小砌块砌筑时，应将小砌块生产时的底面（　　）砌于墙上。

    A．朝上　　　　　　　　　　　　B．朝下

    C．朝内　　　　　　　　　　　　D．朝外

14. 砌筑砂浆用水泥、预拌砂浆及其他专用砂浆，应考虑（　　）对材料强度的影响。

    A．环境温度　　　　　　　　　　B．环境湿度

    C．储存期限　　　　　　　　　　D．运输距离

15. 钢结构的全部焊缝应进行外观检查，要求全焊透的一级、二级焊缝应进行内部缺陷无损检测，一级焊缝探伤比例应为（　　），二级焊缝探伤比例应不低于（　　）。

    A．100%；20%　　　　　　　　　B．100%；30%

    C．80%；20%　　　　　　　　　　D．80%；30%

16. 钢结构焊接质量抽样检验时，除裂纹缺陷外，抽样检验的焊缝数不合格率小于2%时，该批验收合格；该批抽样检验的焊缝数不合格率大于（　　）时，该批验收不合格，需要对该批余下的全部焊缝进行检验。

    A．3%　　　　　　　　　　　　　B．4%

    C．5%　　　　　　　　　　　　　D．6%

17. 高强度大六角头螺栓连接副和扭剪型高强度螺栓连接副出厂时应分别随箱带有扭矩系数和（　　）的检验报告，并应附有出厂质量保证书。

    A．抗拉强度　　　　　　　　　　B．紧固轴力（预拉力）

    C．抗剪强度　　　　　　　　　　D．预压力

18. 门窗（包括天窗）节能工程施工采用的材料、构件和设备进场时，除核查质量证明文件、节能性能标识证书、门窗节能性能计算书及复验报告外，严寒、寒冷地区的门窗应进行（　　　）复验。

  A. 传热系数及气密性能

  B. 传热系数、气密性能，玻璃的太阳得热系数及可见光透射比

  C. 玻璃的太阳得热系数及可见光透射比

  D. 气密性能、玻璃的太阳得热系数

19. 施工单位应当对进入施工现场的墙体材料、保温材料，门窗、采暖制冷系统和照明设备进行检查验收，并向监理工程师报验，监理工程师未签字的，施工单位（　　　）。

  A. 不得使用或安装   B. 进行下道工序施工

  C. 必须做退场处理   D. 可请建设单位确认后使用

二 多项选择题

1. 作业脚手架应对（　　　）采取可靠的构造加强措施。

  A. 平面布置的长边方向

  B. 工程结构突出物影响架体正常布置处

  C. 楼面高度大于连墙件设置竖向高度的部位

  D. 附着、支承于工程结构的连接处

  E. 塔式起重机、施工升降机、物料平台等设施断开或开洞处

2. 附着式升降脚手架在使用过程中不得拆除（　　　）等控制装置。

  A. 防倾   B. 高度

  C. 防坠   D. 停层

  E. 同步升降

3. 工程质量控制资料应（　　　）。

  A. 准确齐全   B. 真实有效

  C. 具有可追溯性   D. 为原件

  E. 由检测机构提供

4. 工程施工前应对施工管理人员和作业人员进行技术交底，交底的内容应包括（　　　）。

  A. 质量标准   B. 技术、安全与环保措施

  C. 造价控制措施   D. 施工作业条件

  E. 施工方法

5. 下列建筑物中，（　　　）应在施工期间及使用期间进行沉降变形监测。

  A. 软弱地基上地基基础设计等级为丙级的建筑物

  B. 处理地基上的建筑物

  C. 采用新型基础形式或新型结构的建（构）筑物

  D. 高层建筑物

E．对地基变形有控制要求的

6．装配式结构工程的预制构件连接应符合设计要求，并应符合（　　）规定。

A．套筒灌浆连接、浆锚搭接接头灌浆应饱满密实

B．套筒灌浆连接接头应进行工艺检验和现场平行加工试件性能检验

C．浆锚搭接连接的钢筋搭接长度应符合设计要求

D．螺栓连接应进行工艺检验和安装质量检验

E．钢筋机械连接应在现场随机抽取试件，进行性能检验

7．砌体结构工程施工质量应满足设计要求，施工质量验收除了应对水泥的强度及安定性进行评定，块材、砂浆、混凝土的强度进行评定，钢筋的品种、规格、数量和设置部位进行验收，还应包括（　　）内容。

A．砌体水平灰缝和竖向灰缝的砂浆饱满度

B．砌体的转角处、交接处、构造柱马牙槎砌筑质量

C．挡土墙泄水孔质量

D．砌体材料的抗冻性能检验

E．与主体结构连接的后植钢筋轴向受拉承载力

8．钢结构焊接质量抽样检验时，关于焊接质量抽样检验结果判定的说法，正确的有（　　）。

A．除裂纹缺陷外，抽样检验的焊缝数不合格率小于3%时，该批验收合格

B．当检验有1处裂纹缺陷时，进行加倍抽查；在加倍抽检焊缝中未再检查出裂纹缺陷时，该批验收合格

C．检验发现多处裂纹缺陷或加倍抽查又发现裂纹缺陷时，该批验收不合格

D．批量验收不合格时，应对该批余下的全部焊缝进行检验

E．抽样检验的焊缝不合格率大于6%时，该批验收不合格

9．下列（　　）外窗应进行气密性能实体检验。

A．严寒、寒冷地区建筑

B．夏热冬冷地区建筑

C．夏热冬冷地区高度大于或等于24m的建筑

D．其他地区有集中供冷或供暖的建筑

E．夏热冬暖地区建筑

【答案与解析】

一、单项选择题

1．C；　　2．B；　　3．D；　　4．C；　　5．C；　　6．D；　　*7．D；　　8．A；

9．B；　　10．A；　　11．B；　　12．D；　　13．A；　　14．C；　　15．A；　　*16．C；

17．B；　　18．A；　　*19．A

【解析】

7．答案D

筏形基础、桩筏基础设置混凝土垫层时，其纵向受力钢筋的混凝土保护层厚度应

从筏板底面算起，且不应小于 40mm；当未设置混凝土垫层时，其纵向受力钢筋的混凝土保护层厚度不应小于 70mm。

16．答案 C

钢结构焊接质量抽样检验时，除裂纹缺陷外，抽样检验的焊缝数不合格率小于 2% 时，该批验收合格；该批抽样检验的焊缝数不合格率大于 5% 时，该批验收不合格；抽样检验的焊缝数不合格率为 2%～5% 时，应按不少于 2% 探伤比例对其他未检焊缝进行抽检。批量验收不合格时，应对该批余下的全部焊缝进行检验。

19．答案 A

材料进场必须要报验，监理签字同意才可用于现场施工，监理未签字，并不表示材料一定不合格，当材料现场见证取样复试不合格时，才需要做退场处理，因此答案为 A。

二、多项选择题

1．B、C、D、E；   2．A、C、D、E；   *3．A、B、C；   *4．A、B、D、E；
5．B、C、D、E；   6．A、B、C、D；   7．A、B、C、E；   8．B、C、D；
*9．A、C、D

【解析】

3．答案 A、B、C

工程质量控制资料应准确齐全、真实有效，且具有可追溯性。

4．答案 A、B、D、E

施工前应对施工管理人员和作业人员进行技术交底，交底的内容应包括施工作业条件、施工方法、技术措施、质量标准以及安全与环保措施等，并应保留相关记录。

9．答案 A、C、D

建筑围护结构节能工程施工完成后，应进行现场实体检验，下列建筑的外窗应进行气密性能实体检验：严寒、寒冷地区建筑；夏热冬冷地区高度大于或等于 24m 的建筑和有集中供暖或供冷的建筑；其他地区有集中供冷或供暖的建筑。

第 5 章 相 关 标 准

5.1 地基基础工程施工相关标准

复习要点

5.1.1 建筑地基基础工程施工质量验收有关规定

5.1.2 地基处理施工有关技术标准

一 单项选择题

1. 地基承载力检验时，静载试验最大加载量不应小于设计要求的承载力特征值的（   ）。

  A. 1 倍   B. 1.2 倍

  C. 1.5 倍   D. 2 倍

2. 当灌注桩混凝土来自同一搅拌站时，进行强度检验的试件每浇筑 $50m^3$ 必须至少留置（   ）。

  A. 1 组试件   B. 2 组试件

  C. 3 组试件   D. 4 组试件

3. 设计等级为甲级或地质条件复杂时，应采用（   ）对桩基承载力进行检验。

  A. 钻芯法   B. 静载试验法

  C. 高应变法   D. 低应变法

4. 设计等级为甲级或地质条件复杂时，检验工程桩承载力的桩数不应少于总桩数的（   ），且不应少于 3 根。

  A. 1%   B. 2%

  C. 2.5%   D. 5%

5. 工程桩的桩身完整性的抽检数量不应少于总桩数的（   ），且不应少于 10 根。

  A. 5%   B. 10%

  C. 20%   D. 15%

6. 钢桩在施工过程中，电焊质量除应进行常规检查外，尚应做（   ）的焊缝探伤检查。

  A. 5%   B. 10%

  C. 2%   D. 8%

7. 沉管灌注桩施工结束后，应对混凝土强度、桩身完整性及（   ）进行检验。

  A. 垂直度   B. 承载力

  C. 拔管速度   D. 钢筋笼顶标高

8. 灌注桩排桩应检测桩身完整性，检测桩数不宜少于总桩数的（   ），且不得少于 5 根。

A．5%   B．10%

C．20%   D．15%

9．基坑开挖前对截水帷幕的强度测试，采用单轴水泥土搅拌桩、双轴水泥土搅拌桩、三轴水泥土搅拌桩、高压喷射注浆时，关于取芯数量说法正确的是（　　　）。

A．取芯数量不宜少于总桩数的1%，且不应少于2根

B．取芯数量不宜少于总桩数的2%，且不应少于2根

C．取芯数量不宜少于总桩数的1%，且不应少于3根

D．取芯数量不宜少于总桩数的2%，且不应少于3根

10．回灌管井施工完成后，规范规定的休止期不应少于（　　　）天。

A．5   B．10

C．14   D．21

11．地下水降排水设计中，排水系统最大排水能力不应小于工程所需最大排量的（　　　）倍。

A．1.2   B．1.0

C．0.8   D．0.5

12．降排水运行中，分层、分块开挖的地质基坑，开挖前潜水水位应控制在土层开挖面以下（　　　）。

A．0.1～0.5m   B．0.2～0.5m

C．0.5～0.8m   D．0.5～1.0m

13．粉质黏土用作地基换填垫层时，土料中有机质含量不得超过（　　　）。

A．8%   B．7%

C．6%   D．5%

14．竖向承载搅拌桩施工时，停浆（灰）面应高于桩顶设计标高（　　　）。

A．500mm   B．300mm

C．200mm   D．100mm

15．竖向承载旋喷桩复合地基宜在基础和桩顶之间设置褥垫层，褥垫层厚度宜为（　　　）。

A．100～200mm   B．100～300mm

C．120～300mm   D．150～300mm

16．灰土挤密桩法和土挤密桩法可处理地基的深度为（　　　）。

A．3～15m   B．5～18m

C．10～20m   D．15～30m

二　多项选择题

1．钢桩施工过程中应进行的检验有（　　　）。

A．打入（静压）深度   B．收锤标准

C．终压标准   D．桩身（架）垂直度检查

E．成品桩的外观质量

2. 高压喷射注浆法加固地基的形状有（　　　）。

    A．柱状   B．饼状

    C．壁状   D．条状

    E．块状

3. 在基坑支护工程中，关于排桩的说法正确的有（　　　）。

    A．试成孔数量应根据工程规模和场地地层特点确定，且不宜少于 2 个

    B．试成孔数量应根据工程规模和场地地层特点确定，且不宜少于 1 个

    C．应采用低应变法检测桩身完整性，检测桩数不宜少于总桩数的 20%，且不得少于 4 根

    D．应采用低应变法检测桩身完整性，检测桩数不宜少于总桩数的 20%，且不得少于 5 根

    E．应采用低应变法检测桩身完整性，检测桩数不宜少于总桩数的 20%，且不得少于 3 根

4. 在基坑支护工程中，关于土体加固的说法正确的有（　　　）。

    A．采用水泥土搅拌桩、高压喷射注浆等土体加固的桩身强度检测宜采用钻芯法，取芯数量不宜少于总桩数的 0.5%，且不得少于 3 根

    B．采用水泥土搅拌桩、高压喷射注浆等土体加固的桩身强度检测宜采用钻芯法，取芯数量不宜少于总桩数的 1%，且不得少于 2 根

    C．注浆法加固结束 7d 后，宜采用原位测试方法对加固土层进行检验

    D．注浆法加固结束 14d 后，宜采用原位测试方法对加固土层进行检验

    E．注浆法加固结束 28d 后，宜采用原位测试方法对加固土层进行检验

5. 在基坑支护工程中，锚杆应进行抗拔承载力检验，关于锚杆的说法正确的有（　　　）。

    A．检验数量不宜少于锚杆总数的 2%

    B．检验数量不宜少于锚杆总数的 3%

    C．检验数量不宜少于锚杆总数的 5%

    D．同一土层中的锚杆检验数量不应少于 3 根

    E．同一土层中的锚杆检验数量不应少于 2 根

6. 在地下水控制中，关于基坑工程开挖前预降排水时间的确定根据有（　　　）。

    A．基坑面积   B．开挖深度

    C．工程地质和水文地质条件   D．边坡位置

    E．降排水工艺

7. 在地下水控制中，关于回灌管井的说法正确的有（　　　）。

    A．回灌管井正式施工时应进行试成孔，试成孔数量不应少于 1 个

    B．回灌管井正式施工时应进行试成孔，试成孔数量不应少于 2 个

    C．回灌管井施工完成后的休止期不应少于 7d

    D．回灌管井施工完成后的休止期不应少于 14d

    E．回灌管井施工完成后的休止期不应少于 21d

8. 土石方的开挖应遵循的原则有（　　　）。

A．分层开挖　　　　　　　　　B．开槽支撑

C．先挖后撑　　　　　　　　　D．分段开挖

E．严禁超挖

9．灰土用作地基换填垫层材料时，体积配合比宜为（　　）。

A．1：9　　　　　　　　　　　B．4：6

C．5：5　　　　　　　　　　　D．2：8

E．3：7

10．关于强夯处理范围的说法正确的有（　　）。

A．每边超出基础外缘的宽度宜为 3m

B．每边超出基础外缘的宽度宜为 2m

C．每边超出基础外缘的宽度宜为基底下设计处理深度的 1/2 至 3/5

D．每边超出基础外缘的宽度宜为基底下设计处理深度的 1/2 至 2/3

E．每边超出基础外缘的宽度不应小于 3m

11．关于砂石桩法的说法正确的有（　　）。

A．适用于挤密松散砂土、粉土、黏性土、素填土、杂填土等地基

B．适用于处理浅层软弱地基及不均匀地基

C．适用于处理黏性土、粉土、砂土和已自重固结的素填土等地基

D．饱和黏土地基上对变形控制要求不严的工程可采用砂石桩置换处理

E．可用于处理可液化地基

12．关于地基处理中，水泥土搅拌法的说法正确的有（　　）。

A．竖向承载搅拌桩施工时，停浆（灰）面应高于桩顶设计标高 300mm

B．竖向承载搅拌桩施工时，停浆（灰）面应高于桩顶设计标高 500mm

C．在开挖基坑时，应将搅拌桩顶端施工质量较差的桩段用人工挖除

D．在开挖基坑时，应将搅拌桩顶端施工质量较差的桩段用机械挖除

E．水泥土搅拌法分为深层搅拌法和浅层搅拌法

13．关于地基处理中，高压喷射注浆法的说法正确的有（　　）。

A．高压喷射注浆法分旋喷、定喷和摆喷三种类别

B．根据工程需要和土质条件，可分别采用单管法、双管法和三管法

C．加固形状可分为柱状和饼状

D．竖向承载旋喷桩复合地基宜在基础和桩底之间设置褥垫层

E．竖向承载旋喷桩复合地基的褥垫层材料可选用中砂、粗砂、级配砂石等

三　实务操作和案例分析题

【案例 5.1-1】

背景：

某办公楼工程，地下 2 层，地上 10 层。地质勘察单位的地勘报告中指出，地基土以砂土地基为主并存在粉细砂液化现象，建议采用砂石桩法进行地基处理。施工单位根

据设计的基础图和地勘报告编制了专项施工方案。

施工单位编制的施工方案中决定采用冲击成孔成桩法。

施工单位在施工过程中，采用从中间向外围或隔排施工的施工顺序。

问题：

1．请列举砂石桩法适合的地基土。

2．请列举其他砂石桩成桩法，并给出适合消除粉细砂液化的砂石桩成桩法。

3．施工单位的施工顺序是否妥当？写出砂石桩的有关施工顺序。

【答案与解析】

一、单项选择题

1．D；　　2．A；　　3．B；　　4．A；　　5．C；　　6．B；　　7．B；　　8．C；

9．C；　　10．C；　　11．A；　　12．D；　　13．D；　　14．A；　　15．D；　　16．A

二、多项选择题

1．A、B、C、D；　　2．A、C、D、E；　　3．A、D；　　　　4．A、E；

5．C、D；　　　　6．A、B、C、E；　　7．B、D；　　　　8．A、B、E；

9．D、E；　　　　10．D、E；　　　　11．A、D、E；　　12．B、C；

13．A、B、D、E

三、实务操作和案例分析题

【案例5.1-1】答：

1．砂石桩法适用于挤密松散砂土、粉土、黏性土、素填土、杂填土等地基。

2．砂石桩施工可采用振动沉管、锤击沉管或冲击成孔等成桩法。当用于消除粉细砂液化时，宜用振动沉管成桩法。

3．施工单位的施工顺序不妥当。

砂石桩的施工顺序：对砂土地基宜从外围或两侧向中间进行，对黏性土地基宜从中间向外围或隔排施工；在既有建（构）筑物邻近施工时，应背离建（构）筑物方向进行。

5.2 主体结构工程施工相关标准

复习要点

5.2.1 混凝土结构工程施工质量验收有关规定

5.2.2 砌体结构工程施工质量验收有关规定

5.2.3 钢结构工程施工质量验收有关规定

5.2.4 装配式混凝土结构施工质量验收有关规定

一 单项选择题

1．混凝土强度分批检验评定时，划入同一检验批的混凝土，其施工持续时间不宜超过（　　　　）。

　　A．6个月　　　　　　　　　　　　B．5个月

　　C．3个月　　　　　　　　　　　　D．4个月

2．对于同一配合比的混凝土，连续浇筑超过1000m³时，取样不得少于（　　　　）。

　　A．1次　　　　　　　　　　　　　B．3次

　　C．4次　　　　　　　　　　　　　D．5次

3．对于现浇结构混凝土中超过尺寸允许偏差且影响结构性能和安装、使用功能的部位，提出技术处理方案的单位是（　　　　）。

　　A．设计单位　　　　　　　　　　　B．监理单位

　　C．施工单位　　　　　　　　　　　D．建设单位

4．砌体结构施工中，在墙上留置临时施工洞口，其侧边离交接处墙面不应小于（　　　　）。

　　A．100mm　　　　　　　　　　　B．200mm

　　C．250mm　　　　　　　　　　　D．500mm

5．砌体结构施工中，在墙上留置临时施工洞口，洞口净宽度不应超过（　　　　）。

　　A．1m　　　　　　　　　　　　　B．1.2m

　　C．1.25m　　　　　　　　　　　D．1.3m

6．砌体结构中，设计要求的宽度超过（　　　　）的洞口上部，应设置钢筋混凝土过梁。

　　A．100mm　　　　　　　　　　　B．200mm

　　C．250mm　　　　　　　　　　　D．300mm

7．未经（　　　　）同意，不得打凿墙体和在墙体上开凿水平沟槽。

　　A．设计单位　　　　　　　　　　　B．监理单位

　　C．施工单位　　　　　　　　　　　D．建设单位

8．砌体施工质量控制等级分为A、B、C三级，配筋砌体不得为（　　　　）。

　　A．A级　　　　　　　　　　　　　B．B级

　　C．C级　　　　　　　　　　　　　D．以上都不对

9．砌体结构工程检验批的划分应不超过（　　　　）砌体。

　　A．300m³　　　　　　　　　　　B．250m³

　　C．500m³　　　　　　　　　　　D．1000m³

10．砌体结构工程检验批验收时，一般项目应有（　　　　）及以上的抽检处符合规范的规定。

　　A．40%　　　　　　　　　　　　B．50%

　　C．60%　　　　　　　　　　　　D．80%

11．砌体结构工程检验批验收时，主控项目应有（　　　　）的抽检处符合规范的规定。

　　A．80%　　　　　　　　　　　　B．85%

　　C．90%　　　　　　　　　　　　D．100%

12．砌体结构工程检验批验收时，有允许偏差的项目，最大超差值为允许偏差值

的（　　）。

　　A．1.5 倍　　　　　　　　　　　B．1.6 倍

　　C．1.7 倍　　　　　　　　　　　D．1.8 倍

13．下列关于施工中水泥砂浆的说法正确的是（　　）。

　　A．施工中可采用强度等级为 M10 的水泥砂浆替代同强度等级水泥混合砂浆

　　B．施工中可采用强度等级为 M2.5 的水泥砂浆替代同强度等级水泥混合砂浆

　　C．建筑生石灰粉、消石灰粉可以替代石灰膏配制水泥石灰砂浆

　　D．可采用脱水硬化的石灰膏配制水泥石灰砂浆

14．砌体砌筑时，蒸压粉煤灰砖的产品龄期不应少于（　　）。

　　A．7d　　　　　　　　　　　　　B．10d

　　C．14d　　　　　　　　　　　　D．28d

15．同一生产厂家，混凝土多孔砖的强度等级每（　　）为一个验收批，抽检数
量为 1 组。

　　A．1 万块　　　　　　　　　　　B．5 万块

　　C．10 万块　　　　　　　　　　D．15 万块

16．同一生产厂家，烧结普通砖的强度等级每（　　）为一个验收批，抽检数量
为 1 组。

　　A．1 万块　　　　　　　　　　　B．5 万块

　　C．10 万块　　　　　　　　　　D．15 万块

17．砖砌体的转角处和交接处，每检验批抽查不应少于（　　）。

　　A．2 处　　　　　　　　　　　　B．5 处

　　C．3 处　　　　　　　　　　　　D．4 处

18．底层室内地面以下或防潮层以下的砌体，应采用强度等级不低于（　　）的
混凝土灌实混凝土小型空心砌块的孔洞。

　　A．C20　　　　　　　　　　　　B．C15

　　C．C10　　　　　　　　　　　　D．C7.5

19．混凝土小型空心砌块砌体工程中，小砌块和芯柱混凝土、砌筑砂浆的强度抽
检数量：每一生产厂家，每（　　）小砌块为一验收批。

　　A．1 万块　　　　　　　　　　　B．5 万块

　　C．10 万块　　　　　　　　　　D．15 万块

20．混凝土小型空心砌块砌体工程中，下列说法不正确的是（　　）。

　　A．用于多层以上建筑的基础和底层的小砌块抽检数量可为 2 组

　　B．小砌块和芯柱混凝土、砌筑砂浆的强度等级符合设计要求

　　C．小砌块应将生产时的底面朝下砌于墙上

　　D．底层室内地面以下或防潮层以下的砌体，可采用强度等级不低于 Cb20 的
　　　混凝土灌实小砌块的孔洞

21．墙体转角处和纵横墙交接处应同时砌筑混凝土小型空心砌块。抽检数量为每
检验批抽查不应少于（　　）。

　　A．2 处　　　　　　　　　　　　B．5 处

C．4处   D．3处

22．蒸压加气混凝土砌块用作填充墙材料时，进场后应按品种、规格分别堆放整齐，堆置高度不宜超过（　　　）。

    A．2.8m   B．2.5m

    C．2.2m   D．2m

23．当填充墙与承重墙、柱、梁的连接钢筋采用化学植筋时，应进行（　　　）。

    A．抽样检验   B．结构性能检验

    C．实体检测   D．复验

24．错缝搭砌的砌筑填充墙，蒸压加气混凝土砌块搭砌长度不应小于砌块长度的（　　　）。

    A．1/6   B．1/3

    C．1/4   D．1/5

25．填充墙砌体的灰缝厚度应正确，检验方法是水平灰缝厚度用尺量（　　　）小砌块的高度折算。

    A．2皮   B．3皮

    C．4皮   D．5皮

26．对于需要进行预热或后热的钢结构焊缝，应（　　　）检查预热或后热施工记录和焊接工艺评定报告。

    A．全数   B．抽样

    C．半数   D．随机

27．在钢结构焊接工程中，受潮的栓钉焊接瓷环使用前应在（　　　）下烘焙1～2h。

    A．100～120℃   B．120～140℃

    C．110～150℃   D．120～150℃

28．在钢结构中，进行螺栓实物最小拉力载荷复验，每一规格螺栓应抽查（　　　）。

    A．2个   B．4个

    C．6个   D．8个

29．关于钢构件加工的说法，正确的是（　　　）。

    A．碳素结构钢在环境温度低于−16℃时，不应进行冷弯曲

    B．低合金结构钢在环境温度低于−12℃时，可以进行冷矫正

    C．铸钢件不可用加热的方法进行矫正

    D．焊接球的两半球对接处坡口应采用热加工

30．钢结构（　　　）和安装单位应分别进行高强度螺栓连接摩擦面（含涂层摩擦面）的抗滑移系数试验和复验。

    A．制作单位   B．检测单位

    C．设计单位   D．施工单位

31．低合金结构钢在环境温度低于−12℃时，可以进行（　　　）加工。

    A．剪切   B．冲孔

    C．冷矫正   D．热弯曲

32．钢网架、网壳结构总拼完成后及屋面工程完成后应分别测量其挠度值，且所

测的挠度值不应超过相应荷载条件下挠度计算值的（　　　）。

    A．1.16 倍　　　　　　　　　　B．1.18 倍

    C．1.15 倍　　　　　　　　　　D．1.2 倍

33．钢结构采用涂料防腐时，表面除锈处理后宜在（　　　）内进行涂装。

    A．5h　　　　　　　　　　　　B．4h

    C．6h　　　　　　　　　　　　D．8h

34．在装配式混凝土工程施工完成后，当国家现行标准对工程中的验收项目未作具体规定时，应由（　　　）组织制定验收要求。

    A．建设单位　　　　　　　　　B．监理单位

    C．设计单位　　　　　　　　　D．施工单位

二　多项选择题

1．关于钢筋分项工程施工质量验收的说法，正确的有（　　　）。

    A．钢筋采用机械连接接头试件应从工程实体中截取

    B．钢筋螺纹接头应检验拧紧扭矩值

    C．钢筋挤压接头应量测压痕直径

    D．钢筋安装时，受力钢筋的品种、级别、规格等应全数检查

    E．浇筑混凝土后，应进行钢筋隐蔽工程验收

2．对于同一配合比的混凝土，取样与试件留置应符合的规定有（　　　）。

    A．每拌制 100 盘且不超过 100m³ 同配合比的混凝土，取样不得少于一次

    B．每工作班拌制不足 100 盘时，取样不得少于一次

    C．每次连续浇筑超过 1000m³ 时，每 200m³ 取样不得少于一次

    D．每一楼层取样不得少于一次

    E．每次取样至少留置一组抗渗试件

3．当混凝土结构施工质量不符合要求时，以下说法正确的有（　　　）。

    A．经返工、返修或更换构件、部件的，应重新进行验收

    B．经有资质的检测机构检测鉴定达到设计要求的，应予以验收

    C．经有资质的检测机构检测鉴定达不到设计要求，但经原设计单位核算并确认仍可满足结构安全和使用功能的，可予以验收

    D．经原设计单位核算并确认仍可满足结构安全和使用功能，但经有资质的检测机构检测鉴定达不到设计要求的，不可予以验收

    E．经返修或加固处理能够满足结构可靠性要求的，可根据技术处理方案和协商文件进行验收

4．关于砌筑顺序的说法，正确的有（　　　）。

    A．基底标高不同时，应从低处砌起，并应由高处向低处搭砌

    B．基底标高不同时，应从低处砌起，并应由低处向高处搭砌

    C．当设计无要求时，搭接长度不应小于基础底的高差

    D．当设计无要求时，搭接长度不应大于基础底的高差

E. 砌体的转角处和交接处应同时砌筑，当不能同时砌筑时，应按规定留槎、接槎

5. 关于砌体结构施工过程中，在墙上留置的临时施工洞口的说法，正确的有（　　）。

A. 其侧边离交接处墙面不应小于 400mm

B. 其侧边离交接处墙面不应小于 500mm

C. 洞口净宽度不应超过 1m

D. 施工脚手眼补砌时，可用干砖填塞

E. 抗震设防烈度为 8 度的地区建筑物的临时施工洞口位置，应会同设计单位确定

6. 关于砌体结构工程检验批划分的说法，正确的有（　　）。

A. 所用材料类型的强度等级相同

B. 所用同类型材料的强度等级相同

C. 不超过 300m³ 砌体

D. 不超过 250m³ 砌体

E. 主体结构砌体一个楼层，填充墙砌体量少时，不可多个楼层合并

7. 关于砌体结构工程检验批验收的说法，正确的有（　　）。

A. 主控项目应有 80% 及以上的抽检处符合规范的规定

B. 主控项目应全部符合规范的规定

C. 一般项目应有 60% 及以上的抽检处符合规范的规定

D. 一般项目应有 80% 及以上的抽检处符合规范的规定

E. 有允许偏差的项目，最大超差值为允许偏差值的 1.5 倍

8. 关于砌筑砂浆中水泥使用的说法，正确的有（　　）。

A. 水泥进场使用前，应分批对其强度、安定性进行复验

B. 检验批应以同一生产厂家为一批

C. 不同品种的水泥可以混合使用

D. 当水泥出厂超过四个月时，应复查试验并按其结果使用

E. 建筑生石灰粉、消石灰粉不可以替代石灰膏配制水泥石灰砂浆

9. 砌筑砂浆试块强度验收时，同一验收批砂浆试块抗压强度判定为合格的条件包括（　　）。

A. 平均值应大于或等于设计强度等级值的 1.10 倍

B. 平均值应大于或等于设计强度等级值的 1.00 倍

C. 最小一组平均值应大于或等于设计强度等级值的 75%

D. 最小一组平均值应大于或等于设计强度等级值的 80%

E. 最小一组平均值应大于或等于设计强度等级值的 85%

10. 在砖砌体中，关于砌体砌筑的说法，不正确的有（　　）。

A. 混凝土多孔砖的产品龄期不应小于 7d

B. 混凝土实心砖的产品龄期不应小于 14d

C. 蒸压灰砂砖的产品龄期不应小于 28d

D. 不同品种的砖可以在同一楼层混砌

E．在冻胀环境地区，地面以下或防潮层以下的砌体，不应采用多孔砖

11．砖的强度检验中，每一生产厂家产品抽检数量正确的有（　　）。

    A．烧结普通砖、混凝土实心砖每 10 万块，抽检数量为 1 组

    B．烧结普通砖、混凝土实心砖每 15 万块，抽检数量为 1 组

    C．烧结多孔砖、混凝土多孔砖、蒸压灰砂砖及蒸压粉煤灰砖每 10 万块各为一个验收批，抽检数量为 1 组

    D．烧结多孔砖、混凝土多孔砖、蒸压灰砂砖及蒸压粉煤灰砖每 15 万块各为一个验收批，抽检数量为 1 组

    E．烧结多孔砖、混凝土多孔砖、蒸压灰砂砖及蒸压粉煤灰砖每 10 万块各为一个验收批，抽检数量为 2 组

12．关于混凝土小型空心砌块砌体工程的说法，正确的有（　　）。

    A．小砌块和芯柱混凝土、砌筑砂浆的强度抽检数量：每一生产厂家，每 1 万块小砌块为一验收批，抽检数量为 1 组

    B．小砌块和芯柱混凝土、砌筑砂浆的强度抽检数量：每一生产厂家，每 2 万块小砌块为一验收批，抽检数量为 1 组

    C．用于多层以上建筑的基础和底层的小砌块抽检数量不应少于 2 组

    D．用于多层以上建筑的基础和底层的小砌块和芯柱混凝土、砌筑砂浆的强度等级抽检数量可随机确定

    E．墙体转角处和纵横墙交接处不应同时砌筑

13．关于填充墙砌体工程的说法，正确的有（　　）。

    A．当填充墙与承重墙、柱、梁的连接钢筋采用化学植筋时，应进行实体检测，检验方法是原位试验检查

    B．当填充墙与承重墙、柱、梁的连接钢筋采用化学植筋时，应进行实体检测，检验方法是原型试验检查

    C．填充墙砌体应与主体结构可靠连接，其连接构造应符合设计要求，经建设单位同意，可改变连接构造方法

    D．填充墙砌体应与主体结构可靠连接，其连接构造应符合设计要求，经监理单位同意，可改变连接构造方法

    E．烧结空心砖、小砌块和砌筑砂浆的强度等级检验方法是检查砖、小砌块进场复验报告和砂浆试块试验报告

14．关于填充墙砌体构造的说法，正确的有（　　）。

    A．填充墙留置的拉结钢筋或网片的位置应与块体皮数相符合

    B．蒸压加气混凝土砌块搭砌长度不应小于砌块长度的 1/3

    C．轻骨料混凝土小型空心砌块搭砌长度不应小于 90mm

    D．烧结空心砖砌体的灰缝应为 15～20mm

    E．竖向通缝不应大于 2 皮

15．关于填充墙砌体的灰缝厚度和宽度的说法，正确的有（　　）。

    A．轻骨料混凝土小型空心砌块砌体的灰缝应为 10～14mm

    B．蒸压加气混凝土砌块砌体采用水泥砂浆时，水平灰缝厚度不应超过 15mm

C. 蒸压加气混凝土砌块砌体采用蒸压加气混凝土砌块砌筑砂浆时，竖向灰缝宽度不应超过 15mm

D. 当采用蒸压加气混凝土砌块粘结砂浆时，竖向灰缝宽度宜为 3~4mm

E. 当采用蒸压加气混凝土砌块粘结砂浆时，水平灰缝厚度宜为 3~4mm

16. 设计要求的一、二级焊缝应进行内部缺陷的无损检测，检验方法有（　　）。

    A. 超声探伤　　　　　　　　　　B. 射线探伤

    C. 磁粉探伤　　　　　　　　　　D. 渗透探伤

    E. 涡流探伤

17. 关于钢结构涂装工程的说法，正确的有（　　）。

    A. 采用金属热喷涂防腐时，钢结构表面处理与热喷涂施工的间隔时间，晴天或湿度不大的气候条件下不应超过 12h，雨天、潮湿的气候条件下不应超过 2h

    B. 采用防火防腐一体化体系（含防火防腐双功能涂料）时，防腐涂装和防火涂装不可以合并验收

    C. 当设计对涂层厚度无要求时，涂层干漆膜总厚度：室外不应小于 150μm

    D. 当设计对涂层厚度无要求时，涂层干漆膜总厚度：室内不应小于 120μm

    E. 采用涂料防腐时，表面除锈处理后宜在 4h 内进行涂装

18. 关于装配式混凝土结构连接节点及叠合构件浇筑混凝土前所进行的隐蔽工程验收，主要内容有（　　）。

    A. 混凝土粗糙面的质量，键槽的尺寸、数量、位置

    B. 预埋件、预留管线的规格、数量、位置

    C. 预制混凝土构件接缝处防水、防火等构造做法

    D. 保温及其节点施工

    E. 钢筋的除锈方式

19. 关于混凝土预制构件安装与连接的主控项目的说法，正确的有（　　）。

    A. 钢筋套筒灌浆连接及浆锚搭接连接的灌浆料强度试件，标养 28d 后进行抗压强度试验

    B. 钢筋套筒灌浆连接及浆锚搭接连接的灌浆料强度试件，同条件养护 28d 后进行抗压强度试验

    C. 预制构件底部接缝坐浆强度试件，自然养护 28d 后进行抗压强度试验

    D. 外墙板接缝的防水性能每 1000m² 外墙（含窗）面积应划分为一个检验批

    E. 外墙板接缝不进行现场淋水试验

20. 外围护部品应完成的隐蔽项目现场验收包括（　　）。

    A. 预埋件

    B. 与主体结构的连接节点

    C. 与主体结构之间的封堵构造节点

    D. 变形缝及墙面转角处的构造节点

    E. 防潮设施

21. 外围护系统应在验收前完成的性能实验和测试有（　　）。

    A. 抗压性能实验室检测　　　　　B. 耐撞击性能实验室检测

C．耐火极限实验室检测
D．锚栓拉拔强度检测
E．现场传热系数测试

 实务操作和案例分析题

【案例 5.2-1】

背景：

某门诊楼工程，钢筋混凝土筏板基础，地上结构为钢筋混凝土框架结构，填充墙为普通混凝土小型空心砌块。

在监理工程师见证下，由施工项目技术负责人组织实施对涉及混凝土结构安全的有代表性的部位进行结构实体检验，发现混凝土结构施工质量不符合设计要求。

现浇结构拆模后，监理单位对外观质量缺陷进行检查，发现现浇结构连接部位出现严重缺陷，监理工程师要求施工单位提出技术处理方案，经监理单位认可后，对现浇结构连接部位出现的严重缺陷进行处理，并重新组织了验收。

砌体结构工程检验批验收时，其主控项目全部符合规范的规定，有允许偏差的项目，最大超差值为允许偏差值的 1.3 倍。

问题：

1．结构实体检验项目包括哪些？请写出混凝土结构施工质量不符合要求时的处理规定。

2．针对现浇结构连接部位出现的严重缺陷，监理单位的做法是否妥当？并给出理由。

3．砌体结构工程检验批验收时，有允许偏差的项目，最大超差值是否在允许范围内？对于一般项目的抽检规定是什么？

【答案与解析】

一、单项选择题

1．C； 2．D； 3．C； 4．D； 5．A； 6．D； 7．A； 8．C；
9．B； 10．D； 11．D； 12．A； 13．A； 14．D； 15．C； 16．D；
17．B； 18．A； 19．A； 20．C； 21．B； 22．D； 23．C； 24．B；
25．D； 26．A； 27．D； 28．D； 29．A； 30．A； 31．D； 32．C；
33．B； 34．A

二、多项选择题

1．A、B、C、D； 2．A、B、C、D； 3．A、B、C、E； 4．A、C、E；
5．B、C； 6．A、B、D； 7．B、D、E； 8．B、C；
9．A、E； 10．A、B、D； 11．B、C； 12．A、C；
13．A、E； 14．A、B、C、E； 15．B、C、D、E； 16．A、B；
17．A、C、E； 18．A、B、C、D； 19．A、D； 20．A、B、C、D；

21．A、B、C、D

三、实务操作和案例分析题

【案例 5.2-1】答：

1．结构实体检验项目包括：混凝土强度、钢筋保护层厚度、结构位置与尺寸偏差以及合同约定的项目。

当混凝土结构施工质量不符合要求时，应按下列规定进行处理：

（1）经返工、返修或更换构件、部件的，应重新进行验收；

（2）经有资质的检测机构检测鉴定达到设计要求的，应予以验收；

（3）经有资质的检测机构检测鉴定达不到设计要求，但经原设计单位核算并确认仍可满足结构安全和使用功能的，可予以验收；

（4）经返修或加固处理能够满足结构可靠性要求的，可根据技术处理方案和协商文件进行验收。

2．监理单位的做法不妥当。

理由：现浇结构拆模后，应由监理（建设）单位、施工单位对外观质量缺陷进行检查，并做记录。对已经出现的现浇结构外观质量严重缺陷，由施工单位提出技术处理方案，经监理（建设）单位认可后进行处理。对裂缝、连接部位出现的严重缺陷及其他影响结构安全的严重缺陷，技术处理方案尚应经设计单位认可。对经处理的部位应重新验收。

3．有允许偏差的项目，最大超差值为允许偏差值的 1.5 倍，所以最大超差值在允许范围内。

对于一般项目的抽检规定是：砌体结构工程检验批验收时，一般项目应有 80% 及以上的抽检处符合规范的规定。

5.3 装饰装修与屋面工程相关标准

复习要点

5.3.1 建筑地面工程施工质量验收有关规定

5.3.2 住宅装饰装修工程施工有关规定

5.3.3 建筑内部装修设计防火有关规定

5.3.4 建筑内部装修防火施工及验收有关规定

5.3.5 建筑装饰装修工程质量验收有关规定

5.3.6 屋面工程质量验收有关规定

一 单项选择题

1．关于建筑地面工程施工质量检验批中自然间的规定，正确的是（　　　）。

A．走廊（过道）应以 20 延长米为 1 间计算

B．工业厂房（按单跨计）应以一个轴线为 1 间计算

C．礼堂应以一个轴线为 1 间计算

D．门厅应以两个轴线为 1 间计算

2．建筑地面工程的分项工程施工质量检验的一般项目（　　　）以上的检查点（处）应符合规范规定的质量要求。

A．50%　　　　　　　　　　B．70%

C．80%　　　　　　　　　　D．90%

3．有防水要求的建筑地面子分部工程的分项工程施工质量每检验批抽查数量应按其房间总数随机检验不应少于（　　　）间。

A．3　　　　　　　　　　　B．4

C．5　　　　　　　　　　　D．6

4．抹灰用石灰膏的熟化期不应少于（　　　）d。

A．5　　　　　　　　　　　B．10

C．15　　　　　　　　　　　D．20

5．抹灰应分层进行，每遍厚度宜为（　　　）mm。

A．2～4　　　　　　　　　　B．5～7

C．8～10　　　　　　　　　　D．10～12

6．当抹灰总厚度超出（　　　）mm 时，应采取加强措施。

A．20　　　　　　　　　　　B．25

C．30　　　　　　　　　　　D．35

7．住宅电器安装工程配线规定正确的是（　　　）。

A．保护线必须用黄绿双色线　　B．零线宜用黑色

C．同一住宅相线可采用两种颜色　D．相线与零线颜色应一致

8．顶棚内采用泡沫塑料时，防火涂料宜选用耐火极限大于（　　　）min 的超薄型钢结构防火涂料或一级饰面型防火涂料。

A．30　　　　　　　　　　　B．60

C．90　　　　　　　　　　　D．120

9．装修材料按其燃烧性能划分为四级，其中 B_2 级是指（　　　）。

A．难燃性　　　　　　　　　B．可燃性

C．不燃性　　　　　　　　　D．易燃性

10．木质材料表面进行防火涂料处理时，涂刷防火涂料用量不应少于（　　　）g/m^2。

A．200　　　　　　　　　　B．300

C．400　　　　　　　　　　D．500

11．采用防火堵料封堵孔洞、缝隙及管道井和电缆竖井时，应根据孔洞、缝隙及管道井和电缆竖井所在位置的墙板或楼板的（　　　）极限要求选用防火堵料。

A．抗震　　　　　　　　　　B．强度

C．耐火　　　　　　　　　　D．耐腐

12．单独的装饰装修工程其质量验收应由（　　　）组织进行。

A．建设单位项目负责人　　　B．施工单位项目负责人

C．监理工程师　　　　　　　D．设计单位项目负责人

13. 建筑装饰装修工程检验批合格的判定正确的是（　　　）。

　　A．抽查样本的 70% 以上应符合标准中一般项目的规定

　　B．样本不得有任何缺陷

　　C．有允许偏差的检验项目，其最大偏差不得超过标准规定允许偏差的 2 倍

　　D．抽查样本均应符合标准主控项目的规定

14. 屋面工程各分项工程宜按屋面面积每（　　　）m² 划分为一个检验批。

　　A．300～500　　　　　　　　　　B．500～1000

　　C．500～1500　　　　　　　　　　D．1000～1500

15. 下列分项工程中，属于屋面工程细部构造的是（　　　）。

　　A．檐口　　　　　　　　　　　　B．金属板铺装

　　C．种植隔热层　　　　　　　　　D．接缝密封防水

16. 下列关于屋面排水设计的要求，正确的是（　　　）。

　　A．材料找坡宜为 1%　　　　　　B．檐沟、天沟纵向找坡不应小于 3%

　　C．结构找坡不应小于 3%　　　　D．沟底水落差不得超过 100mm

17. 下列主控项目中，属于板状材料、纤维材料保温隔热层主控项目的是（　　　）。

　　A．所用材料配合比　　　　　　　B．挡墙泄水孔的留设

　　C．排水层应与排水系统联通　　　D．屋面热桥部位处理

18. 女儿墙和山墙的压顶向内排水坡度最小限值为（　　　）%。

　　A．2　　　　　　　　　　　　　　B．3

　　C．5　　　　　　　　　　　　　　D．10

19. 关于屋面细部构造工程的说法，正确的是（　　　）。

　　A．水落口杯上口应设在沟底的最低处

　　B．变形缝处防水层应铺贴或涂刷至泛水墙的中部

　　C．等高变形缝顶部必须加扣金属盖板

　　D．女儿墙和山墙的卷材应点粘固定

二　多项选择题

1. 建筑地面工程子分部工程质量验收应检查的质量文件和记录有（　　　）。

　　A．建筑地面工程设计图纸和变更文件等

　　B．原材料的质量合格证明文件、重要材料或产品的进场抽样复验报告

　　C．各层的强度等级、密实度等的试验报告和测定记录

　　D．各构造层的隐蔽验收及其他有关验收文件

　　E．变形缝、面层分格缝的位置和宽度以及填缝质量记录

2. 住宅装修施工中严禁（　　　）。

　　A．损坏房屋原有绝热设施

　　B．损坏受力钢筋

　　C．超荷载集中堆放物品

　　D．拆除电气设施

E．在预制混凝土空心楼板上打孔安装埋件

3．住宅装修材料性能指标应进行复验的有（　　　）。

A．木材含水率 　　　　　　　　B．人造木板甲醛含量

C．外墙陶瓷砖的吸水率 　　　　D．室内用大理石的放射性

E．室内用瓷质饰面砖的放射性

4．应采用 A 级装修材料的部位有（　　　）。

A．消防控制室墙面 　　　　　　B．厨房地面

C．发电机房地面 　　　　　　　D．疏散楼梯间墙面

E．地上建筑安全出口门厅地面

5．建筑内部装修工程的防火施工与验收，按装修材料种类划分为（　　　）装修
工程。

A．纺织织物子分部 　　　　　　B．木质材料子分部

C．复合材料子分部 　　　　　　D．玻璃幕墙材料子分部

E．高分子合成材料子分部

6．门窗工程有关安全和功能的检测项目包括（　　　）。

A．后置埋件现场拉拔力 　　　　B．气密性能

C．水密性能 　　　　　　　　　D．抗风压性能

E．层间变形性能

7．建筑内部装修工程防火施工，进入施工现场的装修材料应完好，并应核查其
（　　　）等技术文件是否符合防火设计要求。

A．防腐性能 　　　　　　　　　B．物理性能

C．燃烧性能（或耐火极限） 　　D．防火性能型式检验报告

E．合格证书

8．细部子分部的分项工程有（　　　）。

A．门窗套制作与安装 　　　　　B．窗帘盒和窗台板制作与安装

C．门窗玻璃安装 　　　　　　　D．清水砌体勾缝

E．护栏和扶手制作与安装

9．下列屋面工程的分项工程中，属于基层与保护工程的有（　　　）。

A．隔汽层 　　　　　　　　　　B．隔离层

C．找坡层 　　　　　　　　　　D．卷材防水层

E．设施基座

10．屋面板状材料保温隔热层主控项目有（　　　）。

A．材料的质量 　　　　　　　　B．保温层的厚度

C．屋面热桥部位处理 　　　　　D．材料配合比

E．排水层应与排水系统连通

11．屋面卷材防水层主控项目有（　　　）。

A．防水卷材及其配套材料的质量

B．卷材防水层的平均厚度

C．接缝密封防水质量

D. 卷材防水层不得有渗漏和积水现象

E. 卷材防水层在檐口、檐沟、天沟、水落口、泛水、变形缝和伸出屋面管道处的防水构造

三 实务操作和案例分析题

【案例 5.3-1】

背景：

某展览馆内装修工程，在施工图设计文件基础上，由施工单位完成了深化设计，经施工单位技术负责人确认后投入工程中使用。

项目技术负责人在进行技术交底时指出，展台材料采用 B$_2$ 级的装修材料；展厅设置电加热设备的餐饮操作区内，与电加热设备贴邻的墙面、操作台均采用 A 级装修材料；展台与卤钨灯等高温照明灯具贴邻部位的材料采用 B$_1$ 级装修材料。

施工中业主要求拆除部分承重墙体，扩大房间面积。

展馆设备需要固定，经施工单位同意，设备安装班组在预制混凝土空心楼板上打孔安装埋件。

问题：

1. 指出深化设计程序存在的问题，写出正确做法。

2. 指出技术交底中采用材料的不妥之处，并写出正确做法。

3. 业主要求拆除部分承重墙体是否可以？说明理由。

4. 设备安装班组做法是否妥当？说出理由。

【答案与解析】

一、单项选择题

1. D；　　2. C；　　3. B；　　4. C；　　5. B；　　6. D；　　7. A；　　8. A；

9. B；　　10. D；　　11. C；　　12. A；　　13. D；　　14. B；　　15. A；　　16. C；

17. D；　　18. C；　　19. A

二、多项选择题

1. A、B、C、D；　　2. A、B、C、E；　　3. A、B、C、E；　　4. A、B、C、D；

5. A、B、C、E；　　6. B、C、D；　　7. C、D、E；　　8. A、B、E；

9. A、B、C；　　10. A、B、C；　　11. A、D、E

三、实务操作和案例分析题

【案例 5.3-1】答：

1. 深化设计程序存在的问题：未经建筑装饰装修设计单位确认。

正确做法：由施工单位完成的深化设计应经建筑装饰装修设计单位确认。

2. 技术交底中采用材料的不妥之处及正确做法：

不妥之处一：展台材料采用 B$_2$ 级的装修材料。正确做法：展台材料应采用不低于

B_1级的装修材料。

不妥之处二：展台与卤钨灯等高温照明灯具贴邻部位的材料采用 B_1 级装修材料。

正确做法：展台与卤钨灯等高温照明灯具贴邻部位的材料应采用 A 级装修材料。

3. 拆除部分承重墙体是不可以的。

理由：施工中，严禁擅自改动建筑主体、承重结构或改变房间主要使用功能。

4. 设备安装班组做法不妥。

理由：施工中，严禁在预制混凝土空心楼板上打孔安装埋件。

5.4 绿色建造与建筑节能相关标准

复习要点

5.4.1 节能建筑评价有关规定

5.4.2 绿色建造技术导则有关规定

5.4.3 建筑节能工程施工质量验收有关规定

5.4.4 民用建筑工程室内环境污染控制有关规定

一 单项选择题

1. 节能建筑评价应包括（　　）。

   A. 建筑及其用能系统
   B. 建筑及其主要用能系统
   C. 结构及其用能系统
   D. 结构及其主要用能系统

2. 节能建筑评价应涵盖的阶段是（　　）。

   A. 设计和施工
   B. 设计和运营管理
   C. 设计和采购
   D. 施工和运营管理

3. 关于夏热冬冷地区围护结构热桥部位温度控制的说法，正确的是（　　）。

   A. 内表面温度不低于设计状态下的室内平均温度
   B. 内表面温度不低于设计状态下的室内最高温度
   C. 内表面温度不低于设计状态下的室内空气露点温度
   D. 内表面温度不低于设计状态下的室内最低温度

4. 必须对粘结材料的粘结性能进行复试的围护结构分项工程是（　　）。

   A. 门窗节能工程
   B. 屋面节能工程
   C. 地面节能工程
   D. 墙体节能工程

5. 夏热冬冷地区屋面、外墙外表面材料太阳辐射吸收系数最大限值是（　　）。

   A. 0.6
   B. 0.7
   C. 0.8
   D. 1.0

6. 关于房建工程外窗、透明幕墙开启面积正确的是（　　）。

   A. 外窗不小于该房间外窗面积的 10%；透明幕墙不小于房间透明面积 20%
   B. 外窗不小于该房间外窗面积的 30%；透明幕墙不小于房间透明面积 10%

C．外窗不小于该房间外窗面积的 20%；透明幕墙不小于房间透明面积 10%

D．外窗不小于该房间外窗面积的 30%；透明幕墙不小于房间透明面积 20%

7．公共建筑夏季、冬季室内空调温度设置是（　　　）。

    A．夏季不低于 26℃，冬季不高于 20℃

    B．夏季不低于 27℃，冬季不高于 21℃

    C．夏季不低于 28℃，冬季不高于 20℃

    D．夏季不低于 29℃，冬季不高于 21℃

8．绿色建造宜采用（　　　）的方式。

    A．系统化集成设计、精益化生产施工、一体化装修

    B．系统化集成设计、工业化生产施工、一体化装修

    C．系统化专业设计、精益化生产施工、一体化装修

    D．系统化集成设计、精益化生产施工、个性化装修

9．绿色策划方案应包括（　　　）等内容。

    A．绿色采购策划、绿色施工策划、绿色交付策划

    B．绿色设计策划、绿色安装策划、绿色交付策划

    C．绿色设计策划、绿色施工策划、绿色运行策划

    D．绿色设计策划、绿色施工策划、绿色交付策划

10．绿色设计应建立涵盖（　　　）等不同阶段的协同设计机制。

    A．设计、生产、施工　　　　　　B．设计、采购、施工

    C．策划、生产、施工　　　　　　D．设计、生产、运行

11．绿色施工应根据（　　　）进行绿色施工组织设计、绿色施工方案编制。

    A．绿色设计策划　　　　　　　　B．绿色采购策划

    C．绿色施工策划　　　　　　　　D．绿色运行策划

12．设计变更涉及建筑节能效果时，审查设计变更的机构是（　　　）。

    A．建设单位　　　　　　　　　　B．原施工图设计机构

    C．使用单位　　　　　　　　　　D．原施工图设计审查机构

13．涉及建筑节能效果的定型产品型式检验报告的有效期不应超过（　　　）年。

    A．1　　　　　　　　　　　　　　B．2

    C．3　　　　　　　　　　　　　　D．4

14．建筑节能工程施工技术方案的审查批准单位是（　　　）。

    A．使用单位　　　　　　　　　　B．监理（建设）单位

    C．监督单位　　　　　　　　　　D．政府主管部门

15．建筑节能工程施工前，施工单位必须进行技术交底的人员是（　　　）。

    A．监理人员　　　　　　　　　　B．施工管理人员

    C．作业人员　　　　　　　　　　D．使用人员

16．墙体节能工程施工中，需要见证取样送检复验的是（　　　）。

    A．保温板材的粘结强度　　　　　B．保温板材的导热系数

    C．增强网的压缩强度　　　　　　D．粘结材料的密度

17．墙体节能工程，现场拉拔试验是检验保温板材与基层的（　　　）。

A. 压缩强度   B. 抗拉强度

C. 缝隙   D. 粘结强度

18. 墙体保温层防裂增强网的（　　）应符合设计和专项施工方案的要求。

     A. 铺贴和搭接   B. 厚度和搭接

     C. 铺贴和长度   D. 铺贴和宽度

19. 建筑幕墙与基层墙体之间的空间，应在每层楼板处采用（　　）封堵材料封堵。

     A. 防水   B. 防火

     C. 防腐   D. 防锈

20. 关于建筑门窗检验批的说法，正确的是（　　）。

     A. 同一厂家的同材质、类型和型号的门窗每 100 樘划分为一个检验批

     B. 同一厂家的同材质、类型和型号的特种门窗每 20 樘划分为一个检验批

     C. 同一厂家的同材质、类型和型号的门窗每 200 樘划分为一个检验批

     D. 同一厂家的同材质、类型和型号的特种门窗每 100 樘划分为一个检验批

21. 民用建筑工程根据控制室内环境污染的不同要求，属于 I 类民用建筑工程的是（　　）。

     A. 旅馆   B. 医院

     C. 展览馆   D. 商店

22. 商品混凝土的放射性指标限量是（　　）。

     A. 内照射指数 $I_{Ra} \leqslant 1.0$，外照射指数 $I_{\gamma} \leqslant 1.0$

     B. 内照射指数 $I_{Ra} \leqslant 1.0$，外照射指数 $I_{\gamma} \leqslant 1.2$

     C. 内照射指数 $I_{Ra} \leqslant 1.2$，外照射指数 $I_{\gamma} \leqslant 1.2$

     D. 内照射指数 $I_{Ra} \leqslant 1.2$，外照射指数 $I_{\gamma} \leqslant 1.3$

23. 住宅吊顶饰面人造木板采用环境测试舱法测定游离甲醛释放量限量是（　　）mg/m^3。

     A. $E_1 \leqslant 0.124$ B. $E_1 \leqslant 0.15$

     C. $E_1 \leqslant 0.18$ D. $E_1 \leqslant 0.20$

24. 民用建筑工程及室内装修工程中对室内环境质量进行验收时间的说法，正确的是（　　）。

     A. 工程完工至少 5d 以后、工程交付使用前

     B. 工程交付使用后 5d 之内

     C. 工程完工至少 7d 以后、工程交付使用前

     D. 工程交付使用后 7d 之内

25. 民用建筑工程验收时，关于环境污染物浓度现场检测的方法，错误的是（　　）。

     A. 检测点应距内墙面不小于 0.5m

     B. 检测点应距楼地面高度 0.8~1.5m

     C. 检测点应均匀分布

     D. 检测点应均匀分布在通风道和通风口周边

26. 当房间内有 2 个及以上检测点时，应采用对角线、斜线、梅花状均衡布点，并取各点检测结果的（　　）作为该房间的检测值。

A．平均值   B．最大值

C．中间值   D．最小值

27．民用建筑工程验收时，进行了样板间室内环境污染物浓度检测且检测结果合格的，抽检数量可减半，但不得少于（　　　）间。

A．2   B．3

C．4   D．6

28．某民用建筑工程房间使用面积 $280m^2$，验收时室内环境污染物浓度检测点数最少应设置（　　　）点。

A．1   B．2

C．3   D．5

29．某民用建筑工程一房间内布置了 3 个检测点，分别测得的甲醛浓度检测结果为 $0.09mg/m^3$、$0.04mg/m^3$、$0.11mg/m^3$，则该房间最终检测结果为（　　　）mg/m^3。

A．0.04   B．0.08

C．0.09   D．0.11

二 多项选择题

1．节能建筑工程评价指标体系内容有（　　　）。

A．建筑规划   B．室内环境

C．建筑施工   D．运营管理

E．给水排水

2．屋面节能工程保温材料性能指标有（　　　）。

A．导热系数   B．密度

C．抗拉强度   D．燃烧性能

E．厚度

3．地面节能工程保温隔热材料性能指标的复验项目有（　　　）。

A．厚度   B．密度

C．导热系数   D．抗拉强度

E．压缩强度

4．透明幕墙材料要求复试的项目有（　　　）。

A．厚度   B．密度

C．可见光透射比   D．玻璃遮阳系数

E．中空玻璃露点

5．绿色策划方案应明确绿色建造总体目标和（　　　）等分项目标。

A．资源节约   B．技术可靠性

C．环境保护   D．减少碳排放

E．品质提升

6．绿色设计应综合考虑（　　　）等因素，择优选择建筑形体和结构体系。

A．美观大方   B．安全耐久

C. 经济合理 D. 节能减排

E. 易于建造

7. 绿色施工应积极采用工业化、智能化建造方式，实现工程建设（ ）。

A. 新技术 B. 低消耗

C. 新材料 D. 低排放

E. 高质量

8. 绿色交付指将建筑各分部分项工程的设计、施工、检测等技术资料整合和校验，并按相关标准移交（ ）。

A. 建设单位 B. 运营单位

C. 设计单位 D. 监理单位

E. 勘察单位

9. 幕墙节能工程施工中，进行隐蔽工程验收的部位或项目有（ ）。

A. 隔气层 B. 构造缝

C. 结构缝 D. 热桥部位、断热节点

E. 被封闭的保温材料密度

10. 建筑围护结构节能工程施工完成后，应进行现场实体检验的项目有（ ）。

A. 外墙节能改造 B. 屋面

C. 幕墙气密性 D. 材料力学性能

E. 外窗气密性

11. 《民用建筑工程室内环境污染控制标准》GB 50325—2020 控制的室内环境污染物有（ ）。

A. 氡 B. 氨

C. 氧 D. 苯

E. 甲醛

12. 根据民用建筑工程室内环境污染控制要求，下列工程中，属于Ⅱ类民用建筑工程的有（ ）。

A. 商店 B. 图书馆

C. 体育馆 D. 幼儿园

E. 餐厅

13. 民用建筑工程室内装修时，不应采用的材料有（ ）。

A. 聚乙烯醇水玻璃内墙涂料

B. 聚乙烯醇缩甲醛内墙涂料

C. 树脂以硝化纤维素为主、溶剂以二甲苯为主的水包油型（O/W）多彩内墙涂料

D. 107 胶粘剂

E. 丙烯酸酯乳胶漆

14. 符合《民用建筑工程室内环境污染控制标准》GB 50325—2020 中环境污染物限量要求的有（ ）。

A. 室内用水性涂料游离甲醛（mg/kg）小于等于 100

B．室内用水性胶粘剂游离甲醛（g/kg）小于等于1.2

C．室内用水性处理剂游离甲醛（mg/kg）小于等于100

D．室内用SBS型胶粘剂中VOC（g/L）小于等于650，苯（g/kg）小于等于5.0

E．室内用聚氨酯胶粘剂中VOC（g/L）小于等于700，甲苯＋二甲苯（g/kg）小于等于150

15．室内环境污染物浓度检测，达到《民用建筑工程室内环境污染控制标准》GB 50325—2020中Ⅰ类民用建筑工程验收标准的有（   ）。

A．氡（Bq/m）小于等于150

B．甲醛（mg/m^3）小于等于0.08

C．苯（mg/m^3）小于等于0.06

D．氨（mg/m^3）小于等于0.15

E．TVOC（mg/m^3）小于等于0.6

三 实务操作和案例分析题

【案例 5.4-1】

背景：

某公共建筑工程，地上10层，地下2层，建筑面积25780m^2。采暖通风空调及生活热水供应系统、照明系统的全年能耗比上年度降低40%。

门窗节能工程施工前，项目部对门窗建筑材料和产品的气密性、传热系数进行了复验。监理单位认为复检项目不全，要求增加。

墙体节能工程施工中，项目部对保温层附着的基层、保温层表面处理、保温板粘结或固定、锚固件、增强网铺设等部位或内容进行了隐蔽工程验收，并进行了详细的文字记录和必要的图像资料收集。

地面节能工程施工中，项目部对地面基层进行了隐蔽工程验收，并进行了详细的文字记录和必要的图像资料收集。

问题：

1．节能建筑工程评价指标体系指标有哪些？

2．门窗建筑材料和产品的复检项目还有哪些？门窗节能工程保温材料的性能指标有哪些？

3．墙体节能工程中，项目部进行隐蔽工程验收的部位或内容还应有哪些？

4．地面节能工程中，项目部进行隐蔽工程验收的部位或内容还应有哪些？

【案例 5.4-2】

背景：

某建设单位新建办公楼，与甲施工单位签订施工总承包合同。该工程门厅大堂内墙设计做法为干挂石材，多功能厅隔墙设计做法为石膏板骨架隔墙。

建设单位将该工程所有门窗单独发包，并与具备相应资质条件的乙施工单位签订门窗施工合同。

装饰装修工程施工时，甲施工单位组织大堂内墙与地面平行施工。监理工程师要求补充交叉作业专项安全措施。

施工单位上报了石膏板骨架隔墙施工方案。其中石膏板安装方法为"隔墙面板横向铺设，两侧对称、分层由下至上逐步安装；填充隔声防火材料随面层安装逐层跟进，直至全部封闭；石膏板用自攻螺钉固定，先固定板四边，后固定板中部，钉头略埋入板内，钉眼用石膏腻子抹平"。监理工程师审核认为施工方法存在错误，责令修改后重新报审。

工程完工后进行室内环境污染物浓度检测，结果不达标，经整改后再次检测达到相关要求。

问题：

1. 建设单位将门窗单独发包是否合理？说明理由。
2. 装饰装修工程施工时，交叉作业安全控制应注意哪些要点？
3. 指出石膏板安装施工方法中的不妥之处，写出正确做法。
4. 室内环境污染物浓度再次检测时，应如何取样？

【答案与解析】

一、单项选择题

*1. A；　　*2. B；　　*3. C；　　4. D；　　5. A；　　*6. B；　　*7. A；　　8. A；
*9. D；　　10. A；　　11. C；　　*12. D；　　13. B；　　*14. B；　　15. C；　　*16. B；
17. D；　　18. A；　　*19. B；　　20. C；　　21. B；　　22. A；　　23. A；　　24. C；
25. D；　　26. A；　　27. B；　　28. C；　　*29. B

【解析】

1. 答案A
节能建筑的评价应包括建筑及其用能系统。

2. 答案B
节能建筑的评价应涵盖设计和运营管理两个阶段。

3. 答案C
夏热冬冷、夏热冬暖地区能保证围护结构热桥部位的内表面温度不低于设计状态下的室内空气露点温度。

6. 答案B
建筑中每个房间的外窗可开启面积不小于该房间外窗面积的30%；透明幕墙具有不小于房间透明面积10%的可开启部分。

7. 答案A
公共建筑夏季室内空调温度设置不应低于26℃，冬季室内空调温度设置不应高于20℃。

9. 答案D
绿色策划方案应明确绿色建造总体目标和资源节约、环境保护、减少碳排放、品质提升、职业健康安全等分项目标，应包括绿色设计策划、绿色施工策划、绿色交付策划等内容。

故选项 A、B、C 错误。

12. 答案 D

设计变更不得降低建筑节能效果。当设计变更涉及建筑节能效果时，应经原施工图设计审查机构审查，在实施前应办理设计变更手续，并获得监理或建设单位的确认。

14. 答案 B

单位工程的施工组织设计应包括建筑节能工程施工内容。建筑节能工程施工前，施工企业应编制建筑节能工程施工技术方案并经监理（建设）单位审查批准。施工单位应对从事建筑节能工程施工作业的专业人员进行技术交底和必要的实际操作培训。

16. 答案 B

墙体节能工程采用的保温材料和粘结材料等，进场时应对其下列性能进行复验，复验应为见证取样送检：

1）保温板材的导热系数、密度、抗压强度或压缩强度；

2）粘结材料的粘结强度；

3）增强网的力学性能、抗腐蚀性能。

19. 答案 B

建筑幕墙与基层墙体、窗间墙、窗槛墙及裙墙之间的空间，应在每层楼板处和防火分区隔离部位采用防火封堵材料封堵。

29. 答案 B

当房间内有 2 个及以上检测点时，应取各点检测结果的平均值作为该房间的检测值，即该房间的最终检测结果为：（0.09 ＋ 0.04 ＋ 0.11）/3 ＝ 0.08mg/m^3。

二、多项选择题

*1. A、B、D、E；　　*2. A、B、D、E；　　3. B、C、E；　　*4. C、D、E；

*5. A、C、D、E；　　6. B、D、E；　　*7. B、D、E；　　*8. A、B；

9. A、B、C、D；　　10. A、E；　　11. A、B、D、E；　　12. A、B、C、E；

13. A、B、C、D；　　14. A、C、D、E；　　15. A、C、D

【解析】

1. 答案 A、B、D、E

节能建筑工程评价指标体系应由建筑规划、建筑围护结构、采暖通风与空气调节、给水排水、电气与照明、室内环境和运营管理七类指标组成。

2. 答案 A、B、D、E

屋面节能工程围护结构施工使用的保温材料的性能指标有厚度、导热系数、密度、抗压强度或压缩强度、燃烧性能。

4. 答案 C、D、E

透明幕墙材料要求复试中空玻璃露点、玻璃遮阳系数、可见光透射比。

5. 答案 A、C、D、E

绿色策划方案应明确绿色建造总体目标和资源节约、环境保护、减少碳排放、品质提升、职业健康安全等分项目标。

7. 答案 B、D、E

绿色施工应积极采用工业化、智能化建造方式，实现工程建设低消耗、低排放、高质量和高效益。

8. 答案 A、B

绿色交付时，应将建筑各分部分项工程的设计、施工、检测等技术资料进行整合和校验，并按相关标准移交建设单位和运营单位。

三、实务操作和案例分析题

【案例 5.4-1】答：

1．节能建筑工程评价指标体系中的指标有：

（1）建筑规划；

（2）建筑围护结构；

（3）采暖通风与空气调节；

（4）给水排水；

（5）电气与照明；

（6）室内环境；

（7）运营管理。

2．（1）门窗建筑材料和产品的复检项目还有：

① 中空玻璃露点；

② 遮阳系数。

（2）门窗节能工程保温材料的性能指标有：

① 保温性能；

② 中空玻璃露点；

③ 玻璃遮阳系数；

④ 可见光透射比。

3．项目部进行隐蔽工程验收的部位或内容还应有：

（1）墙体热桥部位处理；

（2）预置保温板或预制保温墙板的板缝及构造节点；

（3）现场喷涂或浇筑有机类保温材料的界面；

（4）被封闭的保温材料的厚度；

（5）保温隔热砌块填充墙体。

4．项目部进行隐蔽工程验收的部位或内容还应有：

（1）被封闭的保温材料的厚度；

（2）保温材料粘结；

（3）隔断热桥部位。

【案例 5.4-2】答：

1．建设单位将门窗单独发包不合理。

理由：根据《建设工程质量管理条例》，发包人不应将应当由一个承包单位完成的建设工程分解成若干部分后分别发包给不同的承包单位（或答：该门窗发包属肢解发包／门窗也应与甲施工单位或总承包签合同）。

2．交叉作业安全控制要点如下：

（1）交叉作业人员不允许在同一垂直方向上操作（或要做到下部作业人员位置处在上部落物可能坠落半径范围外）；

（2）当不能满足要求时，应设置安全隔离层进行防护。

3．石膏板安装施工方法中的不妥之处及正确做法分别如下：

不妥之处一：石膏板横向铺设；

正确做法：石膏板竖向铺设。

不妥之处二：隔墙两侧面板对称逐层安装，填充隔声、防火材料逐层跟进；

正确做法：先安装好一侧面板，再进行隔声、防火材料填充，最后封闭另一侧面板。

不妥之处三：先固定石膏板四边后固定板中部；

正确做法：石膏板固定应从板中部开始，向四边固定。

4．室内环境污染物浓度再次检测时，其取样抽检数量应增加1倍（或双倍取样），并应包含同类型房间和原不合格房间。

第3篇 建筑工程项目管理实务

第6章 建筑工程企业资质与施工组织

6.1 建筑工程施工企业资质

微信扫一扫
在线做题+答疑

复习要点

6.1.1 资质等级标准
6.1.2 承包工程范围
6.1.3 企业资质管理

一 单项选择题

1. 特级资质标准要求企业具有注册一级建造师（　　）人以上。
　　A. 30　　　　　　　　　　　B. 40
　　C. 50　　　　　　　　　　　D. 60

2. 一级资质标准要求企业净资产（　　）亿元以上。
　　A. 1　　　　　　　　　　　　B. 2
　　C. 3　　　　　　　　　　　　D. 4

3. 二级资质标准要求建筑工程、机电工程专业注册建造师合计不少于（　　）人，其中建筑工程专业注册建造师不少于（　　）人。
　　A. 10；10　　　　　　　　　B. 12；9
　　C. 11；8　　　　　　　　　　D. 8；8

4. 取得特级资质的企业，限承担施工单项合同额（　　）万元以上的房屋建筑工程。
　　A. 1000　　　　　　　　　　B. 2000
　　C. 3000　　　　　　　　　　D. 4000

5. 建筑业企业资质证书有效期届满，企业继续从事建筑施工活动的，应当于资质证书有效期届满3个月前，向（　　）提出延续申请。
　　A. 国家主管机关　　　　　　B. 省主管机关
　　C. 市主管机关　　　　　　　D. 原资质许可机关

二 多项选择题

1. 建筑工程施工总承包资质分为（　　）。

A．特级   B．一级

C．二级   D．三级

E．四级

2．一级资质标准企业持有岗位证书的施工现场管理人员不少于50人，且（   ）、造价员、机械员等人员齐全。

A．销售员   B．施工员

C．劳务员   D．质量员

E．安全员

3．一级资质承包工程范围有（   ）。

A．高度500m的建筑工程

B．高度200m以下的工业、民用建筑工程

C．高度240m以下的工业、民用建筑工程

D．高度300m以下的构筑物工程

E．高度240m以下的构筑物工程

4．企业在建筑业企业资质证书有效期内（   ）等发生变更的，应当在工商部门办理变更手续后1个月内办理资质证书变更手续。

A．名称   B．地址

C．董事长   D．注册资本

E．法定代表人

5．企业以欺骗、贿赂等不正当手段取得建筑业企业资质的，由原资质许可机关予以撤销，并（   ）。

A．由县级以上地方住房城乡建设主管部门或者其他有关部门给予警告

B．处5万元的罚款

C．处3万元的罚款

D．申请企业3年内不得再次申请建筑业企业资质

E．申请企业5年内不得再次申请建筑业企业资质

【答案与解析】

一、单项选择题

*1．C；   2．A；   *3．B；   4．C；   5．D

【解析】

1．答案C

特级资质标准企业主要管理人员和专业技术人员要求：

（1）企业经理具有10年以上从事工程管理工作经历。

（2）技术负责人具有15年以上从事工程技术管理工作经历，且具有工程序列高级职称及一级注册建造师或注册工程师执业资格。

（3）财务负责人具有高级会计师职称及注册会计师资格。

（4）企业具有注册一级建造师（一级项目经理）50人以上。

（5）企业具有本类别相关的行业工程设计甲级资质标准要求的专业技术人员。

3．答案 B

二级资质标准企业主要人员要求：

（1）建筑工程、机电工程专业注册建造师合计不少于 12 人，其中建筑工程专业注册建造师不少于 9 人。

（2）技术负责人具有 8 年以上从事工程施工技术管理工作经历，且具有结构专业高级职称或建筑工程专业一级注册建造师执业资格；建筑工程相关专业中级以上职称人员不少于 15 人，且结构、给水排水、暖通、电气等专业齐全。

（3）持有岗位证书的施工现场管理人员不少于 30 人，且施工员、质量员、安全员、机械员、造价员、劳务员等人员齐全。

（4）经考核或培训合格的中级工以上技术工人不少于 75 人。

二、多项选择题

1．A、B、C、D；　　2．B、C、D、E；　　3．B、E；　　*4．A、B、D、E；
*5．A、C、D

【解析】

4．答案 A、B、D、E

企业在建筑业企业资质证书有效期内名称、地址、注册资本、法定代表人等发生变更的，应当在工商部门办理变更手续后 1 个月内办理资质证书变更手续。

5．答案 A、C、D

企业以欺骗、贿赂等不正当手段取得建筑业企业资质的，由原资质许可机关予以撤销，由县级以上地方人民政府住房城乡建设主管部门或者其他有关部门给予警告，并处 3 万元的罚款；申请企业 3 年内不得再次申请建筑业企业资质。

6.2　二级建造师执业范围

复习要点

6.2.1　执业工程规模
6.2.2　执业工程范围

一　单项选择题

1．下列工程中，二级建造师可承担的工程是（　　）。
　　A．25 层的住宅楼　　　　　　　　B．120m 高的建筑
　　C．50000m² 的群体工程　　　　　D．40000m² 的单体工程

2．按照装饰装修专业工程规模标准，下列单项合同额中属于中型工程的是（　　）万元。
　　A．1500　　　　　　　　　　　　B．200
　　C．90　　　　　　　　　　　　　D．50

3. 按照装饰装修专业工程规模标准，下列幕墙工程中属于中型规模的是（   ）。

   A．幕墙高 70m
   B．面积 6000m²

   C．幕墙面积 5000m²
   D．幕墙高 80m

4. 下列土石方工程单项合同额中，属于小型工程的是（   ）万元。

   A．200
   B．300

   C．400
   D．500

5. 下列工程中，不属于建筑工程专业工程范围的是（   ）。

   A．防腐工程
   B．爆破工程

   C．机电安装工程
   D．特种专业工程

二　多项选择题

1. 属于一般房屋建筑工程的有（   ）。

   A．工业厂房
   B．学校实验楼

   C．住宅楼
   D．冷却塔

   E．医院

2. 属于体育场地设施工程的有（   ）。

   A．高尔夫球场
   B．田径场跑道面层

   C．体育馆空调系统
   D．篮球馆装修工程

   E．游泳馆水处理系统

3. 某大型房建建筑工程，不能担任项目负责人的建造师专业有（   ）。

   A．建筑工程
   B．市政公用工程

   C．公路工程
   D．机电工程

   E．矿业工程

4. 某机场工程，建筑工程注册建造师可执业的工程范围有（   ）。

   A．结构工程
   B．飞机跑道工程

   C．装修工程
   D．幕墙工程

   E．安监系统工程

5. 某装饰装修工程的下列单项合同额中，属于中型工程的有（   ）万元。

   A．95
   B．100

   C．800
   D．900

   E．1100

6. 下列幕墙工程中属于中型项目的有（   ）。

   A．幕墙高 35m

   B．幕墙面积 7000m²

   C．幕墙高 50m 且面积为 5000m²

   D．幕墙高 60m 且面积为 6000m²

   E．幕墙高 40m 且面积为 5000m²

【答案与解析】

一、单项选择题

*1. C；   2. B；   *3. C；   4. A；   5. C

【解析】

1. 答案 C

根据二级建造师注册执业工程规模标准规定，故选 C。

3. 答案 C

根据相关规模标准，中型幕墙应同时满足墙高和面积两个条件，故选 C。

二、多项选择题

*1. A、B、C、E；   *2. A、B、E；   3. B、C、D、E；   4. A、C、D；

5. B、C、D；   6. A、C、E

【解析】

1. 答案 A、B、C、E

按照注册建造师执业工程规模标准划分，选项 D 属于高耸构筑物工程，其余均属于一般房屋建筑工程类。

2. 答案 A、B、E

本题要真正理解题意，选项中 C、D 均属于一般房屋建筑工程类内容，选项 E 是特定空间下使用，属于专项设施，选项 A、B 比较明显，故选择 A、B、E。

6.3 施工项目管理机构

复习要点

6.3.1 项目经理部的组建

6.3.2 项目管理绩效评价方法与内容

一 单项选择题

1. 建立项目管理机构工作包括：① 明确管理任务；② 确定岗位职责、权限以及人员配置；③ 由组织管理层审核认定；④ 明确组织结构；⑤ 制定工作程序和管理制度，应遵循的步骤是（   ）。

    A. ①②③④⑤   B. ①④②⑤③

    C. ①③②④⑤   D. ②①③④⑤

2. 应对项目团队建设和管理负责的是（   ）。

    A. 组织负责人   B. 组织管理部门

    C. 项目管理机构负责人   D. 项目党支部书记

3. 项目管理目标责任书应在项目（   ）协商制定。

    A. 投标前   B. 实施前

C．实施中   D．实施后

4．应对项目管理目标责任书的完成情况进行考核和认定的是（   ）。

     A．组织   B．业主

     C．项目   D．监理

5．项目经理应取得注册建造师证书，并取得安全生产考核合格证书（   ）。

     A．A 证   B．B 证

     C．C 证   D．D 证

6．项目管理绩效评价机构应在（   ）确定评价方法。

     A．投标前   B．施工前

     C．施工中   D．评价前

二 多项选择题

1．项目管理机构的管理活动应符合的要求有（   ）。

     A．应执行管理制度

     B．应履行管理程序

     C．应实施计划管理，保证资源的合理配置和有序流动

     D．应注重项目实施过程的指导、监督、考核和评价

     E．应满足建设单位的所有要求

2．项目团队建设应符合的规定有（   ）。

     A．建立团队管理机制和工作模式

     B．各方步调一致，协同工作

     C．制定团队成员沟通制度

     D．维护项目经理的权威

     E．建立畅通的信息沟通渠道和各方共享的信息平台

3．项目管理目标责任书内容宜包括（   ）。

     A．组织发展规划

     B．项目管理实施目标

     C．组织和项目管理机构职责、权限和利益的划分

     D．项目现场质量、安全、环保、文明、职业健康和社会责任目标

     E．项目设计、采购、施工、试运行管理的内容和要求

4．项目特殊工种操作人员应取得的专业特殊工种操作证有（   ）。

     A．电工操作证   B．电（气）焊工操作证

     C．试验员证   D．施工机械操作证

     E．高空作业操作证

5．项目管理绩效评价的指标有（   ）。

     A．项目质量、安全、环保、工期、成本目标完成情况

     B．供方（供应商、分包商）管理的有效程度

     C．合同履约率、相关方满意度

D. 风险预防和持续改进能力

E. 组织经营效益

6. 项目管理绩效评价结论等级分为（　　）。

A. 优秀　　　　　　　　　　B. 良好

C. 中等　　　　　　　　　　D. 合格

E. 不合格

【答案与解析】

一、单项选择题

*1. B；　　*2. C；　　3. B；　　4. A；　　*5. B；　　6. D

【解析】

1. 答案 B

建立项目管理机构应遵循下列步骤：

（1）根据项目管理规划大纲、项目管理目标责任书及合同要求明确管理任务；

（2）根据管理任务分解和归类，明确组织结构；

（3）根据组织结构，确定岗位职责、权限以及人员配置；

（4）制定工作程序和管理制度；

（5）由组织管理层审核认定。

2. 答案 C

项目管理机构负责人应对项目团队建设和管理负责，组织制定明确的团队目标、合理高效的运行程序和完善的工作制度，定期评价团队运作绩效。

5. 答案 B

项目经理应取得注册建造师职业资格证，并取得安全生产考核合格证书 B 证。项目安全管理部门负责人、专职安全员应取得安全生产考核合格证书 C 证。

二、多项选择题

*1. A、B、C、D；　　*2. A、B、C、E；　　3. B、C、D、E；　　4. A、B、D、E；

5. A、B、C、D；　　*6. A、B、D、E

【解析】

1. 答案 A、B、C、D

项目管理机构的管理活动应符合下列要求：

（1）应执行管理制度；

（2）应履行管理程序；

（3）应实施计划管理，保证资源的合理配置和有序流动；

（4）应注重项目实施过程的指导、监督、考核和评价。

2. 答案 A、B、C、E

项目团队建设应符合下列规定：

（1）建立团队管理机制和工作模式；

（2）各方步调一致，协同工作；

（3）制定团队成员沟通制度，建立畅通的信息沟通渠道和各方共享的信息平台。

6. 答案 A、B、D、E

组织应根据项目管理绩效评价需求规定适宜的评价结论等级，以百分制形式进行项目管理绩效评价的结论，宜分为优秀、良好、合格、不合格四个等级。

6.4 施工组织设计

复习要点

6.4.1 施工组织设计编制与管理
6.4.2 主要专项施工方案编制与管理

一 单项选择题

1. 单位工程施工组织设计是（　　　　）的综合性文件。
   A. 战略部署、宏观定性　　　　　　B. 技术文件、宏观定性
   C. 施工方案、微观定量　　　　　　D. 管理文件、微观定量

2. 单位工程施工组织设计的内容主要体现了（　　　　）。
   A. 技术性和操作性　　　　　　　　B. 指导性和原则性
   C. 经济性和组织性　　　　　　　　D. 技术性和指导性

3. 主持编制单位工程施工组织设计的是（　　　　）。
   A. 项目技术负责人　　　　　　　　B. 企业技术负责人
   C. 项目施工负责人　　　　　　　　D. 企业主管部门

4. 审核单位工程施工组织设计的是（　　　　）。
   A. 项目技术负责人　　　　　　　　B. 总监理工程师
   C. 项目施工负责人　　　　　　　　D. 企业主管部门

5. 审批单位工程施工组织设计的是（　　　　）。
   A. 企业技术负责人　　　　　　　　B. 总监理工程师
   C. 项目施工负责人　　　　　　　　D. 企业主管部门

6. 组织单位工程施工组织设计交底的是（　　　　）。
   A. 企业技术负责人　　　　　　　　B. 项目施工负责人
   C. 项目技术负责人　　　　　　　　D. 企业主管部门

7. 对施工组织设计实施过程进行检查，通常划分的施工阶段是（　　　　）。
   A. 冬期、雨期、高温天气
   B. 春季、夏季、秋季、冬季
   C. 地基基础、主体结构、装饰装修和机电设备安装
   D. 采购、施工、试运行

8. 小型项目宜设置的项目管理组织结构是（　　　　）。
   A. 线性职能式　　　　　　　　　　B. 穿透式

C．事业部式　　　　　　　　　　　D．矩阵式

9．远离企业管理层的大中型项目宜设置的项目管理组织结构是（　　　　）。

 A．线性职能式　　　　　　　　　B．穿透式

 C．事业部式　　　　　　　　　　D．矩阵式

10．施工顺序应符合（　　　　）逻辑关系。

 A．空间　　　　　　　　　　　　B．时间

 C．组织　　　　　　　　　　　　D．工序

11．施工流水段分阶段合理划分的依据是（　　　　）。

 A．工程特点和工程量　　　　　　B．施工顺序和工程量

 C．工程特点和施工方法　　　　　D．施工顺序和施工方法

12．施工流水段分阶段合理划分应说明的是（　　　　）。

 A．施工顺序及流水方向　　　　　B．划分依据及流水方向

 C．施工方法及流水方向　　　　　D．划分依据及施工顺序

13．单位工程施工阶段的划分一般是（　　　　）。

 A．地基基础、主体结构、装饰装修

 B．地基、基础、主体结构、装饰装修

 C．地基基础、主体结构、装饰装修和机电设备安装

 D．地基、基础、主体结构、装饰装修和机电设备安装

14．施工方法的确定原则是兼顾（　　　　）。

 A．适用性、可行性和经济性　　　B．先进性、可行性和经济性

 C．先进性、可行性和科学性　　　D．适用性、可行性和科学性

15．描述施工方法的顺序应按照（　　　　）进行。

 A．空间位置　　　　　　　　　　B．时间节点

 C．工法难易　　　　　　　　　　D．施工顺序

16．材料配置计划确定的依据是（　　　　）。

 A．施工进度计划　　　　　　　　B．资金计划

 C．施工工法　　　　　　　　　　D．施工顺序

17．劳动力配置计划确定的依据是（　　　　）。

 A．资金计划　　　　　　　　　　B．施工进度计划

 C．施工工法　　　　　　　　　　D．施工工序

18．施工机具配置计划确定的依据是（　　　　）。

 A．施工方法和施工进度计划　　　B．施工部署和施工方法

 C．施工部署和施工进度计划　　　D．施工顺序和施工进度计划

19．施工单位在危险性较大的分部分项工程施工前，应（　　　　）。

 A．单独编制专项施工方案　　　　B．单独编制安全防护方案

 C．单独编制绿色施工方案　　　　D．单独编制应急预案

20．建筑工程实行施工总承包的，其中深基坑工程施工由专业地基基础公司分包，基坑支护专项施工方案可由（　　　　）编制。

 A．基坑支护设计单位　　　　　　B．地基基础专业公司

C．建筑设计单位　　　　　　D．业主委托其他专业单位

21．超过一定规模的危险性较大的分部分项工程专项施工方案应由（　　　）组织专家论证。

A．施工单位　　　　　　　　B．分包单位

C．建设单位　　　　　　　　D．监理单位

22．进行危险性较大的分部分项工程专项方案论证的专家组应至少由（　　　）名专家组成。

A．3　　　　　　　　　　　B．5

C．7　　　　　　　　　　　D．9

23．进行危险性较大的分部分项工程专项方案论证的专家，应符合下列哪个条件（　　　）。

A．从事专业工作10年以上　B．从事专业工作15年以上

C．具有正高级专业技术职称　D．是享受政府津贴的专家

24．下列工程中，属于危险性较大的分部分项工程的是（　　　）。

A．开挖深度超过3m的土方开挖工程

B．搭设高度为4m的模板支撑工程

C．搭设高度为22m的落地式钢管脚手架工程

D．搭设跨度为8m的模板支撑工程

25．下列工程中，属于超过一定规模的危险性较大的分部分项工程的是（　　　）。

A．开挖深度超过3m的土方开挖工程

B．搭设高度为10m的模板支撑工程

C．搭设高度为40m的落地式钢管脚手架工程

D．搭设跨度为12m的模板支撑工程

26．下列工程中，其专项施工方案需要进行专家论证的是（　　　）。

A．开挖深度为5m的降水工程

B．开挖深度为4m的土方开挖工程

C．开挖深度为4m的基坑支护工程

D．开挖深度为12m的人工挖孔灌注桩工程

27．下列脚手架工程中，其专项施工方案需要进行专家论证的是（　　　）。

A．搭设高度55m的落地式钢管脚手架工程

B．搭设高度45m的落地式钢管脚手架工程

C．提升高度120m的附着式整体提升脚手架工程

D．架体高度18m的悬挑式脚手架工程

28．开挖深度为10m的基坑支护工程专项施工方案，经专家论证后，出现（　　　）情况后需要重新论证。

A．由于设计图变更，开挖深度需要变更为9m

B．由于设计图变更，开挖深度需要变更为12m

C．施工过程中，基坑边坡上口局部出现裂缝

D．施工过程中，基坑边坡局部出现渗水

29. 不需要专家论证的专项施工方案，其审批流程为（　　　）。

    A. 施工单位技术部门审核→施工单位技术负责人签字→总监理工程师审核、签字

    B. 施工单位项目技术负责人审核→施工单位技术负责人签字→总监理工程师审核、签字

    C. 专业承包单位项目技术负责人审核→专业承包单位技术负责人签字→总监理工程师审核、签字

    D. 施工单位项目技术部门审核→施工单位项目技术负责人签字→总监理工程师审核、签字

30. 对于需要按规定进行验收的、搭设高度超过 60m 的落地式钢管脚手架工程，需要由（　　　）来组织验收。

    A. 专业承包单位　　　　　　　　B. 总承包单位

    C. 设计单位　　　　　　　　　　D. 建设单位

31. 施工单位应当在施工现场显著位置公告危大工程（　　　）、施工时间和具体责任人员，并在危险区域设置安全警示标志。

    A. 名称　　　　　　　　　　　　B. 规模

    C. 面积　　　　　　　　　　　　D. 类别

32. 对于按照规定需要进行第三方监测的危大工程，建设单位应当委托具有相应（　　　）资质的单位进行监测。

    A. 施工　　　　　　　　　　　　B. 勘察

    C. 设计　　　　　　　　　　　　D. 检测

二　多项选择题

1. 关于施工组织设计编制原则的说法，正确的有（　　　）。

    A. 科学配置资源　　　　　　　　B. 合理布置现场

    C. 实现不均衡施工　　　　　　　D. 经济技术指标合理

    E. 推广建筑节能和绿色施工

2. 参加单位工程施工组织设计交底的有（　　　）。

    A. 项目部全体管理人员　　　　　B. 主要分包单位

    C. 监理单位项目人员　　　　　　D. 建设单位项目人员

    E. 全体操作人员

3. 组织单位工程施工组织设计实施过程检查的有（　　　）。

    A. 监理工程师　　　　　　　　　B. 施工单位相关部门负责人

    C. 施工单位技术负责人　　　　　D. 建设单位项目负责人

    E. 施工单位项目负责人

4. 关于单位工程施工组织设计过程检查与验收的说法，正确的有（　　　）。

    A. 过程检查可在施工过程中随时进行

    B. 企业技术负责人或相关部门负责人主持

C．企业相关部门、项目经理部相关部门参加

D．检查施工部署、施工方法的落实和执行情况

E．对工期、质量、效益有较大影响的应及时调整，并提出修改意见

5．施工组织设计需进行修改或补充的情况有（　　）。

A．工程设计有一般修改

B．有关法律、法规、规范和标准的实施、修订和废止

C．主要施工方法有微调

D．主要施工资源配置有重大调整

E．施工环境有重大改变

6．施工组织设计的（　　）等内容应围绕施工部署原则编制。

A．施工现场平面布置　　　　B．设计概况

C．编制依据　　　　　　　　D．施工准备与资源配置计划

E．施工方法

7．施工部署应对项目实施过程作出统筹规划和全面安排的内容有（　　）。

A．任务　　　　　　　　　　B．资源

C．空间　　　　　　　　　　D．时间

E．重大变更

8．"四新"技术包括（　　）。

A．新技术　　　　　　　　　B．新工艺

C．新设备　　　　　　　　　D．新标准

E．新材料

9．项目施工中开发使用"四新"技术的基础是（　　）。

A．施工工艺先进　　　　　　B．施工方法先进

C．现有施工技术水平　　　　D．"十项"新技术

E．现有管理水平

10．关于施工流水段划分的说法，正确的有（　　）。

A．根据工程特点及工程量进行分阶段合理划分

B．说明划分依据及流水方向

C．确保均衡流水施工

D．施工顺序应符合时间逻辑关系

E．一般包括地基基础、主体结构、装饰装修三个阶段

11．单位工程施工阶段的划分一般包含（　　）。

A．地基基础　　　　　　　　B．主体结构

C．二次结构　　　　　　　　D．围护结构

E．装饰装修和机电设备安装

12．施工流水段划分的依据有（　　）。

A．工程特点　　　　　　　　B．季节施工

C．施工方法　　　　　　　　D．施工顺序

E．工程量

13. 施工顺序的确定原则有（　　）。
    A. 工序合理　　　　　　　　　B. 安全施工
    C. 缩短工期　　　　　　　　　D. 效益第一
    E. 保证质量

14. 关于一般工程的施工顺序的说法，正确的有（　　）。
    A. 先准备、后开工　　　　　　B. 先地下、后地上
    C. 先装修、后设备　　　　　　D. 先主体、后围护
    E. 先设备、后围护

15. 按照施工顺序对施工方法进行描述时应结合的内容有（　　）。
    A. 工法　　　　　　　　　　　B. 工程量
    C. 施工工艺　　　　　　　　　D. 组织管理
    E. 工程的具体情况

16. 下列工程中，专项工程方案需要进行必要的验算和说明的有（　　）。
    A. 脚手架工程　　　　　　　　B. 临时用水用电工程
    C. 起重吊装工程　　　　　　　D. 边坡支护
    E. 土方开挖工程

17. 下列计划中，属于资源投入计划范围的有（　　）。
    A. 施工进度计划　　　　　　　B. 分包使用计划
    C. 材料供应计划　　　　　　　D. 机械使用计划
    E. 施工图提供计划

18. 下列工程中，其专项施工方案可由专业承包单位编制的有（　　）。
    A. 起重机械安装拆除工程　　　B. 深基坑工程
    C. 附着式脚手架工程　　　　　D. 幕墙工程
    E. 超高模板支撑架工程

19. 超过一定规模的危险性较大的分部分项工程专项施工方案，应进行专家论证，下列人员中，应参加专家论证会的有（　　）。
    A. 安全监督管理部门相关人员　B. 建设单位项目负责人
    C. 监理单位项目总监　　　　　D. 施工单位项目负责人
    E. 施工单位项目技术负责人

20. 超过一定规模的危险性较大的分部分项工程专项方案，专家论证的主要内容有（　　）。
    A. 专项方案是否完整、可行
    B. 专项方案内容是否经济、合理
    C. 专项方案计算书和验算依据是否符合有关标准规范
    D. 专项方案施工工艺是否先进
    E. 安全施工的基本条件是否满足现场实际情况

21. 某工程超高、超限模板支撑工程专项方案的论证专家需具备（　　）条件。
    A. 该工程建设单位项目负责人　B. 岩土工程专业专家
    C. 具有高级专业技术职称　　　D. 诚实守信、作风正派、学术严谨

E. 从事模架专业工作 15 年以上

22. 下列工程中，其专项施工方案需要进行专家论证的有（　　）。

A. 开挖深度为 5m 的土方开挖工程

B. 开挖深度为 4m 的降水工程

C. 开挖深度为 10m 的土方开挖工程

D. 开挖深度为 6m 的基坑支护工程

E. 开挖深度为 15m 的人工挖孔灌注桩工程

23. 施工、监理单位应当建立危大工程安全管理档案。施工单位应当将（　　）等相关资料纳入档案管理。

A. 施工组织总设计　　　　　　　　B. 专项施工方案及审核

C. 专家论证　　　　　　　　　　　D. 专项施工方案交底

E. 现场检查、验收及整改

三　实务操作和案例分析题

【案例 6.4-1】

背景：

某工业厂房工程地上 4 层，地下 1 层，建筑面积 23010m²。天然地基，筏板基础，框架 – 剪力墙结构。某施工单位中标后成立了项目部，并按建设单位要求进场施工。

项目部首次全员会上讨论如何安排编制单位工程施工组织设计时，项目经理强调"施工组织设计一定要以分部分项工程为编制对象；施工组织设计对单位工程的施工过程起指导作用"。

单位工程施工组织设计初稿完成后，项目经理不满意。他再次强调"单位工程施工组织设计是一个工程的战术部署，是微观定量的，要体现指导性和原则性；是项目施工全过程技术性文件"，并要求细化。

问题：

1. 讨论会上，项目经理的说法是否妥当？并说明理由。

2. 项目经理要求细化单位工程施工组织设计的说法是否妥当？并说明理由。

3. 单位工程施工组织设计中，施工程序和施工顺序的编制原则有哪些？

【案例 6.4-2】

背景：

某框架结构的厂房工程，地下 1 层，地上 1 层，层高 4m。桩基础采用 CFG 桩，基础深 5.5m，放坡开挖。建筑物平面尺寸 45m×17m。地下室防水层为 SBS 高聚物改性沥青防水卷材，拟采用外贴法施工。施工总承包单位中标后成立了项目部，施工过程中采用了新技术。

施工组织设计编制说明中明确项目管理组织机构形式依据施工项目的规模、复杂程度确定，项目设置线性职能式项目管理组织。上级单位审批时，要求补充完善管理组织机构设立的依据。

在上级单位例行检查活动中，项目部汇报中提到混凝土施工顺序与施工方法包括：选择混凝土搅拌站、运输及浇筑顺序和方法，确定混凝土振捣方法。检查人员认为内容不够全面。

问题：

1. 项目管理组织机构形式确定依据还应补充哪些内容？

2. 项目管理组织设置形式是否合理，还有哪些项目管理组织形式？

3. 汇报资料还应补充哪些内容？

4. "四新"技术包括哪些内容？

【答案与解析】

一、单项选择题

*1. A;　　 2. B;　　*3. C;　　 4. D;　　 5. A;　　*6. B;　　 7. C;　　 8. A;

*9. C;　　 10. D;　　 11. A;　　*12. B;　　 13. C;　　 14. B;　　 15. D;　　 16. A;

17. B;　　*18. C;　　 19. A;　　*20. B;　　 21. A;　　 22. B;　　 23. B;　　*24. A;

25. B;　　 26. A;　　 27. A;　　*28. B;　　 29. A;　　 30. B;　　 31. A;　　*32. B

【解析】

1. 答案 A

单位工程施工组织设计是一个工程的战略部署，是宏观定性的，体现指导性和原则性，是一个将建筑物的蓝图转化为实物的指导组织各种活动的总文件，是对项目施工全过程管理的综合性文件。

3. 答案 C

单位工程施工组织设计编制与审批：单位工程施工组织设计由项目负责人主持编制，项目经理部全体管理人员参加，施工单位主管部门审核，施工单位技术负责人或其授权的技术人员审批。

6. 答案 B

单位工程施工组织设计经施工单位技术负责人或其授权人审批后，应在工程开工前由施工单位项目负责人组织，对项目部全体管理人员及主要分包单位进行交底并作好交底记录。

9. 答案 C

项目管理组织机构形式应根据施工项目的规模、复杂程度、专业特点、人员素质和地域范围确定。大中型项目宜设置矩阵式项目管理组织结构，小型项目宜设置线性职能式项目管理组织结构，远离企业管理层的大中型项目宜设置事业部式项目管理组织结构。

12. 答案 B

施工流水段划分应根据工程特点及工程量进行分阶段合理划分，并应说明划分依据及流水方向，确保均衡流水施工。

18．答案 C

施工机具配置计划应根据施工部署和施工进度计划确定，包括各施工阶段所需主要周转材料、施工机具的种类和数量。

20．答案 B

建筑工程实行施工总承包的，专项施工方案应由总包或专业分包编制，答案中只有 B 符合要求。

24．答案 A

《危险性较大的分部分项工程安全管理规定》（建办质〔2018〕31 号）中，对危险性较大的分部分项工程的概念做了详细的解释，对危险性较大的分部分项工程、超过一定规模危险性较大的分部分项工程的内容和范围给出了详细的规定，施工管理人员应记住并在实施过程中执行，确保施工安全。

28．答案 B

开挖深度为 10m 的基坑支护工程，属于超过一定规模危险性较大的分部分项工程。B 选项中基坑开挖深度增加，增加了危险因素，属于重大变更，原论证过的专项方案需进行调整、修改，因此需要重新论证。其他几个选项，专项方案不必做重大调整，所以不必重新论证。

32．答案 B

对于按照规定需要进行第三方监测的危大工程，建设单位应当委托具有相应勘察资质的单位进行监测。

二、多项选择题

*1．A、B、D、E；	*2．A、B；	3．B、C；	4．B、C、D、E；
5．B、D、E；	6．A、D、E；	7．A、B、C、D；	8．A、B、C、E；
9．C、E；	*10．A、B、C；	11．A、B、E；	12．A、E；
13．A、B、C、E；	14．A、B、D；	15．A、C、E；	*16．A、B、C、D；
17．B、C、D；	18．A、B、C、D；	*19．B、C、D、E；	*20．A、C、E；
21．C、D、E；	22．A、C、D；	23．B、C、D、E	

【解析】

1．答案 A、B、D、E

坚持科学的施工程序和合理的施工顺序，采用流水施工和网络计划等方法，科学配置资源，合理布置现场，采取季节性施工措施，实现均衡施工，达到合理的经济技术指标；采取技术和管理措施，推广建筑节能和绿色施工。

2．答案 A、B

单位工程施工组织设计经上级施工单位技术负责人或其授权人审批后，应在工程开工前由施工单位项目负责人组织，对项目部全体管理人员及主要分包单位进行交底并作好交底记录。

10．答案 A、B、C

工程主要施工内容及其进度安排应明确说明，施工顺序应符合工序逻辑关系；施工流水段划分应根据工程特点及工程量进行分阶段合理划分，并应说明划分依据及流水方向，确保均衡流水施工；单位工程施工阶段的划分一般包括地基基础、主体结构、装饰装修和机电设备安装三个阶段。

16．答案 A、B、C、D

对脚手架工程、起重吊装工程、临时用水用电工程、边坡支护施工等专项工程所采用的施工方法应进行必要的验算和说明。

19．答案 B、C、D、E

专项施工方案的专家论证会应由专家组成员和参建各方的相关人员参加，安全监督管理部门相关人是政府部门工作人员，不必参加方案论证会，故选项 A 不正确。

20．答案 A、C、E

专项施工方案进行专家论证，主要是对施工方案安全性方面的内容进行论证，经济性和技术先进性虽然是编制方案需要考虑的因素，但不是专家论证的主要内容。

三、实务操作和案例分析题

【案例 6.4-1】答：

1．不妥当。

不妥之处一：单位工程施工组织设计以分部分项工程为编制对象；

理由：单位工程施工组织设计应以单位（子单位）工程为主要编制对象。

不妥之处二：施工组织设计对单位工程的施工过程起指导作用；

理由：施工组织设计对单位（子单位）工程的施工过程起指导和制约作用。

2．不妥当。

不妥之处一：单位工程施工组织设计是一个工程的战术部署，是微观定量的；

理由：单位工程施工组织设计是一个工程的战略部署，是宏观定性的。

不妥之处二：单位工程施工组织设计是项目施工全过程技术性文件；

理由：单位工程施工组织设计是对项目施工全过程管理的综合性文件。

3．施工程序和施工顺序的编制原则有：

（1）坚持科学的施工程序和合理的施工顺序；

（2）采用流水施工和网络计划等方法；

（3）科学配置资源；

（4）合理布置现场；

（5）采取季节性施工措施，实现均衡施工；

（6）达到合理的经济技术指标。

【案例 6.4-2】答：

1．还应补充的内容有：

（1）专业特点；

（2）人员素质；

（3）地域范围。

2．合理。

项目管理组织形式还有：

（1）矩阵式项目管理组织；

（2）事业部式项目管理组织。

3．还应补充的内容有：

（1）选择设备的类型和规格；

（2）确定施工缝的留设位置；

（3）确定混凝土养护方法及试验检验要求。

4．"四新"技术包括：

（1）新技术；

（2）新工艺；

（3）新材料；

（4）新设备。

6.5 施工平面布置管理

复习要点

6.5.1 施工平面布置图设计

6.5.2 施工平面管理

6.5.3 施工用电用水管理

一 单项选择题

1．施工总平面布置图应按（   ）施工阶段绘制。

 A．主体   B．装修

 C．安装   D．不同的

2．施工现场宜考虑设置（   ）个以上大门。

 A．1   B．2

 C．3   D．4

3．施工现场的主要道路应进行（   ）处理，主干道两侧应有（   ）措施。

 A．绿化；排水   B．硬化；绿化

 C．工业化；绿化   D．硬化；排水

4．布置临时房屋尽可能利用已建的（   ）房屋，如不足再修建临时房屋。临时房屋应尽量利用（   ）的活动房屋。

 A．永久性；可装拆 B．临时性；可装拆

 C．永久性；可移动 D．临时性；可移动

5．临时总变电站应设在高压线进入工地（   ），尽量避免高压线穿过工地。

 A．最远处   B．最高处

 C．最近处   D．最低处

6．施工总平面图应随（   ）内容一起报批，过程修改应及时并履行相关手续。

 A．开工令   B．施工组织设计

 C．专项施工方案   D．施工进度计划

7．施工现场应实行封闭管理，并应采用（   ）围挡。

A．砌体   B．钢结构

C．柔性   D．硬质

8．现场出入口应设（　　），在施工现场出入口还应标有企业名称或企业标识。

A．大门和保安值班室   B．大门和洗车池

C．大门和实名制闸机   D．洗车池和保安值班室

9．建筑垃圾应设定（　　）管理并及时清运。

A．移动区域开放   B．固定区域开放

C．固定区域封闭   D．移动区域封闭

10．关于施工现场电工操作管理的说法，符合规定的是（　　）。

A．应持证上岗   B．电工作业可单独进行

C．必要时无证也可操作   D．水平高也可以带电作业

11．潮湿环境下，照明电源的电压不大于（　　）V。

A．12   B．24

C．36   D．48

12．锅炉容器内焊接时，照明电源电压不大于（　　）V。

A．12   B．24

C．36   D．48

13．现场临时消防用水系统干管直径最小应达到（　　）mm。

A．75   B．85

C．100   D．110

14．建筑物内安装临时消防竖管时，其直径不得小于（　　）mm。

A．100   B．90

C．80   D．75

15．安全标志类型分为（　　）种。

A．5   B．4

C．3   D．2

16．关于"警告"标志的描述，正确的是（　　）。

A．图形是黑色，背景为白色   B．图形是白色，背景为蓝色

C．图形是黑色，背景为黄色   D．图形是白色，背景为绿色

17．下列类型中，不属于安全标志分类类型的是（　　）。

A．提示   B．指令

C．禁止   D．警示

18．在危险品存放处，一般情况下应设置（　　）标志。

A．禁止   B．警告

C．指令   D．指示

19．多个警示牌一起布置时，其从左到右的排序应为（　　）。

A．警告、禁止、指示、指令   B．警告、禁止、指令、提示

C．禁止、警告、指示、指令   D．禁止、警告、指令、指示

20．施工现场综合考评的对象是（　　）。

A．监理和总包单位　　　　　　B．总包单位和专业分包单位

C．参建各方　　　　　　　　　D．总包单位

21．对建设、监理单位施工现场综合考评的内容是（　　　）。

A．施工组织管理　　　　　　　B．工程质量管理

C．文明施工管理　　　　　　　D．现场管理

22．一个年度内，同一现场被两次警告的，分别给予企业和项目经理（　　　）处罚。

A．停止招标 3 月、通报批评　　B．通报批评、通报批评

C．停止招标、资格降级　　　　D．通报批评、资格降级

二　多项选择题

1．施工总平面布置图通常有（　　　）。

A．基础工程施工平面布置图

B．主体结构工程施工平面布置图

C．装饰、安装工程施工平面布置图

D．模板平面布置图

E．脚手架平面布置图

2．施工现场布置塔式起重机时，应考虑其（　　　）以及构件的运输和堆放。

A．楼层平台通道　　　　　　　B．基础设置

C．周边环境　　　　　　　　　D．覆盖范围

E．可吊构件的重量

3．施工现场生活区临时宿舍内应保证（　　　），同时应满足消防和卫生防疫要求。

A．有必要的生活空间，床铺不得超过 2 层

B．室内净高不得小于 2.5m

C．通道宽度不得小于 0.9m

D．每间宿舍人均面积不应小于 5m^2

E．不得超过 16 人

4．现场设置食堂，可以（　　　）。

A．布置在生活区　　　　　　　B．布置在办公区

C．布置在生产区　　　　　　　D．布置在施工区与生活区之间

E．采用送餐制

5．施工现场围挡设置应满足（　　　）。

A．市区主要路段的高度不应低于 2.5m

B．市区主要路段的高度不应低于 2.1m

C．一般路段围挡高度不应低于 1.8m

D．一般路段围挡高度不应低于 1.5m

E．围挡应牢固、稳定、整洁、美观

6．施工现场裸露的场地和堆放的土方应采取（　　　）等措施。

A．硬化　　　　　　　　　　　B．覆盖

C．固化 D．绿化

E．夯实

7. 施工平面管理要求有（　　　　）。

A．满足施工需求、现场文明 B．安全有序、整洁卫生

C．不扰民、不损害公众利益 D．绿色环保

E．经济效益最大化

8. 下列图牌中，属于现场出入口处"五牌一图"内容的有（　　　　）。

A．安全生产牌 B．工程概况牌

C．物料管理牌 D．消防保卫牌

E．首层平面图

9. 施工现场不能直接排入市政管线的水体有（　　　　）。

A．施工降排水 B．车辆冲洗用水

C．冲厕用水 D．食堂洗刷用水

E．泥浆

10. 关于施工现场总平面图调整的说法，正确的有（　　　　）。

A．随时调整 B．按施工阶段调整

C．不做调整 D．应急临时调整

E．批准后调整

11. 关于施工现场操作电工管理规定的说法，正确的有（　　　　）。

A．作业时需2人以上 B．应持有效证件上岗

C．可带负荷插拔插头 D．使用正规厂家临电设施

E．严禁带电作业

12. 关于现场临时用电管理的说法，正确的有（　　　　）。

A．现场临时用电分为动力用电和照明用电

B．现场应编制临时用电方案

C．操作电工和工程难易程度或技术复杂程度没有关系

D．临电设施和器材使用认证合格产品

E．操作水平较高者可以带电作业

13. 计算施工现场临时用水量时应考虑的因素有（　　　　）。

A．生产用水 B．基坑降水

C．生活用水 D．消防用水

E．机械用水

14. 关于临时用水的说法，正确的有（　　　　）。

A．如果在同一区域新建工程，其区域内的消防设施可以供新建工程使用

B．消防泵的供电线路可以和其他用电设备共用

C．现场临时用水必须编制临时用水方案

D．如果降水井的水质符合要求，现场可以使用

E．消防主管的直径不得小于75mm

15. 安全标志类型包括（　　　）。
    A. 禁止　　　　　　　　　　B. 警告
    C. 警示　　　　　　　　　　D. 指令
    E. 提示

16. 关于现场使用警示牌的做法，正确的有（　　　）。
    A. 警示牌可设置在移动的物体上，现场人员可随处看到
    B. 警示牌如有破损、褪色应及时更换
    C. 如果按方案正常施工，施工人员可以拆除警示牌
    D. 放置多个警示牌时，应按警告、禁止、指令、提示类型排序
    E. 根据警示牌悬挂场所的不同，其材质可以适当变化

17. 建筑施工企业现场综合考评内容包括（　　　）。
    A. 施工组织管理　　　　　　B. 工程质量管理
    C. 施工安全管理　　　　　　D. 文明施工管理
    E. 现场管理

三　实务操作和案例分析题

【案例 6.5-1】

背景：

某商业工程，地下 2 层，地上 4 层，建筑面积为 24000m²，紧邻已建好投入使用的小区，且为该小区的商业配套工程，合同规定"由于施工引起的扰民或民扰问题由施工单位处理"，因此施工单位在文明施工和环境保护方面做了大量的工作，从前期出入口、办公区、生活区等现场规划到施工期间的沟通、落实均明确了责任，整个施工期间效果良好，并在约定的工期内完成了合同任务。

问题：

1. 施工单位对现场的文明施工管理应从哪些方面做起？
2. 施工现场文明施工管理中出入口规划的基本要求有哪些？
3. 现场条件局限时，办公区和生活区是否可以兼顾？

【案例 6.5-2】

背景：

某公寓楼工程，地下 1 层，地上 10 层，建筑面积 15000m²，建筑檐高 34.5m。施工单位进场后项目经理组织编制了施工组织设计，并按规划的总平面图要求进行了施工和各种设施的布置，之后开始了结构施工，在结构施工期间，政府监督部门对工程进行例行检查，检查过程中发现：

在施工现场，有一名电工正在进行配电柜的配件更换工作，电工资料检查时，发现部分资料缺失或记录不完整。

在楼层内设置了直径为 70mm 的消防竖管，为每个楼层提供临时用水，由于消防泵

的位置距离塔吊比较近，从塔吊开关箱中增加了控制开关，作为消防泵的接入电源。

问题：

1．指出施工现场电工作业的不妥之处，并说明理由。

2．临时用电安全技术档案应包括哪些内容？

3．楼层内消防设施做法中有哪些不妥之处？并分别写出正确做法。

【案例 6.5-3】

背景：

某办公楼工程，地下 2 层，地上 15 层，建筑面积 30000m²，施工单位进场后按照批准的总平面布置图进行了现场规划，其中库房分成普通库房和特殊库房，分建在不同的位置，主要出入口及楼层各主要部位等均悬挂了明显的警示牌。

上级单位在安全文明工地检查时发现，警示牌悬挂比较随意，有的比较隐蔽，有的甚至没有针对性，随后对项目提出了整改意见，要求严格按标准进行设置。

问题：

1．现场警示牌的设置原则有哪些？

2．简要说明现场使用警示牌的基本要求。

【案例 6.5-4】

背景：

某小区住宅工程，地下 2 层，地上 10 层，剪力墙结构，建筑面积 13000m²，由某施工单位组织施工，本市一家监理公司监督。

结构施工至首层时，市建设行政主管部门组织的考评小组第二次分别对建设、监理、施工单位进行考评，检查组对上次检查给予警告的内容进行了复查，同时检查又发现建设单位对监理的委托内容不详细，部分隐蔽资料监理未及时签字，现场文明施工有待加强，质量通病还时有发生，考核讲评中，考核组再次对该现场存在的问题给予了警告。

问题：

1．考评小组对上述责任主体的主要考核内容有哪些？

2．两次考核后，考评小组依据相关规定，对各责任主体及人员可以做出哪些处罚？

【答案与解析】

一、单项选择题

1．D； 2．B； 3．D； *4．A； 5．C； 6．B； 7．D； 8．A；
9．C； 10．A； *11．B； 12．A； 13．C； 14．D； 15．B； 16．C；
17．D； 18．A； *19．B； 20．C； 21．D； 22．B

【解析】

4．答案A

尽可能利用已建的永久性房屋，如不足再修建临时房屋。临时房屋应尽量利用可装拆的活动房屋。生活区、办公区和施工区应相对独立。

11．答案 B

隧道、人防工程、高温、有导电灰尘、比较潮湿或灯具离地面高度低于 2.5m 等场所的照明，电源电压不应大于 36V；潮湿和易触及带电体场所的照明，电源电压不得大于 24V；特别潮湿场所、导电良好的地面、锅炉或金属容器内的照明，电源电压不得大于 12V。

19．答案 B

多个安全警示牌在一起布置时，应按警告、禁止、指令、提示类型的顺序，先左后右、先上后下进行排列。各标志牌之间的距离至少应为标志牌尺寸的 0.2 倍。

二、多项选择题

*1．A、B、C；   *2．B、C、D、E；   3．A、B、C、E；   4．A、D、E；
5．A、C、E；   6．B、C、D；   7．A、B、C、D；   8．A、B、D；
9．B、C、D、E；   10．B、E；   11．A、B、D、E；   12．A、B、D；
13．A、C、D、E；   14．A、C、D；   15．A、B、D、E；   16．B、D、E；
17．A、B、C、D

【解析】

1．答案 A、B、C

施工总平面布置图应按不同的施工阶段分别绘制。通常有基础工程施工平面布置图，主体结构工程施工平面布置图，装饰、安装工程施工平面布置图等。

2．答案 B、C、D、E

布置塔式起重机时，应考虑其基础设置、周边环境、覆盖范围、可吊构件的重量以及构件的运输和堆放；同时还应考虑塔式起重机的附墙杆件位置、距离及使用后的拆除和运输。

布置施工升降机时，应考虑地基承载力、地基平整度、周边排水、导轨架的附墙位置和距离、楼层平台通道、出入口防护门以及升降机周边的防护围栏等。

三、实务操作和案例分析题

【案例 6.5-1】答：

1．施工单位应从以下几个方面做起：
（1）围挡、大门、各种标牌应标准化；
（2）现场材料应按平面布置图的要求地点堆放并码放整齐；
（3）现场安全防护设施应标准化、规范化；
（4）生活区域整洁化；
（5）职工生活秩序化、行为文明化；
（6）现场做到工完场清、不扬尘、不遗撒、垃圾不乱弃；
（7）施工不扰民，营造良好的施工环境。
2．施工出入口处应参照下列要求规划：
（1）设置大门和保安值班室；
（2）大门或门头设置企业名称和企业标识；
（3）地面设施硬化，车辆出入设置排水措施并有清洗装置；现场人员出入口处设置闸机；

（4）设置"五牌一图"；

（5）条件许可时可以适当布置绿化。

3．不可兼顾。任何时候都应该划分清楚，采取隔离措施。

【案例 6.5-2】答：

1．电工作业不妥之处是独自在现场工作。

理由：根据相关规定，电工作业应由两人以上配合进行。电工作业具有一定的风险，作业时经常会涉及两个以上的部位相互照应，因此对电工作业人员进行了规定。

2．临时用电安全技术档案应包括以下内容：

（1）用电组织设计的全部资料（包括过程修改资料）；

（2）用电技术交底资料；

（3）用电工程检查验收表；

（4）电气设备的测试、检验凭单和调试记录；

（5）接地电阻、绝缘电阻和漏电保护器、漏电动作参数测定记录表；

（6）定期检（复）查表；

（7）电工安装、巡检、维修、拆除工作记录。

3．不妥之处和正确做法分别如下：

不妥之处一：设置的消防竖管直径 70mm；

正确做法：应设置消防竖管直径不小于 75mm。

不妥之处二：消防竖管为楼层提供施工用水；

正确做法：根据相关规定严禁消防竖管作为施工用水管线，用水管线应单独设置。

不妥之处三：消防泵和塔吊共用一个开关柜；

正确做法：根据相关规定消防泵用电电源应使用专用配电箱，不能和其他用电设备混用。

【案例 6.5-3】答：

1．现场安全警示牌的设置原则有：标准、安全、醒目、便利、协调、合理。

2．现场使用安全警示牌的基本要求是：

（1）现场存在安全风险的重要部位和关键岗位；

（2）设置在人们最容易观察到的地方；

（3）设置在明亮、光线充足的环境中；

（4）应固定牢靠，尽量和人的视线高度一致；

（5）不得设置在移动的物体上，同时避免遮挡；

（6）警示牌在一起布置时应从左到右或自上而下按照警告、禁止、指令、提示的顺序排列，且标牌之间留有 0.2 倍的标牌尺寸距离；

（7）有触电危险的场所，标牌应选用绝缘材料；

（8）露天场所宜选用反光材料的警示牌；

（9）对有防火要求的场所，应选用不燃材料制成的警示牌；

（10）应对警示牌的位置、作用派专人进行日常管理，并及时更换、移位。

【案例 6.5-4】答：

1．对各责任主体主要考核内容有：

（1）施工单位：施工组织管理、工程质量管理、施工安全管理、文明施工管理。

（2）建设、监理单位：现场管理。

2．第一次检查中给予了各方警告，本次检查又存在一些管理问题和质量通病等，讲评会上再次给予了警告，因此根据相关规定考核小组可能对各责任主体和人员作出以下处罚：

（1）分别给予建设、监理、施工企业通报批评；

（2）分别给予施工企业项目经理、监理单位现场监理工程师通报批评。

第7章 施工招标投标与合同管理

7.1 施工招标投标

微信扫一扫
在线做题＋答疑

复习要点

7.1.1 施工招投标方式与程序

7.1.2 合同计价方式

7.1.3 基于工程量清单的投标报价

7.1.4 施工投标报价策略

7.1.5 施工投标文件

一 单项选择题

1. 招标方式分为（　　）和邀请招标。

    A．公开招标　　　　　　　　　B．明标

    C．议标　　　　　　　　　　　D．暗标

2. 国有资金占控股或者主导地位的依法必须进行招标的项目，可以采用邀请招标的是（　　）。

    A．技术简单的工程

    B．有特殊要求的工程

    C．不受自然环境限制的工程

    D．较多潜在投标人可供选择的工程

3. 不属于参加建设项目设计、建筑安装以及主要设备、材料供应等投标人应具备的条件是（　　）。

    A．具有招标条件要求的资质证书、营业执照、组织机构代码证、税务登记证、安全施工许可证，并为独立的法人实体

    B．承担过类似建设项目的建造工作，并有良好的工程业绩和履约记录

    C．财产状况良好，没有处于财产被接管、破产或其他关、停、并、转状态

    D．在最近 5 年没有骗取合同以及其他经济方面的严重违法行为

4. 由同一专业的单位组成的联合体，按照资质等级（　　）的单位确定资质等级。

    A．较高　　　　　　　　　　　B．最高

    C．较低　　　　　　　　　　　D．最低

5. 投标人撤回已提交的投标文件，应当在投标（　　）书面通知招标人。

    A．开始时间前　　　　　　　　B．开始时间后

    C．截止时间前　　　　　　　　D．截止时间后

6. 工程造价计价方式中，（　　）是普遍使用的计价方式。

    A．定额计价　　　　　　　　　B．政府定价

C．市场定价　　　　　　　　　　D．工程量清单计价

7．不属于按照生产要素分类的是（　　　）。

    A．施工定额　　　　　　　　　　B．劳动消耗定额

    C．材料消耗定额　　　　　　　　D．机械消耗定额

8．不属于材料费内容的是（　　　）。

    A．材料原价　　　　　　　　　　B．二次倒运费

    C．运杂费　　　　　　　　　　　D．采购及保管费

9．机械台班单价组成中，属于固定费用的是（　　　）。

    A．安拆费及场外运费　　　　　　B．人工费

    C．燃料动力费　　　　　　　　　D．养路费及车船使用费

10．定额换算是指将定额中规定的内容和（　　　）要求不一致的部分进行调整更换。

    A．建设单位　　　　　　　　　　B．施工单位

    C．施工图纸　　　　　　　　　　D．施工方案

11．全部使用国有资金投资的建设工程施工承发包，必须采用（　　　）。

    A．定额计价　　　　　　　　　　B．政府定价

    C．双方议价　　　　　　　　　　D．工程量清单计价

12．措施项目费是为完成工程项目施工，发生于该工程施工准备和施工过程中的技术、生活、安全、（　　　）等方面的非工程实体项目费。

    A．主体结构　　　　　　　　　　B．装修工程

    C．环境保护　　　　　　　　　　D．安装工程

13．不属于安全文明施工措施项目的是（　　　）。

    A．环境保护　　　　　　　　　　B．文明施工

    C．安全施工　　　　　　　　　　D．夜间施工

14．不宜计量工程量部分，需要按照相关的取费系数获得措施费的是（　　　）。

    A．模板　　　　　　　　　　　　B．夜间施工增加费

    C．脚手架　　　　　　　　　　　D．基坑降水电费

15．暂列金额是由（　　　）暂定并掌握使用的一笔款项。

    A．设计单位　　　　　　　　　　B．建设单位

    C．施工单位　　　　　　　　　　D．监理单位

16．招标工程的合同价格，双方根据（　　　）在协议书内约定。

    A．中标价格　　　　　　　　　　B．定额价格

    C．市场价格　　　　　　　　　　D．固定价格

17．固定总价合同适用于（　　　）的工程项目。

    A．技术难度大　　　　　　　　　B．工期长

    C．规模小　　　　　　　　　　　D．规模大

18．在施工过程中，合同价款不可以因为（　　　）价格波动，应按照合同约定调整。

    A．管理费　　　　　　　　　　　B．人工

    C．机械　　　　　　　　　　　　D．材料

19. 工程预付款是为承包工程开工准备和准备（　　　）所需的流动资金，不得挪作他用。

    A．经营　　　　　　　　　　　　B．公务用车

    C．主要材料、结构件　　　　　　D．奖金

20. 通常情况下计算工程预付款时，不得包含（　　　）。

    A．直接费　　　　　　　　　　　B．间接费

    C．措施费　　　　　　　　　　　D．暂列金额

21. 招标工程量清单作为招标文件的组成部分，其准确性和完整性由（　　　）负责。

    A．设计人　　　　　　　　　　　B．招标人

    C．投标人　　　　　　　　　　　D．代理人

22. 采用工程量清单计价的工程，应在招标文件或合同中明确计价中的（　　　）内容及其范围。

    A．无限风险　　　　　　　　　　B．所有风险

    C．零风险　　　　　　　　　　　D．双方风险

23. 投标人应按（　　　）提供的工程量清单填报价格。

    A．设计人　　　　　　　　　　　B．招标人

    C．投标人　　　　　　　　　　　D．代理人

24. 安全文明施工费应按照不低于国家或省级、行业建设主管部门规定标准的（　　　）计价，不得作为竞争性费用。

    A．90%　　　　　　　　　　　　B．85%

    C．80%　　　　　　　　　　　　D．75%

25. 投标人的优惠不得以（　　　）下浮方式进行报价，否则以废标处理。

    A．直接费　　　　　　　　　　　B．间接费

    C．总价　　　　　　　　　　　　D．措施费

26. 低报价策略通常适用于（　　　）的工程。

    A．施工条件好

    B．工作复杂

    C．工作量小且一般公司不可以做

    D．投标对手少，竞争不激烈

27. 不平衡报价法的正确做法是（　　　）。

    A．对早日能够回收工程款的前期分部分项工程，适当降低投标报价

    B．对后期施工的分部分项工程，适当降低报价

    C．预计工程量可能变更增加的项目，适当降低投标报价

    D．预计工程量减少的项目，适当提高报价

28. 编制投标文件必须使用（　　　）提供的表格格式。

    A．设计文件　　　　　　　　　　B．投标文件

    C．政府文件　　　　　　　　　　D．招标文件

1. 属于招标程序中招标准备工作的有（　　　）。

　　A．招标申请

　　B．资格预审文件、招标文件的编制与送审

　　C．刊登资格预审通告、招标通告

　　D．资格预审

　　E．勘察现场

2. 投标人应当具备相应的施工企业资质，并在（　　　）等方面满足招标文件提出的要求。

　　A．工程业绩　　　　　　　　　B．技术能力

　　C．项目经理资格条件　　　　　D．技术负责人技术职称

　　E．财务状况

3. 投标主要程序有（　　　）。

　　A．筛选招标工程信息

　　B．报名参加投标

　　C．按照要求填报资格预审书

　　D．领取招标文件

　　E．按照招标文件要求编制投标文件

4. 属于招标人与投标人串通投标的行为有（　　　）。

　　A．招标人在开标前开启投标文件并将有关信息泄露给其他投标人

　　B．招标人直接或者间接向投标人泄露标底、评标委员会成员等信息

　　C．投标人之间协商投标报价等投标文件的实质性内容

　　D．投标人之间约定中标人

　　E．招标人明示或者暗示投标人压低或者抬高投标报价

5. 工程项目不同建设阶段的建筑工程造价分为（　　　）。

　　A．投资估算　　　　　　　　　B．暂估价

　　C．概算造价　　　　　　　　　D．预算造价

　　E．合同价

6. 直接费由直接工程费和措施费组成，直接工程费包括（　　　）。

　　A．人工费　　　　　　　　　　B．措施费

　　C．材料费　　　　　　　　　　D．施工机械使用费

　　E．企业管理费

7. 企业管理费包括（　　　）。

　　A．养老保险费　　　　　　　　B．住房公积金

　　C．管理人员工资　　　　　　　D．办公费

　　E．固定资产使用费

8. 工程量清单计价特点有（　　　）。

    A．强制性   B．完整性

    C．自主性   D．竞争性

    E．法定性

9. 工程量清单计价宜采用统一格式，分部分项工程量清单应按照（　　　）等组成要件进行编制。

    A．项目名称   B．项目特征

    C．计量单位   D．工程计算规则

    E．项目顺序

10. 规费项目清单应列项内容有（　　　）。

    A．工程排污费   B．社会保障费

    C．住房公积金   D．税金

    E．危险作业意外伤害保险

11. 成本加酬金合同适用于（　　　）的工程项目。

    A．灾后重建   B．紧急抢修

    C．技术难度小、图纸完备   D．新型项目

    E．对施工内容、经济指标不确定

12. 影响工程合同价款的因素有（　　　）。

    A．法律法规变化   B．施工管理水平

    C．工程设计变更   D．项目特征描述不符

    E．不可抗力

13. 投标总价应当与（　　　）的合计金额一致。

    A．分部分项工程费   B．措施项目费

    C．其他项目费   D．规费、税金

    E．总价降低额

14. 投标报价编制和复核的依据有（　　　）。

    A．项目投资估算

    B．工程量清单计价规范

    C．招标文件、工程量清单及其补充通知、答疑纪要

    D．建设工程设计文件及相关资料

    E．施工组织设计或施工方案

15. 高盈利策略通常适用于（　　　）。

    A．施工条件差的项目

    B．专业要求高的技术密集型工程

    C．总价低的小工程，以及自己不愿做、又不方便的工程

    D．特殊工程，例如地下开挖工程等

    E．竞争对手多的工程

16. 施工投标文件主要内容应包括（　　　）。

    A．投标函及投标函附录   B．联合体协议书

C. 已标价工程量清单　　　　D. 工程索赔项目清单

E. 拟分包项目情况表

 三　实务操作和案例分析题

【案例 7.1-1】

背景：

某地政府委托某房地产开发公司代建办公楼工程，地下 1 层，地上 16 层，建筑面积 22200m²。共有甲、乙、丙、丁等 8 家施工单位报名参加投标。最终乙施工单位中标，并于当年 8 月 1 日与某房地产开发公司按照《建设工程施工合同（示范文本）》GF—2017—0201 签订了施工合同。合同总价款 4840 万元，合同工期 350d。

政府为了控制建安成本，指定了专门的招标代理机构。

招标代理机构在招标文件发售后的第二天，发现甲施工单位在一个月前发生过重大质量事故，于是取消了甲施工单位的投标资格。

在签订合同时，约定采用固定总价一次性包死，不再调整。

问题：

1. 政府指定专门招标代理机构的做法是否妥当？说明理由。

2. 招标代理机构取消甲施工单位投标资格的做法是否妥当？说明理由。

3. 采用固定总价一次性包死的做法是否妥当？说明理由。

【案例 7.1-2】

背景：

某建筑维修工程的合同价为 660 万元，主要材料及构件占合同价的 60%，工程预付款为合同价的 20%，工程进度款每月按实际完成产值支付。工程预付款从未施工工程尚需的主要材料及构件的价值相当于工程预付款时起扣，从每次工程结算款中按材料和构件占施工产值的比重抵扣工程预付款，竣工前全部扣清。保修金为工程造价的 3%，竣工结算月一次扣留。

因为施工过程中材料及构件涨价，双方约定在 5 月份统一按照 10% 进行调差。在保修期间发生地砖起鼓、开裂质量事故，建设单位多次催促施工单位维修，施工单位一再拖延，建设单位只好另请其他单位修理，发生维修费用 2.50 万元。

双方核定每月完成产值见表 7.1–1。

表 7.1–1　双方核定每月完成产值（万元）

月份	1 月	2 月	3 月	4 月	5 月
月产值	55	110	165	220	110

问题：

1. 工程预付款是多少万元？

2. 工程预付款起扣点是多少万元？

3. 1～4月每月拨付进度款和累计拨款各是多少万元？

4. 6月份办理工程竣工结算是多少万元？建设单位应付的工程结算款是多少万元？

5. 发生的维修费用如何处理？

（计算结果均保留小数点后三位）

【答案与解析】

一、单项选择题

1. A; *2. B; 3. C; 4. D; 5. C; 6. D; 7. A; 8. B;

*9. A; 10. C; *11. D; 12. C; 13. D; 14. B; 15. B; 16. A;

17. C; 18. A; *19. C; *20. D; 21. B; 22. D; 23. B; 24. A;

25. C; 26. A; *27. B; 28. D

【解析】

2. 答案 B

国有资金占控股或者主导地位的依法必须进行招标的项目，应当公开招标。有下列情形之一的，可以邀请招标：

（1）技术复杂、有特殊要求或者受自然环境限制，只有少量潜在投标人可供选择。

（2）采用公开招标方式的费用占项目合同金额的比例过大。

9. 答案 A

施工机具使用费是指施工作业所发生的施工机械、仪器仪表使用费或其租赁费。机械台班单价组成包括固定费用（包括折旧费、大修理费、经常修理费、安拆费及场外运费）和可变费用（包括人工费、燃料动力费、养路费及车船使用费）。

11. 答案 D

全部使用国有资金投资或国有资金投资为主的建设工程施工承发包，必须采用工程量清单计价。非国有资金投资的建设工程，宜采用工程量清单计价。不采用工程量清单计价的建设工程，应执行清单计价规范除工程量清单等专门性规定外的其他规定。

19. 答案 C

工程预付款又称材料备料款或材料预付款，为该承包工程开工准备和准备主要材料、结构件所需的流动资金，不得挪作他用。

20. 答案 D

计算工程预付款时，不得包含不属于承包商使用的费用，例如暂列金额等。

27. 答案 B

不平衡报价法通常做法：

（1）对早日能够回收工程款的前期分部分项工程（例如土方、基础），适当提高投标报价。对后期施工的分部分项工程（例如装饰、室外管网等），适当降低报价。

（2）预计工程量可能变更增加的项目，适当提高投标报价，对预计工程量减少的项目，适当降低报价。

（3）设计图纸内容不明确或者有错误，估计修改后工程量需要增加的项目，适当提高报价，对内容没有明确的项目，适当降低报价。

（4）对没有确定工程量，只要求填报投标单价的项目，或招标人要求采用包干单价的项目，适当提高报价。

（5）在暂定项目中，对实施可能性大的项目，适当提高投标报价，预计不一定实施的项目，适当降低投标报价。

二、多项选择题

1．A、B、C、D；　　2．A、B、C、E；　　*3．B、C、D、E；　　4．A、B、E；

5．A、C、D、E；　　*6．A、C、D；　　7．C、D、E；　　8．A、B、D、E；

9．A、B、C、D；　　*10．A、B、C、E；　　11．A、B、D、E；　　12．A、C、D、E；

13．A、B、C、D；　　*14．B、C、D、E；　　15．A、B、C、D；　　16．A、B、C、E

【解析】

3．答案 B、C、D、E

投标主要程序如下：

（1）研究并决策是否参加工程项目投标；

（2）报名参加投标；

（3）按照要求填报资格预审书；

（4）领取招标文件；

（5）研究招标文件；

（6）调查投标环境；

（7）按照招标文件要求编制投标文件；

（8）投送投标文件；

（9）参加开标会议。

6．答案 A、C、D

直接费由直接工程费和措施费组成，直接工程费是指施工过程中耗费的构成工程实体的各项费用。以人工费、材料费、施工机械使用费（前三者之和构成直接工程费）、措施费为基数，按照相关规定计取企业管理费、利润、规费和税金，汇总计算后形成工程项目的造价。

10．答案 A、B、C、E

规费项目清单应按照下列内容列项：工程排污费、工程定额测定费、社会保障费、住房公积金、危险作业意外伤害保险。

税金是指国家税法规定的应计入建筑安装工程造价内的增值税。

14．答案 B、C、D、E

投标报价应根据下列依据编制和复核：

（1）工程量清单计价规范；

（2）国家或省级、行业建设主管部门颁发的计价办法；

（3）企业定额，国家或省级、行业建设主管部门颁发的计价定额；

（4）招标文件、工程量清单及其补充通知、答疑纪要；

（5）建设工程设计文件及相关资料；

（6）施工现场情况、工程特点及拟定的投标施工组织设计或施工方案；

（7）与建设项目相关的标准、规范等技术资料；

（8）市场价格信息或工程造价管理机构发布的工程造价信息；

（9）其他的相关资料。

三、实务操作和案例分析题

【案例 7.1-1】答：

1．政府指定招标代理机构的做法不妥当。

理由：因为招标投标法实施条例中规定，任何单位和个人不得以任何方式为招标人指定招标代理机构。

2．招标代理机构的做法妥当。

理由：因为招标投标法实施条例中对投标人必须具备的条件做出了规定，其中之一是投标人投标当年内没有发生重大质量和特大安全事故。而甲施工单位在一个月前发生过重大质量事故，属于投标当年发生的重大事故。因此可以取消甲施工单位的投标资格。

3．施工合同总价一次性包死的做法妥当。

理由：该合同价款约定方式属于常用的合同价款约定方式之一，且本工程具有造价低、规模小、工期短的特点，符合总价合同的特征。

【案例 7.1-2】答：

1．工程预付款＝660×20%＝132.00万元

2．预付款起扣点＝660－132/60%＝440.00万元

3．每月拨付进度款、累计拨款分别是：

1月进度款55万元，累计55万元。

2月进度款110万元，累计165万元。

3月进度款165万元，累计330万元。

4月完成产值220万元，加上前3个月已经支付的330万元，理论上应该支付550万元的进度款，但是题目中要求进度款达到预付款起扣点要求时开始扣回预付款，因此四月份的进度款是：220－（220＋330－440）×60%＝154.00万元，累计拨款484万元。

4．工程结算价＝660＋660×60%×10%＝699.60万元。（主材及构件占造价的比例是60%，这部分材料及构件上调10%）

建设单位应付工程结算款＝结算总价－（前四个月累计拨款）－保修金－预付款

$$＝699.60－484－（699.6×3\%）－132$$

$$＝62.612万元$$

5．2.5万元的维修费应从施工单位的保修金中扣除。

7.2 施工合同管理

复习要点

7.2.1 施工承包合同管理

7.2.2 专业分包合同管理

7.2.3　劳务分包合同管理

7.2.4　材料设备采购合同管理

一　单项选择题

1. 下列施工合同文件：（1）合同协议书，（2）中标通知书，（3）图纸，（4）技术标准和要求，解释顺序是（　　　）。

　　A．1234　　　　　　　　　　　　B．1432

　　C．1243　　　　　　　　　　　　D．2341

2. 所备案的合同内容必须与（　　　）文件保持一致。

　　A．设计　　　　　　　　　　　　B．投标

　　C．政府　　　　　　　　　　　　D．招标

3. 当发包人或第三方违约并造成当事人损失时，按规定追究（　　　）的责任，并补偿损失。

　　A．发包方　　　　　　　　　　　B．违约方

　　C．承包方　　　　　　　　　　　D．第三方

4. 在履行合同过程中，逾期交付标的物的，当价格发生变化时，应（　　　）。

　　A．遇到价格上涨时，按照原价履行；价格下降时，按照新价格履行

　　B．遇到价格下降时，按照原价履行；价格上涨时，按照新价格履行

　　C．遇到价格上涨时，按照新价格履行；价格下降时，按照原价履行

　　D．遇到价格下降时，按照原价履行；价格上涨时，亦按照原价履行

5. 发包人和监理人可以提出变更，变更指示均通过（　　　）发出，监理人发出变更指示前应征得发包人同意。

　　A．发包方　　　　　　　　　　　B．设计人

　　C．承包方　　　　　　　　　　　D．监理人

6. 工程签证通常由（　　　）根据实际处理的情况及发生的费用进行办理。

　　A．发包方　　　　　　　　　　　B．双方

　　C．承包方　　　　　　　　　　　D．第三方

7. 索赔证据必须是在（　　　）过程中产生，完全反映实际情况。

　　A．设计　　　　　　　　　　　　B．谈判

　　C．实际工程　　　　　　　　　　D．招标

8. 分包合同中，属于专业分包人工作的是（　　　）。

　　A．组织分包人参加发包人组织的图纸会审，向分包人进行设计图纸交底

　　B．提供合同约定的设备和设施，并承担因此发生的费用

　　C．负责整个施工场地的管理工作

　　D．办理施工场地交通、施工噪声以及环境保护和安全文明生产等管理手续

9. 承包人与分包人应在分包合同中明确安全防护、文明施工费用由（　　　）单位统一管理。

　　A．建设　　　　　　　　　　　　B．分包

C．总包　　　　　　　　　　　　D．监理

10．劳务分包合同管理中，属于工程承包人义务的是（　　　）。

    A．完成满足劳务作业的水、电、热、电信等施工管线和施工道路

    B．组织满足工程施工要求的劳务工人进行施工

    C．对劳务分包工程的施工质量负责

    D．满足人力、物力投入，保证施工工期

11．劳务分包人未经工程承包人允许，不与（　　　）及有关部门进行工作联系。

    A．设计方　　　　　　　　　　B．发包方

    C．承包方　　　　　　　　　　D．第三方

12．物资采购合同（　　　）是供应合同的主要条款。

    A．供货方　　　　　　　　　　B．采购方

    C．标的　　　　　　　　　　　D．违约条款

13．设备供应方应派（　　　）现场服务，并对现场服务的内容进行明确规定。

    A．合约人员　　　　　　　　　B．起重设备

    C．法律人员　　　　　　　　　D．技术人员

14．通用合同示范文本应（　　　）使用，不得修改通用条款。

    A．原文　　　　　　　　　　　B．严谨

    C．谨慎　　　　　　　　　　　D．灵活

二　多项选择题

1．合同管理工作包括（　　　）。

    A．合同订立　　　　　　　　　B．合同备案

    C．合同文本　　　　　　　　　D．合同交底

    E．合同履行

2．施工总承包范围一般包括（　　　）。

    A．土建、装饰装修　　　　　　B．机电、通风空调

    C．电梯安装　　　　　　　　　D．建筑幕墙

    E．园林、绿化、小市政

3．总承包管理工作包括（　　　）。

    A．提供住所、办公、水电接驳口

    B．提供垂直运输设备

    C．办理与分包工程相关的证件、批件、资料

    D．组织分包人参加图纸会审

    E．向分包人进行设计图纸交底、竣工资料汇总整理

4．通用合同示范文本具有（　　　）。

    A．规范性、程序性　　　　　　B．系统性、实用性

    C．平等性、合法性　　　　　　D．内容详尽、条理清晰、责权明晰

    E．修订灵活性

5. 合同争议的处理方式有（　　　　）。

    A．和解   B．中止

    C．调解   D．仲裁

    E．诉讼

6. 当发包方与承包方的协商未能对没有约定或约定不明确的内容达成补充协议的，可以（　　　　）。

    A．结合合同其他方面的内容（其他条款）加以确定

    B．按照在同样交易中通常或者习惯采用的交易习惯进行合同履行

    C．对于价款或者报酬约定不明确的，应按订立施工合同时签约地的市场价格履行

    D．对于价款或者报酬约定不明确的，应按订立施工合同时履行地的市场价格履行

    E．依法应当执行政府定价或者政府指导价格的，按照规定履行

7. 变更估价程序正确的有（　　　　）。

    A．承包人应在收到变更指示后 28d 内，向监理人提交变更估价申请

    B．监理人应在收到承包人提交的变更估价申请后 7d 内审查完毕并报送发包人，监理人对变更估价申请有异议，通知承包人修改后重新提交

    C．发包人应在承包人提交变更估价申请后 28d 内审批完毕

    D．发包人逾期未完成审批或未提出异议的，视为认可承包人提交的变更估价申请

    E．因变更引起的价格调整计入最近一期的进度款中支付

8. 发包方决定工程中途停建、缓建，或由于设计变更及设计错误等造成（　　　　）等损失，应办理工程签证。

    A．工程停工、窝工、返工   B．致使承包方发生材料倒运

    C．人员和机具调迁出现场   D．施工设备租赁费

    E．管理人员奖金

9. 索赔的内部处理阶段工作包括（　　　　）。

    A．事态调查   B．干扰事件原因分析

    C．损失调查   D．收集证据

    E．解决索赔

10. 专业承包工程有（　　　　）。

    A．地基与基础   B．园林工程

    C．主体工程   D．钢结构

    E．建筑幕墙

11. 因（　　　　）原因造成分包工程工期延误，经总包项目部确认，工期相应顺延。

    A．承包人根据工程师指令，要求分包工程竣工时间延长

    B．承包人未按合同约定提供图纸、开工条件、设备设施、施工场地

    C．承包人未按约定支付工程预付款、进度款，致使分包工程施工不能正常进行

    D．承包人未按合同约定提供所需的指令、批准或所发出的指令错误，致使分

包工程施工不能正常进行

    E．分包人原因的分包工程范围内的工程变更及工程量增加

12．劳务分包包括（　　　）。

    A．木工作业　　　　　　　　　　B．砌筑作业

    C．油漆作业　　　　　　　　　　D．脚手架作业

    E．高空作业

13．物资采购运输方式分为（　　　）。

    A．铁路　　　　　　　　　　　　B．公路

    C．快递　　　　　　　　　　　　D．水路

    E．航空

14．采购的"四比一算"包括（　　　）。

    A．比质量　　　　　　　　　　　B．比价格

    C．比运距　　　　　　　　　　　D．比服务

    E．算数量

三　实务操作和案例分析题

【案例 7.2-1】

背景：

某开发公司投资兴建住宅楼工程，建筑面积 12000m²，框架结构。经公开招投标，甲施工单位中标。双方根据《建设工程施工合同（示范文本）》GF—2017—0201 签订了施工承包合同，合同工期 10 个月。分包单位为开发公司指定。

甲施工单位将内部测算的部分费用发至项目经理部，其中人工费 320 万元，材料费 1200 万元，机械使用费 170 万元，施工措施费 110 万元，企业管理费 82 万元，规费 94 万元和税金 69 万元。

由于开发公司原因，导致 C 工作停工 8d，专业分包单位当即就停工造成的损失向甲施工单位递交索赔报告，索赔误工损失 8 万元和工期损失 8d。甲施工单位认为该停工的责任是开发公司造成的，专业分包单位应该直接向开发公司提出索赔，拒收专业分包单位的索赔报告。

开发公司指定分包的施工现场管理混乱，存在大量安全隐患，开发公司责令甲施工单位加强管理并提出了整改意见。甲施工单位认为指定分包的安全管理属于专业分包单位责任，非总包单位的责任范围。

问题：

1．项目的直接成本是多少万元？

2．甲施工单位处理专业分包单位索赔的做法是否正确？说明理由。专业分包可以获得索赔金额和天数各是多少？

3．甲施工单位认为指定分包的安全管理非总包单位责任是否正确？说明理由。

【案例 7.2-2】

背景:

某商业用房工程,建筑面积 15000m²,地下 2 层,地上 10 层,施工单位与建设单位采用《建设工程施工合同(示范文本)》GF—2017—0201 签订了工程施工总承包合同。合同约定:工程工期自 2018 年 7 月 1 日至 2019 年 5 月 31 日;工程承包范围为图纸所示的全部土建、安装工程。合同造价中含安全防护费、文明施工费 120 万元。

2018 年 11 月 12 日施工至地上二层结构时,工程所在地区发生了 6 级强烈地震,造成施工单位钢筋加工棚倒塌,损失 6 万元;地下一层填充墙部分损毁,损失 10 万元;停工及修复共 30d。施工单位就上述损失及工期延误向建设单位提出了索赔。

用于基础底板的钢筋进场时,钢材供应商提供了出厂检验报告和合格证,施工单位只进行了钢筋规格、外观检查等现场质量验证工作后,即准备用于工程。监理工程师下达了停工令。

截至 2019 年 1 月 15 日,建设单位累计预付安全防护费、文明施工费共计 50 万元。

问题:

1. 施工单位针对地震提出的索赔是否成立?分别说明理由。
2. 施工单位对进场的钢筋还应做哪些现场质量验证工作?
3. 建设单位预付的安全防护费、文明施工费的金额是否合理?说明理由。

【案例 7.2-3】

背景:

某工程项目,需要购买 800mm×800mm×5mm 的地砖 3900 块,由 A、B、C 三个购买地获得,相关信息见表 7.2-1。材料运输损耗率 2.0%,采购及保管费率为 3.0%,检验试验费率为 0.8%。

表 7.2-1 采购信息

序号	货源地	数量 (块)	购买价 (元/块)	运输单价 [元/(m²·km)]	运输距离 (km)	装卸费 (元/m²)	备注
1	A	936	36	0.04	90	1.25	
2	B	1014	33	0.04	80	1.25	
3	C	1950	35	0.05	86	1.25	
	合计	3900					

问题:

计算材料价格是每平方米多少元?

【案例 7.2-4】

背景:

某项目部申请购置 10t 载重汽车一辆,购买价格 125000 元,残值率 6%,耐用总台班为 1200 台班,修理间隔台班为 240 台班,一次性修理费用为 4600 元,修理周期为 5

次，经常维修系数为 3.93，年工作台班为 240，每月每吨养路费为 80 元 / 月，每台班消耗柴油 40.03kg，柴油单价为 3.90 元 /kg，操作人员 2 人，30 元 / 人·工日。车船使用税 360 元 / 年，每年保险费为 6000 元。

问题：

1. 计算台班单价。

2. 在设备供应合同中，除应注明成套设备的数量、套数外，还需将哪些内容附在详细清单中？

【答案与解析】

一、单项选择题

*1. C；　　2. D；　　3. B；　　4. A；　　*5. D；　　6. B；　　7. C；　　*8. D；

9. C；　　10. A；　　11. B；　　12. C；　　13. D；　　14. A

【解析】

1. 答案 C

施工合同文件的组成及解释顺序：

（1）合同协议书；

（2）中标通知书；

（3）投标函及其附录；

（4）专用合同条款及其附件；

（5）通用合同条款；

（6）技术标准和要求；

（7）图纸；

（8）已标价工程量清单或预算书；

（9）其他合同文件。

5. 答案 D

发包人和监理人可以提出变更，变更指示均通过监理人发出。监理人发出变更指示前应征得发包人同意。承包人收到经发包人签认的变更指示后，方可实施变更。未经许可，承包人不得擅自对工程的任何部分进行变更。

8. 答案 D

专业分包合同中，工程承包人的工作：

（1）向分包人提供由发包人办理的与分包工程相关的各种证件、批件、相关资料，向分包人提供具备施工条件的施工场地。

（2）组织分包人参加发包人组织的图纸会审，向分包人进行设计图纸交底。

（3）提供合同约定的设备和设施，并承担因此发生的费用。

（4）提供分包工程施工场地和通道等，满足施工运输需要。

（5）负责整个施工场地的管理工作。

（6）合同约定的其他工作。

二、多项选择题

1. A、B、D、E；　　2. A、B、C、E；　　*3. C、D、E；　　*4. A、B、C、D；
5. A、C、D、E；　　6. A、B、D、E；　　7. B、D、E；　　8. A、B、C；
*9. A、B、C、D；　　10. A、B、D、E；　　11. A、B、C、D；　　12. A、B、C、D；
13. A、B、D、E；　　*14. A、B、C、D

【解析】

3. 答案 C、D、E

总承包管理工作包括：办理与分包工程相关的证件、批件、资料，组织分包人参加图纸会审，向分包人进行设计图纸交底、竣工资料汇总整理等；收取一定的总承包管理费；总承包配合服务包括为专业分包单位提供住所、办公、水电接驳口、垃圾集中处理、脚手架、垂直运输设备、门窗洞口、管道洞口等；收取一定比例的总包配合费。

4. 答案 A、B、C、D

通用合同示范文本具有规范性、程序性、系统性、实用性、平等性、合法性，内容详尽、条理清晰、责权明晰，应原文使用，不得修改通用条款。需要对通用条款进行修订时，在专用条款中载明相关内容。

9. 答案 A、B、C、D

索赔的内部处理是指一经干扰事件发生，承包商就应进行索赔处理工作，直到正式向工程师和业主提交索赔报告。这一阶段包括以下工作：

（1）事态调查，即寻找索赔机会；

（2）干扰事件原因分析；

（3）提出索赔理由；

（4）损失调查；

（5）收集证据；

（6）起草索赔报告。

14. 答案 A、B、C、D

采购的"四比一算"：比质量、比价格、比运距、比服务、算成本。

三、实务操作和案例分析题

【案例 7.2-1】答：

1. 因为直接成本由人工费、材料费、机械费和措施费构成，所以该项目的直接成本为 320 ＋ 1200 ＋ 170 ＋ 110 ＝ 1800.00 万元。

2. 甲施工单位的做法不正确。

理由：按照相关规定，甲施工单位是总承包单位，应该承担总承包责任，接受专业分包单位的索赔报告，按照合同条款和事件情况对专业分包做出答复。然后甲施工单位再向开发公司递交索赔报告。

由于造成停工的责任属于开发公司，所以专业分包单位可以获得 8 万元的误工损失费。关于工期损失则分以下情况：如果 C 工作在关键线路上，则可以获得 8d 的工期补偿；如果 C 工作不在关键线路上，且有足够的自由时差，则无法获得 8d 的工期补偿。如果由于此原因导致了工作变为关键工作，则根据实际情况处理。

3. 甲施工单位的做法不正确。

理由：因为甲施工单位是总承包单位，应该承担总承包责任，负责整个施工场地的安全管理。

【案例 7.2-2】答：

1. 钢筋棚倒塌损失 6 万元的索赔不成立。

理由：钢筋棚属于施工单位设施，应由施工单位承担不可抗力造成的损失。

地下一层填充墙部分损毁损失 10 万元的索赔成立。

理由：不可抗力发生后，工程本身的损失由建设单位承担。

停工及修复 30d 的索赔成立。

理由：不可抗力发生后，工期顺延。

2. 对于进场的钢筋施工单位还应就品种、型号、数量、物理性能试验做现场质量验证工作。

3. 建设单位预付的安全防护费、文明施工费的金额不合理。

理由：当合同有规定时，按合同规定比例预付；当合同无规定时，应按已完工程进度款比例或已完工程时间进度比例随当期进度款一起支付。本工程已完工程时间进度为 6.5 个月，占合同时间比例为 59.1%，至少安全防护费、文明施工费累计支付＝120万元 ×59.1%＝70.92 万元。

【案例 7.2-3】答：

（1）材料原价

各地材料购买的比重：A 地比重＝936/3900＝24%

B 地比重＝1014/3900＝26%

C 地比重＝1950/3900＝50%

每平方米地砖的块数＝1/（0.80×0.80）＝1.5625 块 /m^2

材料原价＝（36×24%＋33×26%＋35×50%）×1.5625＝54.25元 /m^2

（2）材料运杂费

运输费＝0.04×90×24%＋0.04×80×26%＋0.05×86×50%＝3.85 元 /m^2

运杂费＝3.85＋1.25＝5.10元 /m^2

（3）运输损耗费＝（54.25＋5.10）×2.0%＝1.19元 /m^2

（4）采购及保管费＝（54.25＋5.10＋1.19）×3.0%＝1.82 元 /m^2

（5）材料单价＝54.25＋5.10＋1.19＋1.82＝62.36 元 /m^2

【案例 7.2-4】答：

1. 计算台班费

（1）折旧费＝［125000×（1－6%）］÷1200＝97.92 元 / 台班

（2）大修理费＝［4600×（5－1）］÷1200＝15.33 元 / 台班

（3）经常性修理费＝3.93×15.33＝60.25 元 / 台班

（4）机上人员工资＝机上人工工日数 × 人工单价＝2×30＝60 元 / 台班

（5）燃料及动力费＝40.03×3.9＝156.12 元 / 台班

（6）其他费用

养路费＝核定吨位 × 每月养路费 ×12 个月 ÷ 年工作台班

$$= 10 \times 80 \times 12 \div 240 = 40.00 \text{元／台班}$$

车船使用税＝每年车船使用税／年工作台班＝ 360/240 ＝ 1.50 元／台班

保险费＝ 6000/240 ＝ 25.00 元／台班

该车的台班单价＝［（1）＋（2）＋（3）＋（4）＋（5）＋（6）］＝ 456.12 元／台班

2．还有随主机的辅机、附件、易损耗品、配件、安装工具等。

第 8 章　施工进度管理

8.1　施工进度计划方法应用

复习要点

8.1.1　流水施工在进度计划中的应用
8.1.2　网络计划在进度计划中的应用

一　单项选择题

1. 流水施工是将拟建工程划分为若干（　　），并将施工对象分解为若干个施工过程。
   A．施工段
   B．分部工程
   C．分项工程
   D．检验批

2. 流水施工工艺参数通常包括施工过程和（　　）两个参数。
   A．流水步距
   B．流水施工工期
   C．流水节拍
   D．流水强度

3. 流水施工中最常见的一种形式是（　　）。
   A．等节奏流水施工
   B．无节奏流水施工
   C．等步距流水施工
   D．异步距流水施工

4. 流水施工主要以（　　）方式表示。
   A．单代号网络图
   B．双代号网络图
   C．横道图
   D．竖道图

5. 应用最为广泛的网络计划是（　　）。
   A．单代号网络计划
   B．双代号网络计划
   C．单代号搭接网络计划
   D．双代号时标网络计划

6. 在双代号时标网络图上，没有（　　）的工作即为关键工作。
   A．波形线
   B．虚线
   C．实线
   D．点划线

二　多项选择题

1. 流水施工的特点有（　　）。
   A．科学利用工作面，争取时间，合理压缩工期
   B．工作队实现专业化施工，有利于工作质量和效率的提升
   C．工作队及其工人、机械设备连续作业，同时使相邻专业队的开工时间能够最大限度地搭接

D. 增加窝工和其他支出，提高建造成本

E. 单位时间内资源投入量较均衡，有利于资源组织与供给

2. 异节奏流水施工可以采用（　　　）两种方式。

A. 无节奏流水施工   B. 等节奏流水施工

C. 非节奏流水施工   D. 等步距流水施工

E. 异步距流水施工

3. 横道图表示法的优点有（　　　）。

A. 绘图简单

B. 施工过程及其先后顺序表达清楚

C. 施工过程及其先后顺序表达困难

D. 时间和空间状况形象直观

E. 使用方便

三　实务操作和案例分析题

【案例 8.1-1】

背景：

某工程包括四幢完全相同的砖混住宅楼，以每个单幢为一个施工流水段组织单位工程流水施工。已知：

（1）地面 ±0.000m 以下部分有四个施工过程：土方开挖、基础施工、底层管沟预制板安装、回填土，四个施工过程流水节拍均为 2 周。

（2）地上部分有三个施工过程：主体结构、装饰装修、室外工程，三个施工过程的流水节拍分别为 4 周、4 周、2 周。

问题：

1. 地下工程适合采用何种形式的流水施工方式？简要描述组织过程并计算流水施工工期。

2. 地上工程适合采用何种形式的流水施工？该流水形式的特点有哪些？并计算流水施工工期。

3. 如果地上、地下均采用相适合的流水施工组织方式，现在要求地上部分与地下部分最大限度地搭接，各施工过程间均没有间歇时间，计算最大限度搭接时间。

4. 试按第 3 问的条件计算总工期，并绘制流水施工进度计划。

【案例 8.1-2】

背景：

某拟建工程由甲、乙、丙三个施工过程组成；该工程共划分成四个施工流水段，每个施工过程在各个施工流水段上的流水节拍如表 8.1-1 所示。按相关规范规定，施工过程乙完成后其相应施工段至少要养护 2d 才能进入下道工序。为了尽早完工，经过技术攻关，实现了施工过程乙在施工过程甲完成之前 1d 提前进入施工。

问题:

1. 流水施工的常用组织形式有哪些?
2. 该工程应采用何种流水施工组织形式?
3. 计算各施工过程间的流水步距和总工期。
4. 试编制该工程流水施工计划图。

表 8.1-1 各施工段的流水节拍

施工过程	流水节拍(d)			
	施工一段	施工二段	施工三段	施工四段
甲	2	4	3	2
乙	3	2	3	3
丙	4	2	1	3

【案例 8.1-3】

背景:

某工程施工进度计划网络图如图 8.1-1 所示,假定各项工作均匀速施工。由于工作 B、工作 C、工作 H 为采用特殊工艺的施工过程,涉及某专利技术的采用,故这三项工作只能由某一特定的施工队来完成。

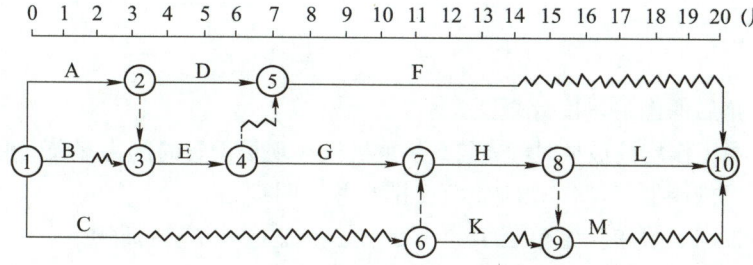

图 8.1-1 施工进度计划网络图

问题:

1. 在不改变原施工进度计划总工期和各工作之间工艺关系的前提下,如何安排工作 B、工作 C、工作 H 这三项工作比较合理?试计算此时该专业施工队从进场到出场最短需要多少时间,其中最少的间断工作时间为多少个月?

2. 由于种种原因,使得工程前期进展拖延,第 10 月初对工程实际进展情况进行检查发现,G 工作刚刚开始,其他工作进展均后延 4 个月。现建设单位仍要求按原计划时间竣工,施工单位将工作 G、H、L 划分为两个流水段组织流水作业,具体数据见表 8.1-2。

表 8.1-2 施工段及流水节拍数据表

工作	施工段一流水节拍(月)	施工段二流水节拍(月)
工作 G	2	3
工作 H	2	2
工作 L	2	3

试问 G、H、L 三项工作的流水施工工期为多少？能否满足建设单位提出的按原计划日期竣工的要求，并说明理由。

【案例 8.1-4】

背景：

某工程项目合同工期为 18 个月，施工合同签订以后，施工单位编制了一份初始网络计划，如图 8.1-2 所示。

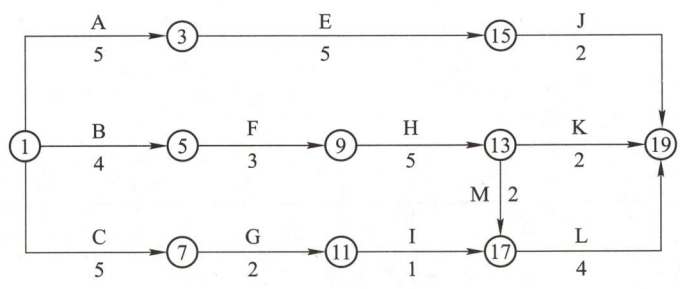

图 8.1-2　初始网络计划

由于该工程施工工艺的要求，实际工作中工作 C、工作 H 和工作 J 需共用一台特殊履带吊装起重机械，为此需要对初始网络计划作调整。

工作 G 完成后，由于建设单位变更施工图纸，使工作 I 停工待图 2 个月。但建设单位仍要求按原合同工期完工，施工单位向建设单位索赔 I 工作赶工费用 3 万元（已知工作 I 赶工费每月 1.5 万元）。

问题：

1. 绘出调整后的网络进度计划图。
2. 如果各项工作均按最早时间安排，起重机械在现场闲置时间为多久？并说明理由。
3. 为减少机械闲置，工作 C 应如何安排？并说明理由。
4. 施工单位向建设单位索赔赶工费 3 万元是否成立？并说明理由。

【案例 8.1-5】

背景：

某公司中标某沿海城市一栋办公楼工程，该公司进场后，对整个工程各工序进行划分，编制双代号时标网络图（图 8.1-3），并根据 6 月底、11 月底进度检查实际情况，在网络图中标出两次检查的实际进度前锋线。

在工程施工过程中发生了以下事件：

事件一：施工单位施工至工作 H 时，该沿海城市遭受海啸袭击，使该工作持续时间延长了 2 个月。经评估，施工单位人工费、机械费、临时建筑损失 18 万元，建筑物受到海水侵蚀，清理、返工费用 25 万元。施工单位提出了工期 2 个月、费用 43 万元的索赔要求。

事件二：施工单位施工至工作 I 时，由于建设单位供应材料的质量问题，造成施工单位人工费、机械费损失 5 万元，同时造成持续时间延长 2 个月。施工单位提出了工期、费用索赔要求。

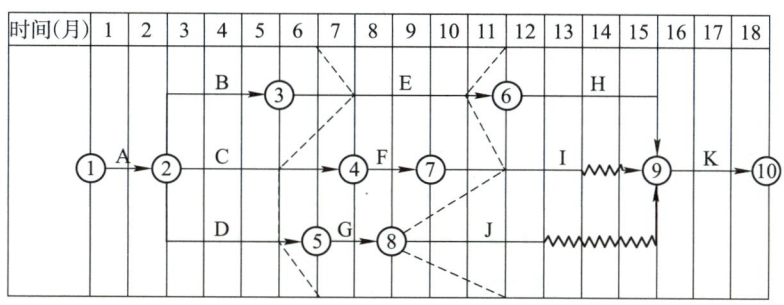

图 8.1-3　双代号时标网络图

问题：

1. 根据时标网络图进度前锋线分析 6 月、11 月底工程的实际进展情况。

2. 根据 11 月底的检查情况，试绘制从 12 月开始到工程结束的时标网络计划。

3. 事件一中，施工单位的各项索赔是否成立？并分别说明理由。

4. 事件二中，施工单位的各项索赔是否成立（不考虑事件一的影响）？并分别说明理由。

【答案与解析】

一、单项选择题

1. A；　　*2. D；　　3. B；　　4. C；　　5. D；　　*6. A

【解析】

2. 答案 D

流水施工参数包括：

（1）工艺参数，指组织流水施工时，用以表达流水施工在施工工艺方面进展状态的参数，通常包括施工过程和流水强度两个参数。

（2）空间参数，指组织流水施工时，用以表达流水施工在空间布置上划分的个数，可以是施工区（段），也可以是多层的施工层数，数目一般用 M 表示。

（3）时间参数，指在组织流水施工时，用以表达流水施工在时间安排上所处状态的参数，主要包括流水节拍、流水步距和流水施工工期三个方面。

6. 答案 A

关键工作：是网络计划中总时差最小的工作，在双代号时标网络图上，没有波形线的工作即为关键工作。

关键线路：由关键工作所组成的线路就是关键线路。关键线路的工期即为网络计划的计算工期。

二、多项选择题

1. A、B、C、E；　　*2. D、E；　　　3. A、B、D、E

【解析】

2. 答案 D、E

异节奏流水施工指各施工过程的流水节拍各自相等，而不同施工过程之间的流水节拍不尽相等的流水施工。在组织异节奏流水施工时，可以采用等步距（成倍节拍）和异步距两种方式。

三、实务操作和案例分析题

【案例 8.1-1】答：

1. 地下部分适合采用等节奏流水施工。

组织过程：第一，把项目划分为若干个施工段；第二，把施工对象划分为若干个施工过程；第三，组建专业工作队，并确定其在每一施工段上的持续时间；第四，各专业工作队依次连续地在各施工段上完成同样的作业；第五，各专业工作队的工作适当地搭接起来。

施工过程：$N = 4$；

施工段数：$M = 4$；

流水步距：$K = 2$；

工期 $T_{地下} = (M + N - 1) \times K = (4 + 4 - 1) \times 2 = 14$ 周。

2. 地上部分适合采用成倍节拍流水施工。

成倍节拍流水施工的特点：同一施工过程在各个施工流水段上的流水节拍彼此相等，不同施工段上的流水节拍之间存在一个最大公约数。流水步距等于各个流水节拍的最大公约数。每个专业工作队都能连续作业，施工段间都没有间歇时间。专业工作队数目大于施工过程数目。

施工过程：$N = 3$；施工段数：$M = 4$；流水步距：$K = \min(4, 4, 2) = 2$；专业队数：$b_1 = 4/2 = 2$，$b_2 = 4/2 = 2$，$b_3 = 2/2 = 1$；总队数 $N' = 2 + 2 + 1 = 5$；

工期 $T_{地上} = (M + N' - 1) \times K = (4 + 5 - 1) \times 2 = 16$ 周。

3. 最大限度搭接时间，即最早的施工段地下部分最后一个施工过程完成后，迅速开始此施工段地上部分后续施工。此时其他施工段地下部分仍继续施工，这一段时间即为最大限度搭接时间。

地下部分最后的施工过程为回填土，回填土施工过程在四个流水段上的流水节拍为：2周、2周、2周、2周，其中第一个施工段施工2周结束后，即开始进入地上部分施工，故最大限度搭接时间为剩余三个施工段施工时间：$2 + 2 + 2 = 6$ 周。

4. 当第一幢地下工程完成后即可进行地上工程，则总工期应按下式计算：

$T = (T_{地下} - 搭接时间) + T_{地上} = (14 - 6) + 16 = 24$ 周；

工程整体施工进度计划如图 8.1-4 所示：

施工过程		专业队	施工进度（周）											
			2	4	6	8	10	12	14	16	18	20	22	24
地下部分	土方开挖	I												
	基础施工	II												
	预制板安装	III												
	回填土	IV												
地上部分	主体结构	I_1												
		I_2												
	装饰装修	II_1												
		II_2												
	室外工程	III												

图 8.1-4　施工进度计划

【案例 8.1-2】答：

1. 流水施工的常用组织形式有：

（1）等节奏流水施工；

（2）异节奏流水施工；

（3）无节奏流水施工。

2. 根据工程特点，该工程只能组织无节奏流水施工。

3. 求各施工过程之间的流水步距：

（1）各施工过程流水节拍的累加数列

甲：2 6 9 11

乙：3 5 8 11

丙：4 6 7 10

（2）错位相减，取最大值的流水步距

$K_{甲,乙}$

```
    2  6  9  11
－)    3  5  8  11
─────────────────────
    2  3  4  3  −11
```

所以：$K_{甲,乙} = 4$。

$K_{乙,丙}$

```
    3  5  8  11
－)    4  6  7  10
─────────────────────
    3  1  2  4  −10
```

所以：$K_{乙,丙} = 4$。

（3）总工期

$$T = \sum K_{j,j+1} + \sum Z + \sum G + t_n - \sum C = (4+4) + (4+2+1+3) + 2 - 1 = 19d。$$

4. 流水施工计划图如图 8.1-5 所示：

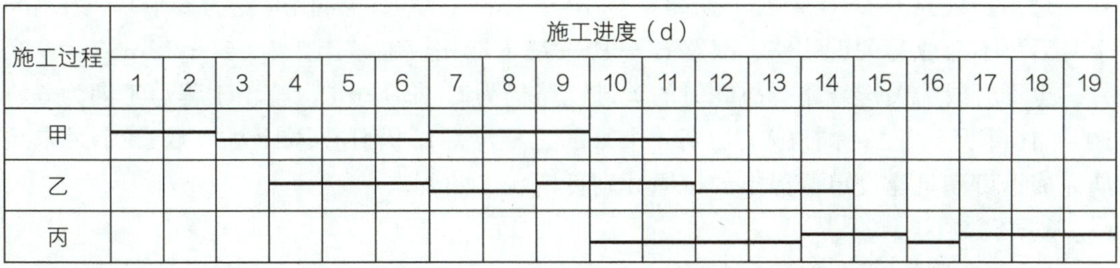

施工过程	施工进度（d）																		
	1	2	3	4	5	6	7	8	9	10	11	12	13	14	15	16	17	18	19
甲																			
乙																			
丙																			

图 8.1-5　无节奏流水施工计划图

【案例 8.1-3】答：

1. 由网络图可知，B 工作自由时差为 1 个月，C 工作自由时差为 8 个月，H 工作在关键线路上，总时差为 0。

由于工作 B、工作 C、工作 H 这三项工作只能由某一特定的施工队来完成，故应尽量减少这三项工作之间的间断时间，减少三项工作间的间歇等待时间。

在不影响总工期和各工作之间工艺关系的前提下，工作 B 和工作 C 的开始时间均应后延，工作 B 以不影响工作 E 正常开始为准，即 1 月末开始施工；工作 B 完成后（3 月末）开始工作 C 施工；工作 C 完成后（6 月末）间断施工，间断时间为 7～11 月，直至原进度计划中工作 H 的开始时间，再开始工作 H 的施工。

合理的施工安排：工作 B 施工时间为 2～3 月，工作 C 施工时间为 4～6 月，工作 H 施工时间为 12～15 月。

该专业施工队从 2 月初进场到 15 月底出场，最短需要时间为：14 个月。其中，间断时间为 5 个月。

2. 工作 G、H、L 为无节奏流水施工，按"大差法"计算其流水施工工期：

（1）各施工过程流水节拍的累加数列

工作 G：2 5

工作 H：2 4

工作 L：2 5

（2）错位相减，取最大值的流水步距

$K_{G, H}$

$$
\begin{array}{r}
2\ 5 \\
-)\quad 2\ 4 \\
\hline
2\ 3\ -4
\end{array}
$$

所以：$K_{G, H} = 3$。

$K_{H, L}$

$$
\begin{array}{r}
2\ 4 \\
-)\quad 2\ 5 \\
\hline
2\ 2\ -5
\end{array}
$$

所以：$K_{H, L} = 2$。

（3）G、H、L 三项工作的流水施工工期为：（3 + 2）+（2 + 3）= 10 个月。

（4）调整为流水作业后，实际竣工日期能满足原计划竣工时间。

理由：线路 G→H→L 工期缩减至 10 个月；工作 F 的自由时差为 6 个月，压缩 4 个月后仍不会成为关键线路；线路 G→H→M 工期相应缩减至 3 +（2 + 2）+ 2 = 9 个月，也不会成为关键线路，故此时的关键线路仍为 G→H→L，整个工程总工期为 6 + 10 = 16 个月，正好弥补施工初期 4 个月的工期滞后，仍可在原计划的第 20 个月末按期完成，可满足建设单位提出的按原计划日期竣工的要求。

【案例 8.1-4】答：

1. 调整后的网络进度计划如图 8.1-6 所示。

2. 起重机械在现场闲置 2 个月。理由：

（1）如果各项工作均按最早时间开始，工作 C 最早完成时间为 5 月，工作 H 最早开始时间为 7 月，则工作 C 与工作 H 之间机械闲置 2 个月；

（2）工作 H 的最早完成时间是 12 月，工作 J 最早开始时间为第 13 个月，则工作 H 与工作 J 之间机械不闲置。

所以，该起重吊装机械在现场共闲置 2 个月。

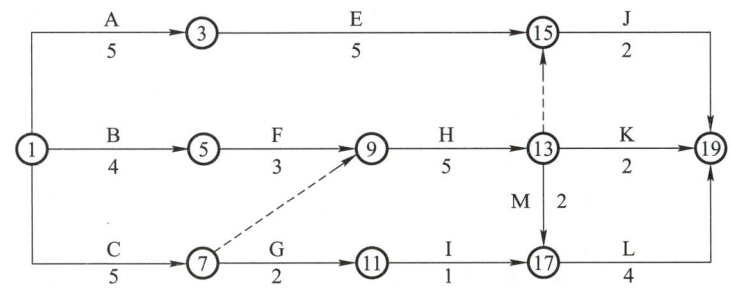
图 8.1-6　调整后的网络进度计划

3．为了减少机械闲置时间，工作 C 的开始时间滞后 2 个月开始。

理由：工作 C 与工作 H 之间机械闲置 2 个月；工作 H 与工作 J 之间机械不闲置，故把工作 C 开始时间滞后 2 个月，则机械可连续使用，无闲置时间。

4．施工单位向建设单位索赔赶工费 3 万元不成立。

工作 I 总时差为 6 个月，停工待图 2 个月后开始施工，仍不影响总工期，工作 I 不需要赶工也能按原合同工期完工，故施工单位关于 I 工作赶工费 3 万元的索赔不成立。

【案例 8.1-5】答：

1．根据时标网络图上进度前锋线可知：

（1）6 月底检查结果：工作 E 进度超前一个月，工作 C 进度滞后一个月，工作 D 进度滞后一个月。

（2）11 月底检查结果：工作 E 进度滞后一个月，工作 I 进度与原计划一致，工作 J 进度滞后三个月。

2．从 12 月开始，工作 E 剩余一个月，工作 J 刚刚开始，从 12 月开始到工程结束的时标网络计划如图 8.1-7 所示：

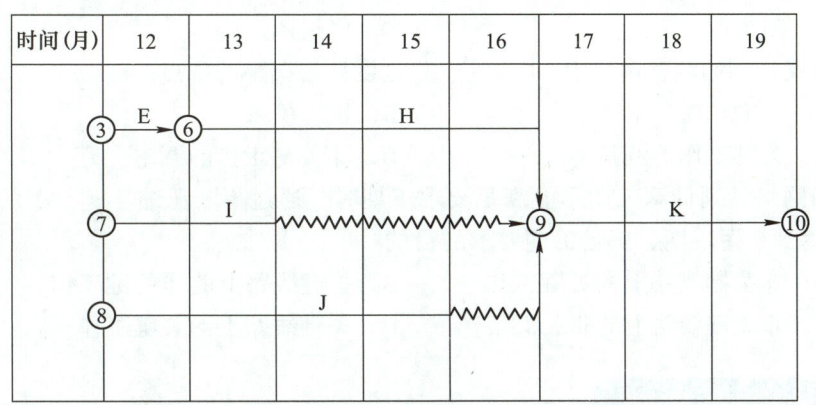
图 8.1-7　时标网络计划

3．事件一中的 2 个月工期索赔：成立。

理由：工作 H 在关键线路上，其工期延误将造成总工期延误，造成工期延误的原因属不可抗力，故工期索赔成立。

事件一中的 43 万元费用索赔：不成立。

理由：不可抗力造成的费用损失，其中：（1）施工单位人工费、机械费、临时建筑损失费等 18 万元应由施工单位自行承担；（2）建筑物受到海水侵蚀，清理、返工费用 25 万元应由建设单位承担。

4．事件二中的 2 个月工期索赔：不成立。

理由：原进度计划中，工作 I 存在自由时差，自由时差为 2 个月。造成工期延误的原因虽为建设单位供应材料的质量问题，但延误的 2 个月不影响总工期，故工期索赔不成立。

事件二中的 5 万元费用索赔：成立。

理由：建设单位供应的材料，其质量责任属建设单位责任范围，故费用索赔成立。

8.2 施工进度计划编制与控制

复习要点

8.2.1　施工进度计划编制
8.2.2　施工进度计划检查与调整

一　单项选择题

1．"三通"工程应（　　），先主干后分支，排水工程要先下游后上游。
　　A．先场外后场内，由近而远　　　　B．先场外后场内，由远而近
　　C．先场内后场外，由远而近　　　　D．先场内后场外，由近而远

2．施工总进度计划可采用网络图或横道图表示，宜优先采用（　　）。
　　A．横道图＋网络图　　　　　　　　B．网络图
　　C．横道图　　　　　　　　　　　　D．竖道图

3．进度计划的调整优化中，（　　）是进度计划调整的重点。
　　A．资源调整　　　　　　　　　　　B．逻辑关系
　　C．关键工作的调整　　　　　　　　D．非关键工作的调整

4．当网络计划计算工期不能满足要求工期时，通过不断压缩（　　）的持续时间等措施，达到缩短工期、满足工期要求的目的。
　　A．非关键线路上的关键工作　　　　B．关键线路上的非关键工作
　　C．非关键线路上的非关键工作　　　D．关键线路上的关键工作

二　多项选择题

1．施工进度计划按编制对象的不同可分为（　　）。
　　A．施工总进度计划　　　　　　　　B．单位工程进度计划
　　C．分阶段工程进度计划　　　　　　D．分部分项工程进度计划
　　E．主要材料需要计划

2．在施工进度计划编制中，需注意的基本原则有（　　）。

A. 安排施工程序的同时，首先安排其相应的准备工作

B. 首先进行单位工程的施工，然后进行全场性工程的施工

C. "三通"工程应先场外后场内，由远而近，先主干后分支，排水工程要先下游后上游

D. 先地下后地上和先深后浅的原则

E. 主体结构施工在前，装饰工程施工在后

3. 单位工程进度计划的内容包括（　　　）。

A. 单位工程进度计划

B. 分阶段进度计划

C. 单位工程质量工作计划

D. 劳动力需用量计划

E. 主要材料、设备及加工计划

4. 项目进度监测报告的内容主要包括（　　　）。

A. 施工技术方案

B. 实际施工进度，资源供应进度

C. 工程变更、价格调整、索赔及工程款收支情况

D. 进度偏差状况及导致偏差的原因分析

E. 计划调整意见

5. 施工进度计划调整的内容有（　　　）。

A. 工程量　　　　　　　　　　B. 起止时间

C. 持续时间　　　　　　　　　D. 工作关系

E. 技术方案

6. 工期在调整优化时，选择优化对象应考虑的因素有（　　　）。

A. 缩短持续时间对质量和安全影响不大的工作

B. 无备用或替代资源的工作

C. 缩短持续时间所需增加的资源、费用最少的工作

D. 在既定工期的前提下，确定项目的最低费用

E. 在既定的最低费用限额下完成项目计划，确定最佳工期

【答案与解析】

一、单项选择题

1. B；　　2. B；　　3. C；　　4. D

二、多项选择题

1. A、B、C、D；　　2. A、C、D、E；　　3. A、B、D、E；　　4. B、C、D、E；

5. A、B、C、D；　　6. A、C、D、E

第9章　施工质量管理

9.1　结构工程施工

微信扫一扫
在线做题+答疑

复习要点

9.1.1　地基基础工程施工质量管理

9.1.2　混凝土结构工程施工质量管理

9.1.3　砌体结构工程施工质量管理

9.1.4　钢结构工程施工质量管理

9.1.5　装配式混凝土结构施工质量管理

一　单项选择题

1. 地基施工结束，宜在一个间歇期后进行质量验收，间歇期由（　　）确定。

　　A．监理　　　　　　　　　　　B．项目总工

　　C．项目经理　　　　　　　　　D．设计

2. 灰土地基施工时，灰土应拌合均匀，施工含水量宜控制在最优含水量（　　）的范围内。

　　A．±2%　　　　　　　　　　　B．±5%

　　C．±6%　　　　　　　　　　　D．±8%

3. 土方开挖必须做好基坑排水、截水和降水措施，地下水位应保持低于开挖面至少（　　）mm。

　　A．200　　　　　　　　　　　B．300

　　C．400　　　　　　　　　　　D．500

4. 灰土地基采用的土料应过筛，最大粒径不应大于（　　）mm。

　　A．10　　　　　　　　　　　　B．15

　　C．20　　　　　　　　　　　　D．25

5. 砂和砂石地基施工时，当选用细砂或粉砂时应掺加（　　）。

　　A．粉质黏土　　　　　　　　　B．粒径 3～5mm 的砾石

　　C．粉煤灰　　　　　　　　　　D．粒径 5～35mm 的碎石

6. 强夯地基施工前应通过（　　），选定夯锤重量、底面直径和落距。

　　A．土力学计算　　　　　　　　B．经验估值

　　C．试夯　　　　　　　　　　　D．类比法

7. 桩钢筋笼加劲箍宜设在主筋外侧，主筋一般（　　）。

　　A．不分段　　　　　　　　　　B．不设弯钩

　　C．接头不错开　　　　　　　　D．绑扎

8. 关于泥浆护壁钻孔灌注桩的做法，正确的是（　　）。

A．在成孔并一次清理完毕之后浇筑混凝土

B．施工时应维持钻孔内泥浆液面高于地下水位 0.2m

C．泥浆循环清孔时，清孔后泥浆相对密度控制在 1.15～1.25

D．第一次浇筑混凝土保证导管底端埋入混凝土 0.5m

9．灌注桩水下混凝土浇筑的桩顶标高至少要比设计标高高出（　　）mm。

A．1000

B．1100

C．1200

D．1300

10．当基坑开挖面上方的锚杆、土钉、支撑未达到设计要求时，严禁（　　）。

A．挖土作业

B．运土作业

C．降水作业

D．向下超挖土方

11．对不小于 4m 的现浇钢筋混凝土梁、板，其模板应按（　　）要求起拱。

A．混凝土等级

B．施工工艺

C．设计

D．质量标准

12．某 C20 钢筋混凝土现浇板跨度为 3.8m，设计无具体要求时，拆除底模及支架时的混凝土强度至少应为（　　）MPa。

A．1.2

B．10

C．12.5

D．15

13．关于模板拆除的说法，正确的是（　　）。

A．底模及其支架拆除应符合施工工期要求

B．后张法预应力构件侧模宜在预应力张拉前拆除

C．后张法预应力构件底模宜在预应力张拉前拆除

D．拆模通常先拆承重部分后拆非承重部分

14．每层柱的纵向受力钢筋第一个接头位置距楼地面高度不宜小于（　　）。

A．500mm

B．柱高的 1/6

C．柱截面长边（或直径）

D．上述三者中较大值

15．钢筋进场时，可不抽样检验（　　）。

A．屈服强度

B．抗拉强度

C．化学成分

D．单位长度重量偏差

16．受拉钢筋末端应作 180° 弯钩的钢筋是（　　）。

A．HPB300

B．HRB400

C．HRB400E

D．HRB500

17．在已浇筑混凝土上继续施工时，其强度应至少达到（　　）N/mm^2。

A．1.2

B．1.5

C．2.0

D．2.5

18．混凝土所用粗骨料进场，（　　）可根据工程需要确定是否进行检验。

A．颗粒级配

B．压碎指标

C．含泥量

D．针片状含量

19．混凝土运输、输送、浇筑过程中严禁（　　）。

A．搅拌

B．加外加剂

C．振捣
D．加水

20．钢筋混凝土结构中，严禁使用的是（　　）。

A．含氟化物的水泥
B．含氟化物的外加剂

C．含氯化物的水泥
D．含氯化物的外加剂

21．柱、墙混凝土设计强度比梁、板混凝土设计强度高两个等级及以上时，应做到（　　）。

A．在交界区域采取分隔措施

B．分隔位置应在高强度等级的构件中

C．分隔位置距低强度等级构件边缘不应小于 500mm

D．采用与梁、板混凝土设计强度等级相同的混凝土进行浇筑

22．施工采用的小砌块产品龄期不应小于（　　）。

A．7d
B．14d

C．28d
D．35d

23．关于砌体工程施工质量的说法，正确的是（　　）。

A．砖砌体水平灰缝厚度和竖向灰缝宽度不应大于 15mm

B．砌块应错缝搭砌，搭接长度不大于 60mm

C．卫生间采用蒸压加气混凝土砌块砌筑填充墙时，墙底部的混凝土坎台高度宜为 150mm

D．砌筑砂浆应随拌随用，施工期间气温超过 30℃时，应在 4h 内用完

24．填充墙与承重主体结构间的空（缝）隙部位施工，应在填充墙砌筑（　　）后进行。

A．3d
B．7d

C．10d
D．14d

25．关于浇筑芯柱混凝土的规定，错误的是（　　）。

A．每次浇筑的高度宜为半个楼层，但不应大于 1.8m

B．浇筑芯柱混凝土时，砌筑砂浆的强度应大于 1MPa

C．清除孔内掉落的砂浆及杂物，并用水冲淋孔壁

D．每浇筑 1000～1200mm 高度捣实一次

26．关于钢结构工程施工技术要求的说法，正确的是（　　）。

A．钢梁可采用一机一吊或一机串吊的方式吊装

B．多层钢结构安装柱时，每节钢柱的定位轴线可从下层柱的轴线引上

C．吊车梁和轨道的调整应在主要构件固定前进行

D．多跨结构，宜先吊副跨、后吊主跨

27．关于钢结构焊接质量控制的说法，正确的是（　　）。

A．焊接作业时应将焊接接头和焊接表面加热到 10℃

B．在有预热要求的焊接作业过程中保持温度不低于预热温度

C．碳素结构钢应在焊缝冷却到环境温度前进行焊缝无损检测检验

D．低合金钢应在完成焊接 2h 后进行焊缝无损检测检验

28．钢结构焊接中，可以引弧的构件是（　　）。

A. 主要构件   B. 次要构件

C. 连接板   D. 引弧板

29. 关于钢结构采用螺栓连接的做法，错误的是（   ）。

A. 高强度螺栓的连接摩擦面不得作标记

B. 高强度螺栓不能自由穿入孔时，应采用气割扩孔

C. 普通螺栓从中间开始，对称向两边进行紧固

D. 高强度螺栓终拧后，螺栓丝扣普遍外露 2～3 扣

30. 预制构件吊运过程中，下列吊索与构件水平夹角，不符合规定的是（   ）。

A. 35°   B. 50°

C. 65°   D. 80°

31. 预制构件生产前、现场灌浆施工前、工程验收时，应检查（   ）。

A. 混凝土强度报告   B. 接头工艺检验报告

C. 构件合格证   D. 钢筋现场检查记录

二 多项选择题

1. 灰土地基压实系数检验，可采用（   ）等方法。

A. 环刀法   B. 贯入仪

C. 低应变法   D. 静力触探

E. 轻型动力触探

2. 砂和砂石地基施工中应检查（   ）。

A. 每击夯沉量   B. 分层厚度

C. 压实遍数   D. 加水量

E. 压实系数

3. 强夯地基施工前必须试夯以确定施工参数，试夯的（   ）必须达到设计要求。

A. 夯锤重量   B. 夯实遍数

C. 密实度   D. 落距

E. 夯实深度

4. 灌注桩钢筋笼宜分段制作，分段长度视成笼的（   ）等因素综合考虑。

A. 钢筋型号   B. 连接方法

C. 整体刚度   D. 材料长度

E. 起重设备高度

5. 关于成桩深度的说法，正确的有（   ）。

A. 摩擦桩应以设计桩长控制成孔深度

B. 摩擦桩采用锤击沉管法成孔时，桩管入土深度控制应以贯入度为主，以标高控制为辅

C. 端承型桩采用钻（冲）、挖掘成孔时，应以设计桩长控制成孔深度

D. 端承型桩采用锤击沉管法成孔时，桩管入土深度控制应以贯入度为主，以标高控制为辅

E. 端承摩擦桩必须保证设计桩长及桩端进入持力层深度

6. 模板及支架应根据（　　　）工况进行设计，并应满足承载力、刚度和整体稳固性要求。

A. 安装
B. 使用
C. 制作
D. 拆除
E. 保养

7. 关于模板工程的说法，正确的有（　　　）。

A. 对于跨度不大于 4m 的现浇钢筋混凝土梁，其模板应按设计要求起拱
B. 后浇带的模板及支架应独立设置
C. 后张预应力混凝土构件底模支架不应在结构构件建立预应力前拆除
D. 扣件式钢管作高大模板支架的立杆应每步设置双向水平杆
E. 模板拆除时，一般是后支先拆、先支后拆，先拆承重部分，再拆非承重部分

8. 关于钢筋工程的说法，正确的有（　　　）。

A. 热轧钢筋按屈服强度（MPa）分为 300 级、400 级两种
B. 钢筋机械连接时，设置在同一构件内的接头宜相互错开
C. 钢筋的接头宜设置在受力较大处
D. 箍筋弯折处的弯弧内直径尚不应小于纵向受力钢筋直径
E. 设计对混凝土保护层厚度无要求时，不应小于受力钢筋直径

9. 每层柱第一个钢筋接头位置距楼地面高度的要求不宜小于（　　　）的较大值。

A. 500mm
B. 1000mm
C. 柱高的 1/3
D. 柱高的 1/6
E. 柱截面长边（或直径）

10. 混凝土浇筑前，现场应先检查验收的工作有（　　　）。

A. 隐蔽工程验收和技术复核
B. 对操作人员进行技术交底
C. 填报浇筑申请单，经监理工程师签认
D. 混凝土坍落度
E. 施工现场的实施条件

11. 为保证特殊部位的混凝土成型质量，应采取的加强振捣措施有（　　　）。

A. 宽度大于 0.3m 的预留洞底部区域应在洞口两侧进行振捣
B. 宽度大于 0.8m 的洞口底部应在洞口一侧进行振捣
C. 钢筋密集区域或型钢与钢筋结合区域应选择大型振动棒辅助振捣
D. 后浇带及施工缝边角处应加密振捣点，适当延长振捣时间
E. 大体积混凝土浇筑流淌形成的坡顶和坡脚应适时振捣，不得漏振

12. 砌筑砂浆中对原材料砂的质量检查项目有（　　　）。

A. 含泥量
B. 泥块含量
C. 含水量
D. 石粉含量
E. 有机物

13. 墙体砌筑前应先在现场进行试排块，排块的原则有（　　　　）。

    A．上下错缝

    B．上下对缝

    C．砌块搭接长度不宜小于砌块长度的 1/3

    D．砌块长度小于等于 300mm，其搭接长度不小于块长的 1/2

    E．砌块长度小于等于 400mm，其搭接长度不小于块长的 1/2

14. 关于砌体结构施工质量的说法，正确的有（　　　　）。

    A．砂浆强度评定采用边长 7.07cm 的正方体试件，经过 28d 标准养护后检测

    B．砖砌体采用铺浆法砌筑时，铺浆长度不得超过 750mm

    C．砌筑外墙时，可以留设脚手眼

    D．正常施工条件下砖砌体每日砌筑高度宜控制在 1.5m 或一步脚手架高度内

    E．施工洞口处不可预留直槎

15. 关于砖砌体灰缝的规定，正确的有（　　　　）。

    A．横平竖直，厚薄均匀

    B．水平灰缝厚度和竖向灰缝宽度宜为 10mm

    C．不应小于 8mm，也不应大于 12mm

    D．竖向灰缝宜采用挤浆法或加浆法

    E．必要时用水冲浆灌缝

16. 下列钢材中，应进行抽样复验的有（　　　　）。

    A．钢材混批　　　　　　　　　　B．板厚小于 40mm

    C．进口钢材　　　　　　　　　　D．监理要求复验的钢材

    E．对质量有疑义的钢材

17. 使用前，必须按照产品说明书及有关焊接工艺的规定进行烘焙的有（　　　　）。

    A．焊条　　　　　　　　　　　　B．电渣焊熔嘴

    C．焊丝　　　　　　　　　　　　D．焊钉用的瓷环

    E．焊剂

18. 关于钢结构螺栓连接施工方法的说法，正确的有（　　　　）。

    A．普通螺栓紧固应从中间开始，对称向两边进行

    B．普通螺栓作为永久性连接螺栓的大型接头，宜采用复拧

    C．高强度螺栓安装时可先用安装螺栓和冲钉，也可用高强度螺栓兼作安装螺栓

    D．高强度螺栓的紧固顺序从节点中间向边缘施拧

    E．高强度螺栓初拧和终拧应按相反的顺序进行，以使所有螺栓都均匀受力

19. 常温型灌浆料进场时，应对常温型灌浆料拌合物的（　　　　）等指标进行检验。

    A．30min 流动度　　　　　　　　B．泌水率

    C．3d 抗压强度　　　　　　　　　D．28d 抗压强度

    E．8h 竖向膨胀率

【案例 9.1-1】

背景：

高新技术企业新建一栋 8 层框架结构办公楼工程，采用公开招标的方式选定 A 施工单位作为施工总承包，双方按照《建设工程施工合同（示范文本）》GF—2017—0201 签订施工合同。施工合同中约定钢筋、水泥等主材由业主供应，其他结构材料及装饰装修材料均由总承包单位自行采购。

钢筋进场时，业主指令 A 施工单位对该批钢筋进行进场验收，进场验收时供货商只提供了出厂合格证，考虑到该钢材生产厂家信誉及以前使用该厂家钢筋的质量状况，总承包单位予以验收，并由专职质检人员做了见证取样复验，复验检测结果合格，总承包单位直接安排投入使用。在结构施工至三层柱时，当地质量监督机构例行检查时对钢筋进行原位取样测试，测试结果显示钢筋原材存在质量问题，质监机构要求施工单位停工整改。

在质量分析会上总承包方认为钢筋为业主提供，而且进场时也按相关规定要求完成了进场验收，出现的任何问题均与总承包方无关，所有由此造成的损失及责任应由业主承担。而业主则认为钢筋进场后办理了交接手续，总承包方也已同意接收，由此造成的损失和责任均应由总承包方承担。

问题：

1. 总承包单位对进场钢筋的验收包含哪些工作内容？
2. 总承包单位见证取样复验过程中有哪些不妥之处？分别说明正确做法。
3. 完整的钢筋出厂合格证应包含哪些信息？
4. 质量事故的损失和责任应由哪一方承担？说明理由。

【案例 9.1-2】

背景：

某工程基础为整体筏板，地下 2 层、地上 12 层、裙房 4 层，钢筋混凝土全现浇框架剪力墙结构，由某施工单位施工，施工过程中发生了以下事件：

场地平整结束后，施工单位进行了工程定位和测量放线，然后进行土方开挖工作。基坑采取大放坡开挖，土方开挖至设计要求时，经钎探检查，发现基坑内裙房部位存在局部软弱下卧层，项目总工经与监理工程师协商决定采取灌浆补强，实施过程中按要求形成了相关验收记录。处理完毕后，项目总工程师组织监理工程师进行了基坑验槽。

问题：

1. 工程测量定位及放线前应复核哪些内容？
2. 本工程土方开挖过程中和开挖后应分别检查哪些内容？
3. 施工单位对软弱下卧层的处理程序是否妥当？说明理由。
4. 基坑验槽做法中有哪些不妥之处？并分别说明正确做法。

【案例 9.1-3】

背景:

东北某市新建一面积为 39600m² 的体育中心工程，基础为局部桩承台加整体筏板基础，地上局部三层为框架结构，体育中心屋盖为焊接球型钢网架上覆玻璃幕，其他部位为混凝土屋面。

工程选址为半山坡，由业主单独发包某基础工程公司完成场地的半挖半填工作，并在设计规定范围内实施强夯加固。

施工过程中，监理工程师认为体育中心看台混凝土梁属于重要结构件，施工前需要施工单位上报详细的模板施工方案，监理工程师批准后才能开始施工。监理工程师同时提出：施工过程中该模板支拆及混凝土浇筑过程应重点检查。

屋盖网架施工后期，监理工程师要求施工单位提前上报屋盖玻璃幕淋水试验方案，方案经批准、现场试验完成后才能组织实施。

问题:

1. 对于本工程的强夯地基，在施工前、施工过程中、施工结束后应分别检查哪些内容？

2. 看台梁模板应重点检查哪些内容？针对看台梁模板的施工方案，其中应重点审查哪些内容？

3. 屋盖钢网架施工时，应检查哪些内容？

【答案与解析】

一、单项选择题

1. D；　2. A；　3. D；　4. B；　5. D；　6. C；　7. B；　8. C；
9. A；　10. D；　11. C；　12. D；　13. B；　14. D；　15. C；　16. A；
17. A；　18. B；　19. D；　20. C；　21. A；　22. C；　23. C；　24. D；
25. D；　26. A；　27. B；　28. D；　29. B；　30. A；　31. B

二、多项选择题

1. A、B、D、E；　　2. B、C、D、E；　　3. C、E；　　　　　4. C、D、E；
5. A、D、E；　　　6. A、B、D；　　　7. B、C、D；　　　8. B、D、E；
9. A、D、E；　　　10. A、B、C、E；　11. A、D、E；　　　12. A、B、D、E；
13. A、C、D；　　　14. A、B、D；　　　15. A、B、C、D；　16. A、C、E；
17. A、B、D、E；　　18. A、B、D；　　　19. A、B、C、D

三、实务操作和案例分析题

【案例 9.1-1】答:

1. 总承包单位对进场钢筋质量验收应包含的工作内容有：检查材质证明，并根据供料计划和有关标准进行现场质量验证和记录。质量验证包括钢筋品种、型号、规格、数量、外观检查和见证取样，并进行物理机械性能（必要时还需做化学性能分析）试验。

2．总承包单位见证取样复验过程中存在的不妥之处及正确做法如下：

不妥之处一：材质证明文件不完整就进行了见证取样；

正确做法：此部分钢筋应单独堆放，待资料齐全和复验合格后，方可使用。

不妥之处二：项目专职质检人员单独取样复验；

正确做法：应在建设单位代表或监理工程师的见证下进行取样复验。

不妥之处三：见证取样结果合格，钢筋便直接投入使用；

正确做法：见证取样复验结果是进场验证的关键环节，其结果应报监理工程师审批，通过后该批钢筋才能投入使用。

3．每批供应的钢材必须具有出厂合格证。合格证上内容应齐全清楚，包括材料名称、品种、规格、型号、出厂日期、批量、炉号、每个炉号的生产数量、供应数量，主要化学成分和物理机械性能等，并加盖生产厂家公章。

4．钢筋质量事故的损失和责任应由业主方承担。

理由：根据相关规定，由业主方采购的物资，总承包方的验证不能取代业主对其采购物资的质量责任。

【案例 9.1-2】答：

1．工程定位及放线前应复核：建筑物定位桩的位置、轴线、方位。

2．本工程采用大放坡开挖，则土方开挖过程中应检查：挖土的标高、放坡、边坡稳定状况、排水、土质等。

基坑开挖后应检查的内容有：

（1）核对基坑的位置、平面尺寸、坑底标高是否满足基础图设计和施工组织设计的要求，并检查边坡稳定状况，确保边坡安全。

（2）核对基坑土质和地下水情况是否满足地质勘察报告和设计要求；有无破坏原状土结构或发生较大的土质扰动的现象。

（3）用钎探法或轻型动力触探法等检查基坑是否存在软弱土下卧层及空穴、古墓、古井、防空掩体、地下埋设物等的相应位置、深度、性状。

3．施工单位对软弱下卧层的处理程序：不妥。

理由：当发现与原地质勘察报告、设计不符或其他的异常情况时，应会同勘察、设计等有关单位共同研究处理，施工单位不能自行拟订方案后组织实施。

4．基坑验槽做法的不妥之处和正确做法分别如下：

不妥之处一：由项目总工程师组织基坑验槽；

正确做法：应由总监理工程师或建设单位项目负责人组织。

不妥之处二：参加单位为施工单位和监理单位不妥；

正确做法：应由建设、监理、施工、设计、勘察等单位的项目人员共同现场验收。

【案例 9.1-3】答：

1．强夯地基在各施工阶段的检查内容主要有：

（1）施工前应检查：夯锤重量、尺寸、落距控制手段、排水设施及被夯地基的土质；

（2）施工中应检查：夯击遍数、夯点位置、夯击范围等；

（3）施工结束后应检查：被夯地基的强度并进行承载力检验。

2．看台梁模板应重点检查：支拆方案是否可行，模板的强度、刚度、稳定性、支承面积、防水、防冻、平整度、几何尺寸、拼缝、隔离剂及涂刷、平面位置及垂直度、预埋件及预留孔洞等是否符合设计和规范要求，并控制好拆模时混凝土的强度和拆模的顺序。

3．钢网架安装时，应检查的主要内容有：钢结构零件及部件的制作质量、地脚螺栓及预留孔洞情况、安装平面轴线位置、标高、垂直度、平面弯曲、单元拼接长度与整体长度、支座中心偏移与高差、钢结构安装完成后环境影响造成的自然变形、节点平面紧贴情况、垫铁的位置及数量等。

9.2　装饰装修工程施工

复习要点

9.2.1　墙面工程施工质量管理
9.2.2　吊顶工程施工质量管理
9.2.3　地面工程施工质量管理
9.2.4　门窗与细部工程施工质量管理

一　单项选择题

1．轻质隔墙工程质量验收，同一品种的轻质隔墙工程每（　　）间应划分为一个检验批，不足的也应划分为一个检验批。

　A．20　　　　　　　　　　　B．30
　C．40　　　　　　　　　　　D．50

2．板材隔墙与骨架隔墙组成的房间每个检验批应至少抽查（　　）%，并不得少于3间。

　A．6　　　　　　　　　　　B．8
　C．10　　　　　　　　　　　D．12

3．活动隔墙每个检验批应至少抽查20%，并不得少于（　　）间。

　A．3　　　　　　　　　　　B．4
　C．5　　　　　　　　　　　D．6

4．吊顶工程施工中，可以安装在吊顶工程龙骨上的是（　　）。

　A．重型灯具　　　　　　　　B．重型设备
　C．一般灯具　　　　　　　　D．电扇

5．穿越地面进入非采暖保温区域的金属管道应采取（　　）措施。

　A．隔断热桥　　　　　　　　B．保温
　C．防水　　　　　　　　　　D．接地

6．同一品种、类型和规格的木门窗、金属门窗、塑料门窗及门窗玻璃每（　　）樘应划分为一个检验批。

A. 100   B. 120
C. 150   D. 200

二 多项选择题

1. 关于建筑装饰装修工程质量控制资料的检查，主要应检查下列（　　）内容。
   A. 工程施工图   B. 施工组织设计
   C. 材料复验报告   D. 工程设计说明
   E. 隐蔽工程验收记录

2. 板材隔墙上的孔洞、槽、盒施工质量应（　　）。
   A. 转角规整   B. 位置正确
   C. 顺直   D. 套割方正
   E. 边缘整齐

3. 下列材料中，属于骨架隔墙必须采用的材料有（　　）。
   A. 龙骨   B. 配件
   C. 墙面板   D. 填充材料
   E. 腻子材料

4. 吊顶骨架的（　　）应符合设计要求。
   A. 材质   B. 规格
   C. 颜色   D. 安装间距
   E. 连接方式

5. 吊顶饰面板上（　　）等设备位置应合理、美观，与饰面板的交接应吻合、严密。
   A. 灯具   B. 烟感器
   C. 喷淋头   D. 烘手器
   E. 风口箅子

6. 陶瓷板安装工程的（　　）应符合设计要求。
   A. 预埋件（或后置埋件）   B. 防水处理
   C. 连接件的材质、数量、规格   D. 连接方法
   E. 防腐处理

7. 水性涂料涂饰工程的（　　）应符合设计要求。
   A. 颜色   B. 光泽
   C. 隔声性能   D. 图案
   E. 水密性能

8. 常用的地面质量检验方法有（　　）。
   A. 敲击法   B. 蓄水法
   C. 泼水法   D. 取芯法
   E. 观感法

9. 关于铺设大理石、花岗石地面的说法，正确的有（　　）。

A. 采用天然大理石、花岗石板材

B. 在结合层上铺设

C. 结合层与板材不应同时铺设

D. 品种不同的板材不得混杂使用

E. 根据石材的颜色、花纹、图案、纹理等，按设计要求试拼编号

10. 木、竹面层的通风构造层包括（　　），应符合设计要求。

A. 室内通风沟　　　　　　　　B. 地面通风孔

C. 结合层　　　　　　　　　　D. 隔离层

E. 室外通风窗

11. 木门窗扇必须安装牢固，并应（　　）。

A. 顺直　　　　　　　　　　　B. 开关灵活

C. 关闭严密　　　　　　　　　D. 无倒翘

E. 填嵌饱满

12. 金属、塑料门窗安装时，应进行隐蔽验收的项目有（　　）。

A. 预埋件　　　　　　　　　　B. 锚固件

C. 防腐处理　　　　　　　　　D. 防蛀

E. 填嵌处理

13. 建筑外墙的金属窗、塑料窗安装前需复验的内容有（　　）。

A. 气密性　　　　　　　　　　B. 抗风压性能

C. 水密性　　　　　　　　　　D. 甲醛含量

E. 耐久性

14. 门窗工程质量验收时，（　　）的可以划分为同一检验批。

A. 同一品种　　　　　　　　　B. 同一厂家

C. 同一类型　　　　　　　　　D. 同一规格

E. 同批进场

三 实务操作和案例分析题

【案例 9.2-1】

背景：

某装饰公司作为分包商施工某办公大楼的装饰装修工程，由于总承包单位的外用电梯急于退场，经监理工程师及总承包单位同意，在办公楼六层抢先砌筑完毕一间大会议室后将其设置为临时材料库房，提前将部分装饰装修材料倒运至临时库房内存放。同一楼层其他部位此时正进行砌筑与抹灰作业。

库房内墙面瓷砖暂放在水泥上；木门套及复合木地板堆置在另一侧墙边；吊顶用纸面石膏板整齐码放在木地板上面；墙面漆、木器漆置于库房中央；各种电线电缆置于油漆桶上码放整齐；铝合金窗框靠墙竖立门边，玻璃窗扇靠窗框放置。

由于库房刚砌筑完毕，监理工程师认为放置在内的水泥很有可能会受潮，对其质

量提出疑义，但该批水泥进场时间不长，经查水泥出厂合格证上的生产日期，距检查日期还不到 2 个月。

问题：

1. 所涉及材料哪些需要复试？应分别复试哪些项目？

2. 指出临时材料库房中材料保管存在的问题。

3. 监理工程师提出的水泥质量疑义问题应如何处理？

【答案与解析】

一、单项选择题

1. D；　2. C；　3. D；　4. C；　5. A；　6. A

二、多项选择题

1. A、C、D、E；　2. B、D、E；　3. A、B、C、D；　4. A、B、D、E；

5. A、B、C、E；　6. A、C、D、E；　7. A、B、D；　8. A、B、C、E；

9. A、B、D、E；　10. A、B、E；　11. B、C、D；　12. A、B、C、E；

13. A、B、C；　14. A、C、D

三、实务操作和案例分析题

【案例 9.2-1】答：

1. 需复试的材料和相应的复试项目分别为：

（1）水泥，复试项目：凝结时间、安定性、抗压强度。

（2）瓷砖，复试项目：放射性。

（3）复合木地板，复试项目：游离甲醛含量或游离甲醛释放量。

2. 临时材料库房中材料保管存在如下问题：

（1）材料混堆，没有分品种、型号分区堆放。

（2）所有材料须标志、标识清楚。

（3）由于是新砌筑的临时库房，水泥等需要防潮的材料应加设铺垫而不应直接存放。

（4）油漆属于易燃易爆物资，应明确标识，特定场所存放、专人负责，并有相应防护措施和应急措施。

（5）玻璃等易损、易碎材料要有恰当的保护，不应直接靠放于人员行走通道附近。

3. 经查水泥出厂合格证上生产日期，与检查日期相差不足 3 个月，虽未过期，但当各方对其质量存在争议时，应按如下方式处理：

（1）为了达到控制质量的目的，在抽取样品进行复试时应首先选取有疑问的作为样品，也可以由各方商定增加抽样数量。

（2）按规定允许进行加倍取样复试的，两次试验报告要同时保留。

（3）应在监理工程师全程参与下进行见证检测，见证取样和送检的比例不得低于有关技术标准中规定应取样数量的 30%。

9.3 屋面与防水工程施工

复习要点

9.3.1 屋面工程施工质量管理
9.3.2 防水工程施工质量管理
9.3.3 保温隔热工程施工质量管理

一 单项选择题

1. 卷材防水层的施工环境温度最低的是（　　　）。
   A．热熔法　　　　　　　　　B．冷粘法
   C．热粘法　　　　　　　　　D．自粘法

2. 防水涂料的胎体增强材料进场应检验的项目是（　　　）。
   A．低温柔性　　　　　　　　B．耐热性
   C．不透水性　　　　　　　　D．延伸率

3. 屋面卷材防水找坡层宜采用（　　　）。
   A．二八灰土　　　　　　　　B．煤渣
   C．轻骨料混凝土　　　　　　D．普通混凝土

4. 厕浴间、厨房四周墙根防水层泛水高度不应小于（　　　）mm。
   A．100　　　　　　　　　　B．150
   C．200　　　　　　　　　　D．250

5. 关于室内地面防水施工质量验收程序的说法，正确的是（　　　）。
   A．基层→防水层→蓄水试验→保护层→面层→验收
   B．基层→防水层→保护层→面层→蓄水试验→验收
   C．基层→防水层→蓄水试验→二次蓄水试验→保护层→面层→验收
   D．基层→防水层→蓄水试验→保护层→面层→二次蓄水试验→验收

6. 防水混凝土冬期施工时，混凝土入模温度不应低于（　　　），应采取保温保湿养护措施。
   A．−5℃　　　　　　　　　　B．0℃
   C．5℃　　　　　　　　　　D．10℃

7. 关于保温工程质量的要求，正确的是（　　　）。
   A．保温材料在施工过程中应采取防晒、防风措施
   B．硬泡聚氨酯应分遍喷涂，每遍厚度不宜大于 25mm
   C．在 5 级以上大风天气和雨天外墙保温工程不得施工
   D．底层距室外地面 3m 高的范围内须铺设加强网

二 多项选择题

1. 地下工程的（　　　）等细部构造，应加强防水措施。
   - A. 变形缝
   - B. 施工缝
   - C. 后浇带
   - D. 分格缝
   - E. 穿墙管

2. 关于室内防水层现场质量试验，正确的有（　　　）。
   - A. 楼地面防水层蓄水高度不应小于 25mm
   - B. 独立水容器应满池蓄水
   - C. 地面和水池的蓄水试验时间均不应小于 24h
   - D. 地面和水池的蓄水试验时间均不应小于 12h
   - E. 墙面间歇淋水试验应达到 30min 以上进行检验不渗漏

3. 关于现浇泡沫混凝土保温层施工做法，正确的有（　　　）。
   - A. 现浇泡沫混凝土应分层施工
   - B. 现浇泡沫混凝土不得分层施工
   - C. 粘结应牢固，表面应平整，找坡应正确
   - D. 现浇泡沫混凝土不得有贯通性裂缝，以及疏松、起砂、起皮现象
   - E. 现浇泡沫混凝土保温层厚度允许正负偏差应为 5%

4. 关于外墙外保温施工质量控制的说法，正确的有（　　　）。
   - A. 保温系统经耐候性试验后，不得产生渗水裂缝
   - B. 施工期间环境空气温度不应低于 5℃
   - C. 保温工程完工后 24h 内环境空气温度不应低于 5℃
   - D. 夏季阳光暴晒不影响正常施工
   - E. 保温工程雨天不得施工

三 实务操作和案例分析题

【案例 9.3-1】

背景：

某车库工程，地下 4 层，地上局部两层，由于地下室埋深较深，对防水的要求比较高。地下室底板及外墙的 C30P10 防水混凝土采用预拌混凝土，水泥采用普通硅酸盐水泥。防水混凝土质量控制要点包括施工前应做好降排水工作，不得在有积水的环境中浇筑混凝土等。

地下室车库外墙采用外防外贴法，附加两层 4mm ＋ 4mm 的 SBS 卷材防水层，采用热熔法搭接，卷材最小搭接宽度 120mm。

问题：

1. 地下室外墙混凝土采用普通硅酸盐水泥是否合适？施工过程的质量控制要点还

有哪些？

2. SBS 防水卷材的搭接是否合适？铺贴自粘聚合物改性沥青防水材料的质量控制要点有哪些？

【答案与解析】

一、单项选择题

*1. A；　　2. D；　　3. C；　　4. D；　　5. D；　　6. C；　　7. C

【解析】

1. 答案 A

卷材防水层施工时，热熔法和焊接法施工环境温度不宜低于 -10℃；冷粘法和热粘法不宜低于 5℃；自粘法不宜低于 10℃。

二、多项选择题

1. A、B、C、E；　　2. A、B、C、E；　　3. A、C、D、E；　　4. A、B、C、E

三、实务操作和案例分析题

【案例 9.3-1】答：

1.（1）防水混凝土采用普通硅酸盐水泥合适，还可以优先采用硅酸盐水泥，采用其他品种水泥时应经试验确定。

（2）防水混凝土质量控制要点还有：

① 防水混凝土拌合物在运输后如出现离析，必须进行二次搅拌。

② 防水混凝土结构内部设置的各种钢筋或绑扎铁丝，不得接触模板。

③ 在终凝后应立即进行养护，养护时间不得少于 14d。

④ 防水混凝土冬期施工时，混凝土入模温度不应低于 5℃，应采取保温保湿养护措施。

2.（1）SBS 防水卷材的搭接合适。聚合物改性沥青防水卷材采用热熔法或热沥青时，最小搭接宽度应 ≥ 100mm，采用自粘搭接（含湿铺）时，最小搭接宽度应 ≥ 80mm。

（2）铺贴自粘聚合物改性沥青防水材料质量控制要点：应排除卷材下面的空气，应辊压粘贴牢固，卷材表面不得有扭曲、皱折和起泡现象。低温施工时，宜对卷材和基面适当加热，然后铺贴卷材。

9.4　工程质量验收管理

复习要点

9.4.1　检验批及分项工程的质量验收

9.4.2　分部工程的质量验收

9.4.3　室内环境质量验收

9.4.4　节能工程质量验收

9.4.5　工程施工资料管理

9.4.6 单位工程竣工验收

一 单项选择题

1. 隐蔽工程在隐蔽前应由施工单位通知（　　）进行验收。
   - A. 建设单位
   - B. 设计单位
   - C. 监理单位
   - D. 分包单位

2. 单层建筑的分项工程可按（　　）划分检验批。
   - A. 楼层
   - B. 变形缝
   - C. 施工缝
   - D. 后浇带

3. 主体结构分部工程验收时不要求（　　）单位项目负责人必须参加。
   - A. 勘察
   - B. 设计
   - C. 监理
   - D. 建设

4. 对民用建筑室内环境中的甲醛、氨等浓度检测时，装饰装修工程中的固定式家具应在（　　）。
   - A. 设计后
   - B. 安装中
   - C. 正常使用状态
   - D. 使用 6 个月后

5. 建筑节能工程应按照（　　）为单位进行验收。
   - A. 单位工程
   - B. 分部工程
   - C. 子分部工程
   - D. 分项工程

6. 实行施工总承包的，各专业承包单位应向（　　）单位移交施工资料。
   - A. 建设
   - B. 设计
   - C. 总包
   - D. 监理

7. 总监理工程师应组织各（　　）对工程质量进行竣工预验收。
   - A. 专业监理工程师
   - B. 单位工程师
   - C. 专业工程师
   - D. 施工单位

二 多项选择题

1. 对涉及结构安全、节能、环境保护和主要使用功能的（　　），应在进场时或施工中按规定进行见证检验。
   - A. 试块
   - B. 试件
   - C. 脚手扣件
   - D. 材料
   - E. 塔吊

2. 检验批可根据（　　）和专业验收的需要，按工程量、楼层、施工段、变形缝进行划分。
   - A. 设计
   - B. 采购
   - C. 施工
   - D. 质量控制
   - E. 使用

3. 分部工程质量验收合格的规定有（　　　）。

　　A．所在单位工程的质量验收合格

　　B．所含分项工程的质量均应验收合格

　　C．设计资料完整

　　D．有关安全、节能、环境保护和主要使用功能的抽样检验结果应符合相应规定

　　E．观感质量应符合要求

4. 当室内环境污染物浓度检测结果不符合规范规定时，正确做法有（　　　）。

　　A．对不符合项目再次加倍抽样检测，但不包括原不合格的同类型房间及原不合格房间

　　B．再次加倍抽样检测的结果不符合规范规定时，不再进行处理

　　C．对不符合项目再次加倍抽样检测，并应包括原不合格的同类型房间及原不合格房间

　　D．当再次检测的结果符合规范规定时，应判定该工程室内环境质量合格

　　E．室内环境质量验收不合格的民用建筑工程，可边使用边整改

5. 节能分部工程验收应由总监理工程师组织并主持，施工单位项目（　　　）应参加验收。

　　A．负责人　　　　　　　　　　B．技术负责人

　　C．质量检查员　　　　　　　　D．施工员

　　E．资料员

6. 下列工程资料移交程序，正确的有（　　　）。

　　A．施工单位应向建设单位移交施工资料

　　B．实行施工总承包的，各专业承包单位应向施工总承包单位移交施工资料

　　C．实行施工总承包的，各专业承包单位应向建设单位移交施工资料

　　D．监理单位应向建设单位移交监理资料

　　E．施工单位应向监理单位移交施工资料

7. 建设单位收到工程竣工报告后，应由建设单位项目负责人组织（　　　）等单位项目负责人进行单位工程验收。

　　A．监理　　　　　　　　　　　B．施工

　　C．材料供应商　　　　　　　　D．设计

　　E．勘察

三　实务操作和案例分析题

【案例 9.4-1】

背景：

　　沿海地区某住宅工程包括 4 栋地上 12 层，地下 1 层，结构形式为钢筋混凝土剪力墙结构的建筑。屋面设计为不上人屋面，炉渣保温后细石混凝土封面找坡，最上层敷设 SBS 卷材防水层一道。

上部混凝土结构分部工程验收时，监理工程师发现顶层部分墙体混凝土结构外观质量存在严重缺陷，通过核查该部位混凝土质量控制资料，判断对结构安全不造成影响，同意对混凝土结构分部工程予以验收。

监理工程师检查屋面工程施工时，发现防水基层不干燥，经请示总监理工程师并征得业主同意后，下令屋面防水施工停工整改。

问题：

1. 针对混凝土结构外观质量存在严重缺陷时，监理工程师同意验收是否正确？说明理由。

2. 防水层铺设前，基层的干燥程度应如何检验（简易方法）？

【答案与解析】

一、单项选择题

1. C；   2. B；   3. A；   4. C；   5. B；   6. C；   7. A

二、多项选择题

1. A、B、D；   2. C、D；   3. B、D、E；   4. C、D；

5. A、B、C、D；   6. A、B、D；   7. A、B、D、E

三、实务操作和案例分析题

【案例 9.4-1】答：

1. 监理工程师同意验收不正确。

理由：按相关规范规定，混凝土现浇结构的外观质量不应有严重缺陷，所以不应对现浇结构分项验收判定合格，其混凝土分部工程也不应判定合格。针对已经出现的严重缺陷，正确做法应由施工单位提出技术处理方案，并经监理（建设）单位认可后进行处理。对经处理的部位，应重新进行检查验收。

2. 铺设屋面防水层前，基层干燥程度的简易检验方法：

将 1m 卷材平坦地干铺在找平层上，静置 3～4h 后掀开检查，找平层覆盖部位与卷材上未见水印即可铺设。

第 10 章　施工成本管理

10.1　施工成本影响因素及管理流程

微信扫一扫
在线做题＋答疑

复习要点

10.1.1　施工成本构成及影响因素
10.1.2　施工成本全要素管理
10.1.3　施工成本管理流程

一　单项选择题

1. 施工成本不是工程完全成本，不包括（　　）、财务费用等。
   A．材料费　　　　　　　　　B．企业管理费
   C．人工费　　　　　　　　　D．办公费
2. 属于直接成本的是（　　）。
   A．材料费　　　　　　　　　B．企业管理费
   C．差旅费　　　　　　　　　D．办公费

二　多项选择题

1. 项目成本管理包括（　　）。
   A．成本预测、计划
   B．实施、核算
   C．分析、考核
   D．整理成本资料与编制成本报告
   E．分包工程款结算
2. 间接成本包括（　　）。
   A．劳务费　　　　　　　　　B．差旅费
   C．措施费　　　　　　　　　D．临建摊销费
   E．办公费
3. 施工成本构成要素有（　　）。
   A．人工费　　　　　　　　　B．材料费
   C．机械使用费　　　　　　　D．间接费
   E．财务费用
4. 施工成本全要素管理从（　　）方面进行。
   A．完善管理制度
   B．规范管理程序

C．落实管理办法

D．与事后预测、事前控制结合起来进行考核

E．建立考核档案，完善企业的激励机制

5. 建筑工程施工成本管理的程序有（　　　）。

A．成本预测　　　　　　　　B．成本风险

C．成本控制　　　　　　　　D．成本核算

E．成本考核

【答案与解析】

一、单项选择题

1．B；　　*2．A

【解析】

2．答案 A

工程施工成本由直接成本和间接成本构成。施工成本不是工程完全成本，不包括企业管理费、财务费用等。

（1）直接成本，又称直接工程费，由人工费、材料费、机械费、措施费构成。

（2）间接成本，又称间接费，指施工企业、项目部为组织和管理工程施工生产发生的各项费用，例如临时设施摊销、工资、办公费、差旅费及规费等。

二、多项选择题

1．A、B、C、D；　　2．B、D、E；　　3．A、B、C、D；　　*4．A、B、C、E；

5．A、C、D、E

【解析】

4．答案 A、B、C、E

施工成本全要素管理从以下方面进行：

一是完善管理制度。制定成本管理办法，统一管理标准。

二是规范管理程序。建立由总会计师或总经济师为首，生产、技术、预算、材料、劳资、财务等相关部门参加的成本管理领导小组，对工程项目进行自上而下、自下而上的双向管理。

三是落实管理办法。采取分季度、分工程部位的考核办法，与事前预测、事中控制结合起来进行考核。建立考核档案，完善企业的激励机制。

10.2 施工成本计划及分解

复习要点

10.2.1　施工成本计划编制

10.2.2　施工成本分解

1. 编制施工项目在计划期内的生产费用、成本水平、成本降低率以及为降低成本所采取的主要措施方案的程序是（　　）。

A. 成本核算 　　　　　　 B. 成本预测

C. 成本控制 　　　　　　 D. 成本计划

2. 根据施工项目成本核算资料，对施工项目成本进行的对比评价和总结工作的程序是（　　）。

A. 成本核算 　　　　　　 B. 成本考核

C. 成本分析 　　　　　　 D. 成本计划

3. 施工成本计划是在工程（　　）编制。

A. 开工前 　　　　　　 B. 施工中

C. 开工后 　　　　　　 D. 施工后

二 多项选择题

1. 施工项目目标成本根据工程性质、类别或特点进行分解，可选择的方法有（　　）。

A. 根据总工期生产进度网络节点计划分解

B. 按月形象进度计划分解

C. 按施工项目直接成本和间接成本分解

D. 按成本编制的工、料、机费用分解

E. 按企业管理部门分工分解

2. 按照施工项目成本费用目标划分为（　　）。

A. 生产成本 　　　　　　 B. 质量成本

C. 工期成本 　　　　　　 D. 可预见成本

E. 不可预见成本

3. 项目部各职能部门认真审阅图纸，进行设计优化，成本管理主要工作有（　　）。

A. 商务部门加强合同管理，增创工程收入

B. 技术部门制定先进、经济合理的施工方案

C. 工程部门落实技术组织措施，均衡施工，保证施工进度

D. 物资部门加强采购管理，降低材料成本

E. 降低机械的利用率

【答案与解析】

一、单项选择题

1. D；　　2. C；　　3. A

二、多项选择题

1. A、B、C、D;   2. A、B、C、E;   3. A、B、C、D

10.3 施工成本分析与控制

复习要点

10.3.1 施工成本分析
10.3.2 施工成本控制

一 单项选择题

1. 施工成本分析贯穿于施工成本（   ）的全过程。
   A. 计划   B. 管理
   C. 核算   D. 控制

2. 因素分析法是分析各种因素对成本差异的影响，采用（   ）。
   A. 差额分析法   B. 比率法
   C. 比较法   D. 连环替代法

3. 应当选择（   ）的工程作为价值工程的对象，寻求对成本的有效降低。
   A. 价值系数高、降低成本潜力大
   B. 价值系数高、降低成本潜力小
   C. 价值系数低、降低成本潜力大
   D. 价值系数低、降低成本潜力小

二 多项选择题

1. 成本分析的依据资料有（   ）。
   A. 技术核算   B. 统计核算
   C. 标准核算   D. 会计核算
   E. 业务核算

2. 连环替代法排序的原则有（   ）。
   A. 先工程量，后价值量   B. 先绝对数，后相对数
   C. 先价值量，后工程量   D. 先相对数，后绝对数
   E. 先工程数，后绝对数

【答案与解析】

一、单项选择题

1. B;   2. D;   3. C

二、多项选择题
1. B、D、E；　　　2. A、B

10.4　施工成本管理绩效评价与考核

复习要点

10.4.1　施工成本管理绩效评价
10.4.2　施工成本管理绩效考核

一　单项选择题

1. 施工成本管理绩效主要采用横向和纵向两个方面比较，其中纵向指企业（　　　）。
   A. 本身的历史经济指标
   B. 本身的当期经济指标
   C. 同类企业的经济数据
   D. 同类目标的经济指标

2. 以项目（　　　）作为对项目管理机构成本考核的主要指标。
   A. 完成工作量
   B. 工程质量创优
   C. 安全生产事故率
   D. 成本降低额、项目成本降低率

二　多项选择题

1. 按价值工程的公式 $V = F/C$ 分析，提高价值的途径有（　　　）。
   A. 功能提高，成本不变
   B. 功能不变，成本不变
   C. 功能提高，成本降低
   D. 降低辅助功能，大幅度降低成本
   E. 成本稍有提高，大大提高功能

2. 企业对项目经理进行考核，项目经理对各部门及管理人员进行考核，考核内容有（　　　）。
   A. 项目施工目标成本和阶段性成本目标的完成情况
   B. 建立以成本部门为核心的成本责任制落实情况
   C. 成本计划的编制和落实情况
   D. 对各部门、岗位的责任成本的检查和考核情况
   E. 施工成本核算的真实性、符合性

【答案与解析】

1. A；　　2. D
二、多项选择题
1. A、C、D、E；　　2. A、C、D、E

第11章 施工安全管理

11.1 施工作业安全管理

微信扫一扫
在线做题 + 答疑

复习要点

11.1.1 脚手架工程安全管理
11.1.2 模板工程安全管理
11.1.3 吊装工程安全管理
11.1.4 高处作业安全管理
11.1.5 施工用电安全管理
11.1.6 施工机具安全管理

一 单项选择题

1. 脚手架的搭设和拆除作业应由专业（　　）担任，并应持证上岗。
   A．木工　　　　　　　　　　　B．司机
   C．架子工　　　　　　　　　　D．拆除工

2. 脚手架在使用过程中，应检查脚手架（　　）的落实情况。
   A．安全备案制度　　　　　　　B．安全考核制度
   C．安全奖罚制度　　　　　　　D．安全使用制度

3. 脚手架搭设中，单排脚手架搭设高度不应超过（　　）m、双排脚手架一次搭设高度不宜超过（　　）m。
   A．20、40　　　　　　　　　　B．24、50
   C．26、55　　　　　　　　　　D．30、60

4. 双排脚手架搭设高度超过 50m 时，应采用的搭设措施是（　　）。
   A．分层　　　　　　　　　　　B．分段
   C．整体　　　　　　　　　　　D．分层与整体结合

5. 关于脚手架主节点处搭设的说法，正确的是（　　）。
   A．必须设置两根横向水平杆
   B．横向水平杆用直角扣件扣接在纵向水平杆上
   C．横向水平杆严禁拆除
   D．两个直角扣件的中心距不应大于 200mm

6. 关于脚手架设置纵、横向扫地杆的说法，正确的是（　　）。
   A．脚手架必须设置纵、横向扫地杆
   B．纵向扫地杆应采用旋转扣件固定
   C．纵向扫地杆固定在距钢管底端小于 200mm 处的立杆上
   D．横向扫地杆采用直角扣件固定在紧靠纵向扫地杆上方的立杆上

7. 组织脚手架内部检查与验收的是（　　　）。

    A. 安全总监　　　　　　　　　　B. 技术负责人

    C. 项目经理　　　　　　　　　　D. 现场经理

8. 脚手架验收的形式通常为（　　　）验收。

    A. 随时　　　　　　　　　　　　B. 分段

    C. 分层　　　　　　　　　　　　D. 按时间

9. 应对作业脚手架进行检查的阶段是（　　　）。

    A. 每搭设完两个楼层高度后

    B. 基础完工后，脚手架搭设前

    C. 作业层上施加荷载后

    D. 停用超过一周的，再重新投入使用之前

10. 编制附着式升降脚手架作业专项施工方案应重点考虑的是（　　　）。

    A. 提升质量和保证工期

    B. 提升工艺和减少投入

    C. 提升工艺和施工现场作业条件

    D. 提升质量和施工现场作业条件

11. 附着式升降脚手架安装搭设必须严格按照（　　　）进行。

    A. 质量要求和工期要求　　　　　B. 设计要求和工期要求

    C. 设计要求和规定程序　　　　　D. 工期要求和规定程序

12. 现浇混凝土工程中模板支撑系统立柱底部支撑结构的作用是（　　　）。

    A. 支承上层荷载　　　　　　　　B. 减少上层荷载

    C. 隔离上下层荷载　　　　　　　D. 简化上部节点荷载

13. 为合理传递荷载，现浇混凝土工程模板支撑系统立杆底部应设置（　　　）垫板。

    A. 木　　　　　　　　　　　　　B. 加气块

    C. 空心砖　　　　　　　　　　　D. 聚苯板

14. 现浇混凝土工程模板支撑系统立柱支撑在地基上时，应验算（　　　）的承载力。

    A. 混凝土底板　　　　　　　　　B. 地基土

    C. 基底 2m 以下持力层　　　　　D. 混凝土垫层

15. 关于现浇混凝土工程模板支撑系统立柱对接接头的说法，正确的是（　　　）。

    A. 沿竖向错开的距离不宜小于 300mm，各接头中心距主节点不宜大于步距的 1/5

    B. 沿竖向错开的距离不宜小于 400mm，各接头中心距主节点不宜大于步距的 1/4

    C. 沿竖向错开的距离不宜小于 500mm，各接头中心距主节点不宜大于步距的 1/3

    D. 沿竖向错开的距离不宜小于 600mm，各接头中心距主节点不宜大于步距的 1/2

16. 关于现浇混凝土工程模板支撑系统立柱对接接头的说法，正确的是（　　　）。

A．相邻两立柱的对接接头设置在同步内

B．接头中心距主节点不宜大于步距的 1/2

C．对接接头沿竖向错开的距离不宜小于 400mm

D．立柱接长严禁搭接，必须采用对接扣件连接

17．现浇混凝土工程模板支撑系统立柱安装时，必须加设（   ）。

A．竖向拉结和剪刀撑　　　　　　B．水平拉结和剪刀撑

C．横向拉结和竖向拉结　　　　　D．水平拉结和竖向拉结

18．采用扣件式钢管作模板支架时，插入立杆顶端可调托座伸出顶层水平杆的悬臂长度不应大于（   ）mm。

A．100　　　　　　　　　　　　B．200

C．350　　　　　　　　　　　　D．500

19．采用盘扣式钢管架作模板支架时，插入立杆顶端可调托座伸出顶层水平杆的悬臂长度不应大于（   ）mm。

A．100　　　　　　　　　　　　B．200

C．500　　　　　　　　　　　　D．650

20．现浇混凝土工程模板支撑系统顶部水平拉杆无处可顶时，应采取的措施是（   ）。

A．水平拉杆端部和中部沿竖向设置连续式剪刀撑

B．水平拉杆端部分别沿竖向设置连续式剪刀撑

C．水平拉杆端部和中部沿水平方向设置连续式剪刀撑

D．水平拉杆端部分别沿水平方向设置连续式剪刀撑

21．关于保证模板安装施工安全基本要求的说法，正确的是（   ）。

A．雨期施工，高耸结构的模板作业要安装避雷装置

B．操作架子上、平台上严禁堆放模板

C．刮风天气，不宜进行大块模板拼装和吊装作业

D．模板工程作业高度在 2m 及以下时，可不搭设操作架子或操作平台

22．当设计无要求时，拆除现浇混凝土结构承重模板的依据是结构（   ）达到规定要求。

A．标准养护试块强度　　　　　　B．同条件养护试块强度

C．混凝土浇筑后 28d　　　　　　D．混凝土浇筑后 14d

23．当设计无要求时，后张预应力混凝土结构底模拆除的时间规定是（   ）。

A．预应力筋受力前　　　　　　　B．预应力筋铺设后

C．预应力筋张拉前　　　　　　　D．预应力筋张拉完毕后

24．现浇混凝土结构模板拆除后，发现混凝土有影响结构安全的质量问题，妥善处理后继续使用的规定是（   ）达到要求。

A．同条件养护试块强度　　　　　B．标准养护试块强度

C．处理措施技术指标　　　　　　D．混凝土实际强度

25．现浇混凝土结构拆除芯模或预留孔内模时，对混凝土强度的基本判断标准是（   ）。

A. 标准养护试块强度达到要求

B. 同条件养护试块强度达到要求

C. 芯、孔混凝土强度达到要求

D. 保证不发生塌陷和裂缝

26. 现场常用的现浇混凝土结构拆模主要技术指标是（　　　）。

A. 标准养护试块强度达到要求

B. 同条件养护试块强度记录达到规定要求

C. 混凝土养护时间达到要求

D. 混凝土实体强度达到要求

27. 批准现浇混凝土结构拆模申请手续的是（　　　）。

A. 项目负责人　　　　　　　　B. 专业责任师

C. 项目技术负责人　　　　　　D. 监理工程师

28. 设计无要求时，现浇混凝土结构拆模的顺序是（　　　）。

A. 先支先拆，后支后拆，先拆非承重，后拆承重

B. 先支后拆，后支先拆，先拆非承重，后拆承重

C. 先支后拆，后支先拆，先拆承重，后拆非承重

D. 先支先拆，后支后拆，先拆承重，后拆非承重

29. 当采用几个吊点起吊时，应使各吊点的合力在重物重心位置之（　　　）。

A. 下　　　　　　　　　　　　B. 上

C. 前　　　　　　　　　　　　D. 后

30. 吊装作业时遇（　　　）级及以上大风等恶劣天气应停止吊装作业。

A. 三　　　　　　　　　　　　B. 五

C. 六　　　　　　　　　　　　D. 八

31. 某分项工程高处作业高度 10m，其高处等级、坠落半径分别是（　　　）。

A. 一级、2m　　　　　　　　　B. 二级、3m

C. 三级、4m　　　　　　　　　D. 四级、5m

32. 交叉作业时，坠落半径内应设置（　　　）。

A. 安全宣传标语　　　　　　　B. 安全警示牌

C. 安全隔离措施　　　　　　　D. 安全技术交底

33. 施工现场临时用电设备和线路巡检，应由（　　　）完成。

A. 建筑电工　　　　　　　　　B. 专职安全员

C. 质检员　　　　　　　　　　D. 技术员

34. 关于施工现场临时照明的说法，正确的是（　　　）。

A. 一般场所宜选用额定电压为 36V 的照明器

B. 灯具离地面高度低于 2.5m 等场所的照明，电源电压不应大于 36V

C. 潮湿和易触及带电体场所的照明，电源电压不得大于 36V

D. 金属卤化物灯具的安装高度宜在 2m 以上

35. 外用电梯和物料提升机在每日工作前必须对行程开关、限位开关、紧急停止开关、驱动机构和制动器等进行（　　　），正常后方可使用。

A．满载试验　　　　　　　　B．空载检查

C．有效期检查　　　　　　　D．外观检查

36．关于电焊机接线的说法，正确的是（　　　）。

A．焊把线长度一般不应超过 35m

B．焊把线不应有接头

C．一二次侧接线端柱内应有防护罩

D．一次侧电源线应穿管保护，长度一般不超过 6m

二 多项选择题

1．脚手架专项施工方案应包含的主要内容有（　　　）。

A．工程概况　　　　　　　　B．编制依据

C．搭设人员　　　　　　　　D．质量控制要求

E．结构设计计算书

2．24m 以上的双排脚手架搭设的安全控制措施有（　　　）。

A．外侧立面整个长度和高度上连续设置剪刀撑

B．在外侧立面的两端各设置一道剪刀撑

C．各底层斜杆下端均必须支承在垫块或垫板上

D．中间各道剪刀撑之间的净距不应大于 15m

E．横向斜撑搭设随立杆、纵向和横向水平杆同步搭设

3．项目部对脚手架进行内部检查与验收时，应参加验收的人员有（　　　）。

A．材料负责人　　　　　　　B．施工负责人

C．技术负责人　　　　　　　D．安全负责人

E．质量负责人

4．下列情况发生时，脚手架应进行检查的有（　　　）。

A．基础完工后，脚手架搭设前

B．作业层承受偶然荷载后

C．每搭设两个楼层高度后

D．架体部分拆除后

E．停用超过一个月后重新投入使用

5．一般脚手架定期检查的主要项目有（　　　）。

A．架体是否有明显变形

B．扣件螺栓是否有松动

C．架体的安全防护措施是否符合要求

D．专项施工方案是否有审批

E．地基是否有积水，底座是否松动

6．附着式升降脚手架专项施工方案应包括的内容有（　　　）。

A．采购　　　　　　　　　　B．维护

C．设计　　　　　　　　　　D．施工

E．检查

7．附着式升降脚手架进行（　　　）等作业时，应派专人进行监督。

　　A．安装　　　　　　　　　　　B．升降

　　C．作业　　　　　　　　　　　D．维修

　　E．拆卸

8．影响模板钢管支架整体稳定性的主要因素有（　　　）。

　　A．立杆间距　　　　　　　　　B．水平杆的步距

　　C．立杆垫板　　　　　　　　　D．连墙件的连接

　　E．立杆的接长

9．关于现浇混凝土工程模板支撑系统立杆的说法，正确的有（　　　）。

　　A．支撑系统的立柱材料可用钢管、门形架、木杆

　　B．安装立柱的同时，应加设水平拉结和剪刀撑

　　C．立柱的间距应经计算确定，按照施工方案要求进行施工

　　D．立柱底部支撑结构必须具有分散上层荷载的能力

　　E．立柱底部必须设置钢垫板，禁止使用砖及脆性材料铺垫

10．关于保证模板安装施工安全基本要求的说法，正确的有（　　　）。

　　A．雨期施工，高耸结构的模板作业要安装避雷装置

　　B．夜间施工，必须有足够的照明

　　C．架空输电线路下方进行模板施工，如果不能停电作业，应采取隔离防护措施

　　D．模板工程的操作架子可以自由堆放材料

　　E．微风天气不宜进行大块模板拼装和吊装作业

11．设计无要求时，现浇混凝土结构模板及其支架拆除的规定有（　　　）。

　　A．承重模板，结构同条件养护的试块强度达到规定要求

　　B．后张预应力混凝土结构底模必须在预应力张拉完毕后

　　C．在拆模过程中，发现实际混凝土强度并未达到要求，应暂停拆模

　　D．标养强度达到设计的混凝土强度标准值后，才允许承受全部设计的使用荷载

　　E．拆除芯模或预留孔的内模时，混凝土强度能保证不发生塌陷和裂缝

12．关于保证模板拆除施工安全基本要求的说法，正确的有（　　　）。

　　A．拆模之前必须要办理拆模申请手续

　　B．同条件养护试块强度记录达到规定要求时，技术负责人方可批准拆模

　　C．拆模作业区应设安全警戒线，以防有人误入

　　D．吊运必须使用卡环连接，稳起稳落，模板就位连接牢固后，方可摘除卡环

　　E．先支的后拆，后支的先拆，先拆承重的模板及支架，后拆非承重的模板

13．吊装工程中钢丝绳出现下列（　　　）等情况时，应报废停止使用。

　　A．一个节距中断丝数超过10%　　B．表面磨损达20%

　　C．钢丝绳有死弯　　　　　　　　D．钢丝绳结构变形

　　E．钢丝绳绳芯挤出

14．在进行高处作业前，应认真检查的设置有（　　　）。

A．脚手架   B．防护栏杆

C．挡脚板   D．安全网

E．操作工具

15．关于高处作业基本安全要求的说法，正确的有（　　　）。

A．从事高处作业的人员应按规定正确佩戴和使用安全绳

B．进行高处作业前，应认真检查所使用的安全设施

C．四级及四级以上强风不得进行露天高处作业

D．所使用的工具、材料等严禁投掷

E．高处作业，上下应设联系信号或通信装置，并指定专人负责联络

16．关于移动式操作平台作业安全控制要点的说法，正确的有（　　　）。

A．台面脚手板要铺满钉牢

B．台面四周设置防护栏杆

C．台面不得超过 $15m^2$，高度不得超过 5m

D．平台移动时，不允许带人移动平台

E．平台上标明负责人员和物料的总重量

17．建筑物临边外侧靠近街道时，属于结构临边防护措施有（　　　）。

A．防护栏杆   B．挡脚板

C．挂立网   D．立面采取软封闭措施

E．窗口封闭

18．关于施工用电配电箱设置的说法，正确的有（　　　）。

A．按照"总—分—开—单"顺序作分级设置，形成"四级配电"模式

B．动力配电箱与照明配电箱应该分别设置

C．开关电器应标明用途，箱体应统一编号

D．固定式配电箱应设围栏，并有防雨、防砸措施

E．分配电箱应尽量安装在用电设备或负荷相对分散区域的中心地带

19．关于施工用电开关箱内漏电保护器的说法，正确的有（　　　）。

A．一般末级漏电保护器额定漏电动作电流不应大于 40mA

B．干燥的场所中，漏电保护器要选用防溅型的产品

C．额定漏电动作时间不应大于 0.2s

D．末级漏电保护器必须装配在开关箱内

E．潮湿、有腐蚀性介质的场所中，额定漏电动作电流不应大于 15mA

20．关于施工现场照明用电的说法，正确的有（　　　）。

A．一般场所宜选用额定电压为 220V 的照明器

B．灯具离地面高度低于 2.5m 等场所的照明，电源电压不得大于 36V

C．潮湿和易触及带电体场所的照明，电源电压不得大于 36V

D．锅炉或金属容器内的照明，电源电压不得大于 24V

E．室外 220V 照明灯具距地面不得低于 2m

21．关于打桩机械安全控制要点的说法，正确的有（　　　）。

A．高压线下两侧 8m 以内不得安装打桩机

B. 桩机周围应有明显安全警示标牌或围栏，严禁闲人进入

C. 施工前应针对作业条件和桩机类型编写专项施工方案

D. 遇有大雨、雪、雾和六级及六级以上强风等恶劣气候，应停止作业

E. 打桩施工场地平整坡度不小于 2%

三 实务操作和案例分析题

【案例 11.1-1】

背景：

北方某公建工程，建筑面积 30000m²，施工单位为某建设集团公司。框架结构，建筑平面东西长 75m，南北长 45m，檐高 36m。主入口为宽 25m、高 10m 的悬挑钢筋混凝土结构。结构外围采取双排脚手架。

项目部规定脚手架工程的检查与验收由项目技术负责人组织；项目施工、技术、安全、作业班组等有关人员参加；按照施工方案整体验收。监理单位认为上述安排存在不妥，提出了整改意见。

脚手架工程施工中，项目部规定了对脚手架杆件的设置和连结；并要求对连墙件、支撑、门洞桁架的构造、地基是否有积水、底座是否松动、立杆是否悬空等内容进行定期重点检查。

施工单位对主入口支承脚手架进行荷载试验时，在加荷过程中没有严格按照自两边向中间对称加载的方法，使负荷偏载，重心偏移，脚手架立杆弯曲变形，造成脚手架失稳整体坍塌。

监理单位在脚手架专项方案审核中发现主入口支撑脚手架施工方案的主要内容只有基础处理、搭设要求、杆件间距及连墙件设置位置、连接方法、拆除作业程序等内容。

问题：

1. 指出监理单位认为的不妥之处？分别给出正确做法。

2. 脚手架工程定期检查应重点检查的内容还有哪些？

3. 脚手架坍塌的直接原因有哪些？

4. 主入口支撑脚手架施工方案的主要内容还应有哪些？

【案例 11.1-2】

背景：

某施工总承包企业承建北方某大学新校区工程建筑面积 29010m²，由教学综合楼、学生活动中心和餐厅三部分组成，现浇混凝土框架结构。学生活动中心为条形基础，地上 4 层，首层阶梯报告厅局部层高 21m，模板支撑直接立在地基土上。

学生活动中心首层阶梯报告厅顶板模板工程采用扣件式钢管模板支架体系，验收时监理工程师发现立柱采用 3 个直角扣件搭接，相邻两立柱的搭接接头沿竖向错开 450mm 距离。立杆顶端可调托座伸出顶层水平杆的悬臂长度 600mm。监理工程师下达了整改通知。

餐厅首层顶板模板工程施工中，由于立杆间距过大，导致钢管支架整体失稳。项目部及时采取了处理措施，避免了安全事故的发生。

问题：

1. 学生活动中心模板工程中有哪些不妥之处？分别写出正确做法。

2. 影响模板钢管支架整体稳定性的主要因素还有哪些？

3. 模板设计无要求时，模板拆除的顺序应如何操作？

【案例 11.1-3】

背景：

某住宅工程，总建筑面积 15023m²，地上 16 层，地下 2 层。剪力墙结构，筏板地基。由某施工企业中标后进场组织施工。

结构施工时，采用垂直运输机械为塔式起重机，过程中安装了外用电梯并根据施工组织设计要求和进度安排配置了相应的其他机具和设备。

结构与装饰装修交叉作业时，工程所在地政府行政主管部门安全监督抽查中发现，项目部只对塔式起重机按规定装设了避雷装置。检查组立即要求项目部对场地内的其他设备进行安全整改。

外用电梯梯笼操作室内应安装紧急停止开关。司机每日工作前对行程开关进行空载检查并记录，正常后才可使用。

问题：

1. 对现场使用的开关箱漏电保护器额定漏电动作电流、时间有哪些规定？

2. 项目部还应对哪些设施装设避雷装置（至少写出四项，不限于该背景使用设备）？

3. 外用电梯安装紧急停止开关是否正确，工作前每日空载检查还有哪些？

4. 根据施工机具安全管理规定，圆盘锯的安全管理有哪些安全防护装置？

【答案与解析】

一、单项选择题

1. C；　　2. D；　*3. B；　　4. B；　　5. C；　*6. A；　　7. C；　　8. B；

*9. B；　　10. C；　*11. C；　12. A；　　13. A；　14. B；　15. C；　*16. D；

17. B；　18. D；　19. D；　20. A；　*21. A；　22. B；　23. D；　24. D；

25. D；　*26. B；　27. C；　28. C；　29. B；　30. C；　31. B；　*32. C；

33. A；　34. B；　35. B；　*36. B

【解析】

3. 答案 B

单排脚手架搭设高度不应超过 24m；双排脚手架搭设高度不宜超过 50m，高度超过 50m 的双排脚手架，应采用分段搭设的措施。

6. 答案 A

脚手架必须设置纵、横向扫地杆。纵向扫地杆应采用直角扣件固定在距钢管底端不大于 200mm 处的立杆上，横向扫地杆也应采用直角扣件固定在紧靠纵向扫地杆下方的立杆上。

9．答案 B

脚手架搭设过程中，应在下列阶段进行检查，检查合格后方可使用；不合格应进行整改，整改合格后方可使用：

（1）基础完工后及脚手架搭设前；

（2）首层水平杆搭设后；

（3）作业脚手架每搭设一个楼层高度；

（4）附着式升降脚手架支座、悬挑脚手架悬挑结构搭设固定后；

（5）附着式升降脚手架在每次提升前、提升就位后，以及每次下降前、下降就位后；

（6）外挂防护架在首次安装完毕、每次提升前、提升就位后；

（7）搭设支撑脚手架，高度每2～4步或不大于6m。

11．答案 C

安装搭设必须严格按照设计要求和规定程序进行，安装后经验收并进行荷载试验，确认符合设计要求后，方可正式使用。

16．答案 D

立柱接长严禁搭接，必须采用对接扣件连接，相邻两立柱的对接接头不得在同步内，且对接接头沿竖向错开的距离不宜小于500mm，各接头中心距主节点不宜大于步距的1/3。

21．答案 A

（1）模板工程作业高度在2m及2m以上时，要有安全可靠的操作架子或操作平台，并按要求进行防护。

（2）操作架子上、平台上不宜堆放模板，必须短时间堆放时，一定要码放平稳，数量必须控制在架子或平台的允许荷载范围内。

（3）雨期施工，高耸结构的模板作业要安装避雷装置，沿海地区要考虑抗风和加固措施。

（4）五级以上大风天气，不宜进行大块模板拼装和吊装作业。

26．答案 B

拆模之前必须要办理拆模申请手续，在同条件养护试块强度记录达到规定要求时，技术负责人方可批准拆模。

32．答案 C

在拆除模板、脚手架等作业时，作业点下方不得有其他作业人员，防止落物伤人。拆下的模板等堆放时，不能过于靠近楼层边沿，应与楼层边沿留出不小于1m的安全距离，码放高度也不宜超过1m。

36．答案 B

电焊机一次侧电源线应穿管保护，长度一般不超过5m，焊把线长度一般不应超过30m，并不应有接头，一二次侧接线端柱外应有防护罩。

二、多项选择题

1．A、B、D、E；	*2．A、C、E；	3．B、C、D；	*4．A、B、D、E；
5．A、B、C、E；	6．B、C、D、E；	7．A、B、E；	8．A、B、D、E；

*9. A、B、C；　　*10. A、B、C；　　11. A、B、C、E；　　*12. A、B、C、D；

13. A、C、D、E；　　14. A、B、C、D；　　15. A、B、D、E；　　*16. A、B、D、E；

17. A、B、C、E；　　*18. B、C、D；　　19. D、E；　　*20. A、B；

21. B、C、D

【解析】

2. 答案 A、C、E

高度在 24m 以下的单、双排脚手架，均必须在外侧立面的两端各设置一道剪刀撑，并应由底至顶连续设置，中间各道剪刀撑之间的净距不应大于 15m。24m 以上的双排脚手架应在外侧立面整个长度和高度上连续设置剪刀撑。剪刀撑、横向斜撑搭设应随立杆、纵向和横向水平杆等同步搭设，各底层斜杆下端均必须支承在垫块或垫板上。

4. 答案 A、B、D、E

脚手架搭设过程中，应在下列阶段进行检查，检查合格后方可使用；若不合格应进行整改，整改合格后方可使用：

（1）基础完工后及脚手架搭设前；

（2）首层水平杆搭设后；

（3）作业脚手架每搭设一个楼层高度；

（4）附着式升降脚手架支座、悬挑脚手架悬挑结构搭设固定后；

（5）附着式升降脚手架在每次提升前、提升就位后，以及每次下降前、下降就位后；

（6）外挂防护架在首次安装完毕、每次提升前、提升就位后；

（7）搭设支撑脚手架，高度每 2～4 步或不大于 6m。

脚手架使用过程中，当遇到下列情况之一时，应对脚手架进行检查并形成记录，确认安全后方可继续使用：

（1）承受偶然荷载后；

（2）遇有 6 级及以上强风后；

（3）大雨及以上降水后；

（4）冻结的地基土解冻后；

（5）停用超过 1 个月；

（6）架体部分拆除；

（7）其他特殊情况。

9. 答案 A、B、C

（1）立柱底部应设置木垫板，禁止使用砖及脆性材料铺垫；

（2）支撑系统的立柱材料可用钢管、门形架、木杆；

（3）立柱的间距应经计算确定，按照施工方案要求进行施工；

（4）立柱底部支承结构必须具有支承上层荷载的能力；

（5）安装立柱的同时，应加设水平拉结和剪刀撑。

10. 答案 A、B、C

保证模板安装施工安全的基本要求是：

（1）模板工程作业高度在 2m 及 2m 以上时，要有安全可靠的操作架子或操作平台；

（2）操作架子上、平台上不宜堆放模板，必须短时间堆放时，一定要码放平稳，数量必须控制在架子或平台的允许荷载范围内；

（3）雨期施工，高耸结构的模板作业，要安装避雷装置；

（4）五级以上大风天气，不宜进行大块模板拼装和吊装作业；

（5）在架空输电线路下方进行模板施工，如果不能停电作业，应采取隔离防护措施；

（6）夜间施工，必须有足够的照明。

12．答案 A、B、C、D

保证模板拆除施工安全的基本要求是：

（1）拆模之前必须要办理拆模申请手续，在同条件养护试块强度记录达到规定要求时，技术负责人方可批准拆模。

（2）各类模板拆除的顺序和方法，应根据模板设计的要求进行。如果模板设计无具体要求时，则先支的后拆，后支的先拆，先拆非承重的模板，后拆承重的模板及支架。

（3）模板不能采取猛撬以致大片塌落的方法拆除。

（4）拆模作业区应设安全警戒线，以防有人误入。

（5）拆除的模板必须随时清理。

（6）用起重机吊运拆除模板时，模板应堆码整齐并捆牢，才可吊运。吊运大块或整体模板时，竖向吊运不应少于两个吊点，水平吊运不应少于四个吊点。吊运必须使用卡环连接，并应稳起稳落，待模板就位连接牢固后，方可摘除卡环。

16．答案 A、B、D、E

操作平台作业安全控制要点：

（1）移动式操作平台台面不得超过 $10m^2$，高度不得超过 5m，台面脚手板要铺满钉牢，台面四周设置防护栏杆。平台移动时，作业人员必须下到地面，不允许带人移动平台。

（2）操作平台上要严格控制荷载，应在平台上标明负责人员和物料的总重量，使用过程中不允许超过设计的容许荷载。

18．答案 B、C、D

（1）施工用电配电系统应设置总配电箱（配电柜）、分配电箱、开关箱，并按照"总—分—开"顺序作分级设置，形成"三级配电"模式。

（2）施工用电配电系统各配电箱、开关箱的安装位置要合理。分配电箱应尽量安装在用电设备或负荷相对集中区域的中心地带，确保三相负荷保持平衡。开关箱安装的位置应视现场情况和工况尽量靠近其控制的用电设备。

（3）施工现场的动力用电和照明用电应形成两个用电回路，动力配电箱与照明配电箱应该分别设置。

（4）施工现场所有用电设备必须有各自专用的开关箱。

（5）各级配电箱的箱体和内部设置必须符合安全规定，开关电器应标明用途，箱体应统一编号。停止使用的配电箱应切断电源，箱门上锁。固定式配电箱应设围栏，并有防雨防砸措施。

20．答案 A、B

施工现场照明用电规定：

（1）在坑、洞、井内作业，夜间施工或厂房、道路、仓库、办公室、食堂、宿舍、料具堆放场所及自然采光差的场所，应设一般照明、局部照明或混合照明。一般场所宜选用额定电压为 220V 的照明器。

（2）隧道、人防工程、高温、有导电灰尘、比较潮湿或灯具离地面高度低于 2.5m 等场所的照明，电源电压不得大于 36V。

（3）潮湿和易触及带电体场所的照明，电源电压不得大于 24V。

（4）特别潮湿场所、导电良好地面、锅炉或金属容器内照明，电源电压不得大于 12V。

（5）室外 220V 灯具距地面不得低于 3m，室内 220V 灯具距地面不得低于 2.5m。

三、实务操作和案例分析题

【案例 11.1-1】答：

1．不妥之处一：项目部规定脚手架的检查与验收由项目技术负责人组织。

正确做法：根据相关规定，脚手架的检查与验收应由项目经理组织。

不妥之处二：按照施工方案整体验收。

正确做法：应按照技术规范、施工方案、技术交底等有关技术文件，对脚手架进行分段验收，在确认符合要求后，方可投入使用。

不妥之处三：项目施工、技术、安全、作业班组等有关人员参加。

正确做法：应安排项目施工、技术、安全、作业班组负责人参加。

2．脚手架工程定期检查应重点检查的内容还有：

（1）扣件螺栓是否有松动；

（2）架体应无明显变形；

（3）安全防护设施应齐全、有效，应无损坏缺失；

（4）是否有超载使用的现象。

3．脚手架倒塌的直接原因有：承载力不足，局部立杆被压弯失稳导致整体坍塌；加载过程没有按施工方案要求执行。

4．主入口支撑脚手架施工方案的主要内容还应有：

（1）保证安全的技术措施；

（2）绘制施工详图；

（3）绘制节点大样图；

（4）受力计算（验算）过程。

【案例 11.1-2】答：

1．（1）不妥之处一：立柱采用 3 个直角扣件搭接。

正确做法：立柱接长严禁搭接，必须采用对接扣件连接。

不妥之处二：相邻两立柱的搭接接头沿竖向错开 350mm 距离。

正确做法：相邻两立柱的对接接头不得在同步内，且对接接头沿竖向错开的距离不宜小于 500mm。

不妥之处三：立杆顶端可调托座伸出顶层水平杆的悬臂长度 600mm。

正确做法：采用扣件式钢管作高大模板支架时，插入立杆顶端可调托座伸出顶层水平杆的悬臂长度不应大于 500mm。

2．常见影响模板钢管支架整体稳定性的主要因素还有：

（1）水平杆的步距；

（2）立杆的接长；

（3）连墙件的连接；

（4）扣件的紧固程度。

3．模板拆除的顺序应按下述顺序操作：先支的后拆，后支的先拆，先拆非承重的模板，后拆承重的模板及支架。

【案例 11.1-3】答：

1．开关箱中的漏电保护器额定漏电动作电流、时间规定有：

（1）一般条件额定漏电动作电流不应大于 30mA，额定漏电动作时间不应大于 0.1s；

（2）潮湿、有腐蚀性介质的场所中，漏电保护器要选用防溅型的产品，其额定漏电动作电流不应大于 15mA，额定漏电动作时间不应大于 0.1s。

2．项目部还应装设避雷装置的大型设施有：

（1）照明灯架；

（2）施工电梯等垂直提升装置；

（3）高大脚手架；

（4）各种大型设施。

3．（1）正确，外用电梯梯笼内、外均应安装紧急停止开关。

（2）外用电梯每日工作前必须对行程开关、限位开关、紧急停止开关、驱动机构和制动器等进行空载检查，正常后方可使用。

4．圆盘锯的安全防护装置有：

（1）锯片防护罩；

（2）传动防护罩；

（3）挡网或棘爪；

（4）分料器；

（5）接零保护；

（6）漏电保护装置必须齐全有效。

11.2　安全防护与管理

复习要点

11.2.1　"三宝""四口""五临边"安全防护

11.2.2　基坑工程安全管理

11.2.3　垂直运输机械安全管理

11.2.4　施工安全检查与评定

1. 施工现场使用有合格证明的安全带，安全带使用年限不得超过（　　）年。
   A．1
   B．2
   C．3
   D．5

2. 关于电梯井内安全防护措施的说法，正确的是（　　）。
   A．应设置固定的栅门且每隔两层（不大于 10m）设一道安全平网
   B．应设置固定的栅门且每隔两层（不大于 12m）设两道安全平网
   C．应设置固定的栅门且每隔三层（不大于 10m）设一道安全平网
   D．应设置固定的栅门且每隔三层（不大于 12m）设两道安全平网

3. 边长为 50～150cm 的非竖向洞口最符合现场实际的安全防护措施是（　　）。
   A．扣件扣接钢管而成的网格栅防护，上部铺脚手板
   B．洞口处设安全警示牌
   C．胶合板盖板盖严
   D．四周设防护安全警示带

4. 对于边长为 150cm 以上的洞口最符合现场实际的安全防护措施有（　　）。
   A．四周设防护栏杆，洞口下张设安全平网
   B．坚实的盖板盖严
   C．扣件扣接钢管而成的网格栅防护
   D．采用防护栏杆，下设挡脚板

5. 墙面等处落地竖向洞口最符合现场实际的安全防护措施是（　　）。
   A．四周设防护栏杆，洞口外张设安全平网
   B．混凝土盖板盖严
   C．洞口张设安全网
   D．采用防护栏杆，下设挡脚板

6. 防护栏杆上、下横杆离地高度的规定分别是（　　）m。
   A．1.0～1.2、0.5～0.6
   B．1.0～1.2、0.7～0.8
   C．1.2～1.5、0.5～0.6
   D．1.2～1.5、0.7～0.8

7. 可以不采取支护措施的基坑（槽）是（　　）。
   A．岩石地质基坑
   B．深度较大，且不具备自然放坡施工条件的基坑（槽）
   C．地基土质松软，并有地下水或丰富的上层滞水的基坑
   D．开挖会危及邻近建（构）筑物安全的基坑（槽）

8. 下列基坑中，应实施基坑工程监测的是（　　）。
   A．基坑设计安全等级为三级的基坑
   B．开挖深度 6m 的土质基坑
   C．开挖深度小于 5m 的基坑
   D．开挖深度 3m 的岩石基坑

9. 基坑支护破坏的主要形式中，导致基坑隆起的原因是（　　　）。

　　A．支护埋置深度不足　　　　　　　B．止水帷幕处理不好

　　C．明沟排水不畅　　　　　　　　　D．刚度和稳定性不足

10. 基坑支护破坏的主要形式中，导致管涌的原因是（　　　）。

　　A．支护埋置深度不足　　　　　　　B．止水帷幕处理不好

　　C．明沟排水不畅　　　　　　　　　D．刚度和稳定性不足

11. 悬臂式基坑支护结构发生深层滑动时，应及时采取的措施是（　　　）。

　　A．加设锚杆　　　　　　　　　　　B．加设支撑

　　C．支护墙背卸土　　　　　　　　　D．浇筑垫层

12. 悬臂式支护结构发生位移时，应及时采取的措施是（　　　）。

　　A．垫层随挖随浇　　　　　　　　　B．加厚垫层

　　C．支护墙背卸土　　　　　　　　　D．采用配筋垫层

13. 支撑式支护结构如发生墙背土体沉陷，应采取的措施是（　　　）。

　　A．加设锚杆　　　　　　　　　　　B．增设坑内降水设备

　　C．支护墙背卸土　　　　　　　　　D．密实混凝土封堵

14. 龙门架、井架物料提升机不得用于（　　　）m 及以上的建筑工程施工。

　　A．15　　　　　　　　　　　　　　B．18

　　C．20　　　　　　　　　　　　　　D．25

15. 关于物料提升机安装缆风绳的说法，正确的是（　　　）。

　　A．高度在 15m 以下可设 2 根

　　B．高度在 20m 以下可设 3 根

　　C．高度在 30m 以下不少于 2 组

　　D．超过 30m 时不小于 3 组

16. 组织施工现场安全检查的是（　　　）。

　　A．安全总监　　　　　　　　　　　B．技术负责人

　　C．项目负责人　　　　　　　　　　D．现场经理

17. 关于扣件式钢管脚手架搭设的说法，正确的是（　　　）。

　　A．高度超过 18m 的架体，应单独编制安全专项方案

　　B．高度超过 50m 的架体，应组织专家对专项方案进行论证

　　C．高度超过 24m 的双排脚手架采用缆风绳锚固方法连接墙体

　　D．连墙件应从架体底层第二步纵向水平杆开始设置

18. 扣件式钢管脚手架作业层外侧挡脚板的设置高度最小限值是（　　　）mm。

　　A．150　　　　　　　　　　　　　　B．180

　　C．200　　　　　　　　　　　　　　D．250

19. 碗扣式钢管脚手架架体纵横向扫地杆距地高度最大限值是（　　　）mm。

　　A．350　　　　　　　　　　　　　　B．400

　　C．450　　　　　　　　　　　　　　D．500

20. 承插型盘扣式钢管双排脚手架水平杆层未设挂扣式钢脚手板时，应设置

（　　　）。

A．水平横杆　　　　　　　　　B．水平斜杆

C．纵向横杆　　　　　　　　　D．竖向斜杆

21．高处作业吊篮内的作业人员不应超过（　　　）人。

A．2　　　　　　　　　　　　B．3

C．4　　　　　　　　　　　　D．5

22．满堂脚手架架体周圈与中部应按规范要求设置（　　　）。

A．水平剪刀撑　　　　　　　　B．竖向剪刀撑及专用斜杆

C．水平斜杆　　　　　　　　　D．竖向斜杆

23．开挖深度超过（　　　）m时，基坑周边必须安装防护栏杆。

A．1.5　　　　　　　　　　　B．1.6

C．1.8　　　　　　　　　　　D．2.0

24．坑内供施工人员上下专用的梯道宽度最小值是（　　　）m。

A．1　　　　　　　　　　　　B．1.2

C．1.3　　　　　　　　　　　D．1.5

25．模板支架专项施工方案应按规定组织专家论证的是（　　　）。

A．模板支架搭设高度6m

B．集中线荷载15kN/m

C．模板支架搭设高度7m

D．跨度18m及以上，施工总荷载15kN/m^{2}及以上

26．关于施工现场配电保护系统的说法，正确的是（　　　）。

A．二级配电、三级漏电保护系统，用电设备有各自专用开关箱

B．二级配电、三级漏电保护系统，用电设备串联专用开关箱

C．三级配电、二级漏电保护系统，用电设备串联专用开关箱

D．三级配电、二级漏电保护系统，用电设备有各自专用开关箱

27．施工用电分配箱与开关箱、开关箱与用电设备间的距离最大限值是（　　　）m。

A．20、3　　　　　　　　　　B．30、3

C．25、4　　　　　　　　　　D．35、4

28．《建筑施工安全检查标准》规定，合格的标准是（　　　）。

A．分项检查评分表无零分，汇总表得分值应在80分及以上

B．一分项检查评分表得零分，汇总表得分值不足70分

C．分项检查评分表无零分，汇总表得分值应在80分以下，70分及以上

D．分项检查评分表无零分，汇总表得分值应在85分及以上

二　多项选择题

1．工程施工安全防护"四口"指（　　　）。

A．预留洞口　　　　　　　　　B．电梯井口

C．通道口　　　　　　　　　　D．预留窗口

E．楼梯口

2. 框架结构建筑的楼层周边防护必须设置（　　）。

    A. 防护栏杆   B. 防护棚

    C. 挡脚板   D. 安全平网

    E. 封挂安全立网

3. 基坑（槽）应采取支护措施的情形有（　　）。

    A. 基坑深度较大，且不具备自然放坡施工条件

    B. 基坑开挖危及邻近建（构）筑物的安全与使用

    C. 基坑开挖危及邻近道路的安全与使用

    D. 拟建工程邻近旅游区

    E. 地基土质坚实，但有丰富的上层滞水

4. 基坑支护结构必须具有足够的（　　）。

    A. 强度   B. 刚度

    C. 稳定性   D. 耐久性

    E. 防水性

5. 基坑支护安全控制包括控制好坑外（　　）等的沉降、位移。

    A. 回灌井   B. 建筑物

    C. 道路   D. 管线

    E. 树木

6. 关于外用电梯安全控制要点的说法，正确的有（　　）。

    A. 外用电梯梯笼乘人、载物时，严禁超载使用

    B. 取得监理单位核发的《准用证》后方可投入使用

    C. 暴风雨过后，应组织对电梯各有关安全装置进行一次全面检查

    D. 外用电梯底笼周围 2.0m 范围内必须设置牢固的防护栏杆

    E. 外用电梯与各层站过桥和运输通道，进出口处尚应设置常闭型的防护门

7. 引起基坑支护破坏的原因有（　　）。

    A. 人工降水处理不好

    B. 止水帷幕处理不好，导致管涌

    C. 原状土土质不好

    D. 支护埋置深度不足，导致基坑隆起

    E. 支护的强度、刚度和稳定性不足

8. 关于基坑施工应急处理措施的说法，正确的有（　　）。

    A. 悬臂式支护结构发生位移时，采取加设支撑或锚杆、支护墙背卸土等方法

    B. 对较严重的流沙，应及时有效封堵

    C. 邻近钢筋混凝土基础建筑物沉降很大，可考虑垫层加厚的方法

    D. 开挖过程中出现渗水或漏水，可采用加快垫层施工的方法

    E. 发生管涌，支护墙前再打设一排钢板桩，钢板桩与支护墙间进行注浆

9. 基坑施工中，支撑式支护结构发生墙背土体沉陷时的及时处理方法有（　　）。

    A. 跟踪注浆   B. 垫层随挖随浇

    C. 加厚垫层   D. 采用配筋垫层

E．设封闭桩

10．可以对基坑周围管线进行保护的应急措施有（　　　　）。

A．垫层随挖随浇　　　　　　　B．加厚垫层

C．采用配筋垫层　　　　　　　D．管线架空

E．开挖隔离沟

11．外用电梯与各层站过桥和运输通道应设置（　　　　）。

A．安全防护栏杆　　　　　　　B．挡脚板

C．安全立网　　　　　　　　　D．常闭型的防护门

E．安全标志

12．安全管理检查评定保证项目的内容有（　　　　）。

A．安全标志　　　　　　　　　B．持证上岗

C．应急救援　　　　　　　　　D．安全技术交底

E．安全教育

13．安全管理检查评定一般项目的内容有（　　　　）。

A．安全标志　　　　　　　　　B．持证上岗

C．应急救援　　　　　　　　　D．分包单位安全管理

E．生产安全事故处理

14．安全技术交底的内容有（　　　　）。

A．危险因素　　　　　　　　　B．施工方案

C．操作规程　　　　　　　　　D．验收程序

E．应急措施

15．安全技术交底必须签字确认的人员有（　　　　）。

A．专职技术员　　　　　　　　B．被交底人

C．交底人　　　　　　　　　　D．专职安全员

E．专职劳务员

16．施工现场文明施工检查评定保证项目的内容包括（　　　　）。

A．现场围挡　　　　　　　　　B．材料管理

C．现场防火　　　　　　　　　D．生活设施

E．封闭管理

17．碗扣式钢管脚手架检查评定保证项目的内容包括（　　　　）。

A．架体防护　　　　　　　　　B．荷载

C．脚手板　　　　　　　　　　D．杆件锁件

E．架体稳定

18．满堂脚手架检查评定一般项目的内容包括（　　　　）。

A．架体防护　　　　　　　　　B．荷载

C．架体基础　　　　　　　　　D．通道

E．构配件材质

三　实务操作和案例分析题

【案例 11.2-1】

背景：

天津某沿海住宅小区工程，总建筑面积 86700m²，由 5 栋地下 2 层，地上 24 层的建筑组成，地下室为一个整体。结构形式为混凝土剪力墙结构。由于地质条件较差，基坑支护采用支撑式支护形式。地下水降排采用坑内井点结合截水帷幕的形式。基坑周围地下管线复杂，需要保护。

基坑施工前，项目部编制了基坑支护与降水、土方开挖专项施工方案，并进行了安全验算，经施工单位技术负责人、监理单位总监理工程师签字后组织了实施。

基坑开挖过程中，出现了渗水现象，项目部及时采取了坑底设沟排水和引流修补措施，效果不佳。

基坑开挖过程中，支撑式支护结构发生了墙背土体沉陷，项目部及时采取了增设坑内降水设备以降低地下水的措施，但实施效果不好，监理单位要求增加处理措施。

问题：

1．专项施工方案中，基坑支护安全控制要点应有哪些？
2．针对渗水现象，项目部还可采取哪些常见及时处理措施？
3．针对支护结构墙背土体沉陷，项目部还可增加的常见处理措施有哪些？
4．基坑周围管线保护应急措施一般包括哪些？

【案例 11.2-2】

背景：

某机关综合办公楼工程，建筑面积 12000m²，地上 18 层，地下 2 层，现浇框架混凝土结构，由某建筑工程公司施工总承包。

施工至十三层时，项目部在安全检查中发现：九层楼板 10 个短边尺寸小于 25cm 但大于 2.5cm 的孔口、5 个边长为 25～50cm 的洞口、3 个边长为 50～150cm 的洞口、2 个边长 160cm 的洞口没有进行洞口防护；落地电缆竖井门洞、首层车辆行驶通道旁的洞口没有防护。

施工过程中，项目部对基坑周边、阳台周边、楼面与屋面周边、分层施工的楼梯与楼梯段边、施工电梯或外脚手架等通向建筑物的通道两侧等部位进行了临边防护检查验收。

基坑施工中，项目部对施工现场的防护栏杆进行了检查，检查中发现：防护栏杆上杆离地高度为 0.8～1.0m，下杆离地高度为 0.5～0.6m；横杆长度大于 3m 的部位，加设了栏杆柱；栏杆在基坑四周固定，钢管打入地面 30～50cm 深，钢管离边口的距离为 50cm；栏杆下边设置了 15cm 高的挡脚板。

问题：

1．施工至十三层时，项目部的安全检查中，未防护部位的防护措施有哪些？

2．本题中，还有哪些临边防护需要验收？

3．指出现场的防护栏杆有哪些不妥之处？并分别写出正确做法。

4．施工过程中，电梯井的安全防护措施有哪些内容？

【案例 11.2-3】

背景：

某写字楼工程，地下 2 层，地上 18 层。现浇混凝土框架结构。结构垂直运输采用塔吊，装饰装修时采用外用电梯，结构施工外脚手架采用扣件式钢管落地脚手架，模板工程采用竹胶板和扣件式钢管脚手架支撑体系。

工程结构施工至三层时，施工总承包企业组织安全巡查，发现安全技术交底只有交底人签字。施工负责人在分派生产任务时，只对管理人员进行了书面安全技术交底。结构施工至十七层时，项目部按照建筑施工安全检查标准组织自评。分项检查评分表无零分，最终评分汇总表得分 78 分。检查项目中有多项存在安全隐患，项目部及时安排整改。

问题：

1．安全管理检查评定保证项目有哪些？

2．安全技术交底中有哪些不妥之处？并分别写出正确做法。

3．扣件式钢管脚手架检查评定保证项目包括哪些内容？

4．项目部自评结果为哪一等级？说明理由。

【答案与解析】

一、单项选择题

1．C；　2．A；　3．A；　4．A；　*5．D；　6．A；　7．A；　8．B；
9．A；　*10．B；　*11．D；　12．C；　13．B；　14．D；　15．C；　16．C；
*17．B；　18．B；　19．A；　*20．B；　21．A；　22．B；　23．D；　24．A；
*25．D；　26．D；　27．B；　*28．C

【解析】

5．答案 D

墙面等处的竖向洞口，凡落地的洞口应加装开关式、固定式或工具式防护门，门栅网格的间距不应大于 15cm，也可采用防护栏杆，下设挡脚板。

10．答案 B

基坑支护破坏的主要形式：

（1）由支护的强度、刚度和稳定性不足引起的破坏；

（2）由支护埋置深度不足，导致基坑隆起引起的破坏；

（3）由止水帷幕处理不好，导致管涌等引起的破坏；

（4）由人工降水处理不好引起的破坏。

11．答案 D

悬臂式支护结构发生位移时，应采取加设支撑或锚杆、支护墙背卸土等方法及时

211

处理。悬臂式支护结构发生深层滑动应及时浇筑垫层，必要时也可加厚垫层，以形成下部水平支撑。

17. 答案 B

（1）架体搭设应有施工方案，搭设高度超过24m的架体应单独编制安全专项方案，结构设计应进行设计计算，并按规定进行审核、审批；

（2）搭设高度超过50m的架体，应组织专家对专项方案进行论证，并按专家论证意见组织实施；

（3）连墙件应从架体底层第一步纵向水平杆开始设置，并应牢固可靠；

（4）搭设高度超过24m的双排脚手架应采用刚性连墙件与建筑物可靠连接。

20. 答案 B

承插型盘扣式钢管双排脚手架的水平杆层未设挂扣式钢脚手板时，应按规范要求设置水平斜杆。

25. 答案 D

模板支架搭设高度8m及以上；跨度18m及以上，施工总荷载15kN/m² 及以上；集中线荷载20kN/m 及以上的专项施工方案应按规定组织专家论证。

28. 答案 C

建筑施工安全检查评定的等级划分应符合下列规定：

（1）优良：分项检查评分表无零分，汇总表得分值应在80分及以上。

（2）合格：分项检查评分表无零分，汇总表得分值应在80分以下，70分及以上。

（3）不合格：当汇总表得分值不足70分时；当有一分项检查评分表得零分时。

二、多项选择题

1. A、B、C、E；　　　2. A、C、E；　　　*3. A、B、C；　　　4. A、B、C

5. B、C、D；　　　6. A、C、E；　　　7. A、B、D、E；　　　8. A、B、E

*9. B、C、D；　　　*10. D、E；　　　11. A、B、C、D；　　　*12. C、D、E

13. A、B、D、E；　　　14. A、B、C、E；　　　15. B、C、D；　　　*16. A、B、C、E

*17. C、D、E；　　　*18. A、B、D、E

【解析】

3. 答案 A、B、C

基坑（槽）应采取支护措施的情形有：

（1）基坑深度较大，且不具备自然放坡施工条件；

（2）地基土质松软，并有地下水或丰富的上层滞水；

（3）基坑开挖会危及邻近建（构）筑物、道路及地下管线的安全与使用。

9. 答案 B、C、D

支撑式支护结构如发生墙背土体沉陷，应采取增设坑内降水设备降低地下水、进行坑底加固、垫层随挖随浇、加厚垫层或采用配筋垫层、设置坑底支撑等方法及时处理。

10. 答案 D、E

基坑周围管线保护的应急措施一般包括打设封闭桩、开挖隔离沟、管线架空方法。

12. 答案 C、D、E

安全管理检查评定保证项目应包括：安全生产责任制、施工组织设计及专项施工方案、安全技术交底、安全检查、安全教育、应急救援。一般项目应包括：分包单位安全管理、持证上岗、生产安全事故处理、安全标志。

16. 答案 A、B、C、E

文明施工检查评定保证项目应包括：现场围挡、封闭管理、施工场地、材料管理、现场办公与住宿、现场防火。一般项目应包括：综合治理、公示标牌、生活设施、社区服务。

17. 答案 C、D、E

碗扣式钢管脚手架检查评定保证项目包括：施工方案、架体基础、架体稳定、杆件锁件、脚手板、交底与验收。一般项目包括：架体防护、构配件材质、荷载、通道。

18. 答案 A、B、D、E

满堂脚手架检查评定保证项目包括：施工方案、架体基础、架体稳定、杆件锁件、脚手板、交底与验收。一般项目包括：架体防护、构配件材质、荷载、通道。

三、实务操作和案例分析题

【案例 11.2-1】答：

1. 基坑支护安全控制要点的内容应有：

（1）基坑支护结构必须具有足够的强度、刚度和稳定性；

（2）基坑支护结构的实际水平位移和竖向位移，必须控制在设计允许范围内；

（3）控制好基坑支护与降水、止水帷幕等施工质量，并确保位置正确；

（4）控制好基坑支护、降水与开挖的顺序；

（5）控制好管涌、流沙、坑底隆起、坑外地下水位变化和地表的沉陷；

（6）控制好坑外建筑物、道路和管线等的沉降、位移。

2. 项目部还可采取的常见措施有：

（1）密实混凝土封堵；

（2）压密注浆；

（3）高压喷射注浆。

3. 项目部还可增加的常见措施有：

（1）进行坑底加固；

（2）垫层随挖随浇；

（3）加厚垫层或采用配筋垫层；

（4）设置坑底支撑。

4. 基坑周围管线保护应急措施一般包括：

（1）打设封闭桩或开挖隔离沟；

（2）管线架空。

【案例 11.2-2】答：

1. 未防护部位的防护措施有：

（1）短边尺寸小于 25cm 但大于 2.5cm 的孔口：用坚实的盖板盖严，盖板要有防止挪动移位的固定措施。

（2）边长为 25～50cm 的洞口：用竹、木等作盖板，盖住洞口，盖板要保持四周搁置均衡，并有固定其位置不发生挪动移位的措施。

（3）边长为 50～150cm 的洞口：设置一层以扣件扣接钢管而成的网格栅，并在其上满铺竹笆或脚手板，也可采用贯穿于混凝土板内的钢筋构成防护网栅，钢筋网格间距不得大于 20cm。

（4）边长 160cm 的洞口：四周必须设防护栏杆，洞口下张设安全平网防护。

（5）落地电缆竖井门洞：加装开关式、固定式或工具式防护门，门栅网格的间距不应大于 15cm，也可采用防护栏杆，下设挡脚板。

（6）首层车辆行驶通道旁的洞口：所加盖板应能承受不小于当地额定卡车后轮有效承载力 2 倍的荷载。

2．需要验收的临边防护还有：

（1）框架结构建筑的楼层周边；

（2）斜道两侧边；

（3）料台与挑平台周边；

（4）雨篷与挑檐边。

3．不妥之处一：防护栏杆上杆离地高度为 0.8～1.0m。

正确做法：防护栏杆上杆离地高度为 1.0～1.2m。

不妥之处二：横杆长度大于 3m 的部位，加设了栏杆柱。

正确做法：横杆长度大于 2m 时，必须加设栏杆柱。

不妥之处三：栏杆在基坑四周固定，钢管打入地面 30～50cm 深。

正确做法：栏杆在基坑四周固定时，可采用钢管打入地面 50～70cm 深。

不妥之处四：栏杆下边设置了 15cm 高的挡脚板。

正确做法：在栏杆下边设置高度不低于 18cm 的挡脚板。

4．电梯井的安全防护措施有：

（1）设置固定的栅门；

（2）电梯井内每隔两层（不大于 10m）设一道安全平网进行防护。

【案例 11.2-3】答：

1．安全管理检查评定保证项目有：

（1）安全生产责任制；

（2）施工组织设计及专项施工方案；

（3）安全技术交底；

（4）安全检查记录；

（5）安全教育；

（6）应急救援方案及组织。

2．不妥之处一：安全技术交底只有交底人签字。

正确做法：安全技术交底还应有被交底人、专职安全员的签字确认。

不妥之处二：施工负责人在分派生产任务时，只对管理人员进行了书面安全技术交底。

正确做法：施工负责人在分派生产任务时，应对相关管理人员、施工作业人员进行书面安全技术交底。

3．扣件式钢管脚手架检查评定保证项目包括：

（1）施工方案；

（2）立杆基础；

（3）架体与建筑结构拉结；

（4）杆件间距与剪刀撑；

（5）脚手板与防护栏杆；

（6）交底与验收。

4．等级为合格。

理由：分项检查评分表无零分，汇总表得分值在 80 分以下，70 分及以上时可评定为合格。

第 12 章　绿色施工及现场环境管理

12.1　绿色施工及环境保护

微信扫一扫
在线做题 + 答疑

复习要点

12.1.1　绿色施工及环境保护要求
12.1.2　施工现场卫生防疫及职业健康
12.1.3　施工现场文明施工及成品保护

一　单项选择题

1. 施工组织设计及施工方案应有（　　　），明确绿色施工目标和"四节一环保"指标。

    A．绿色施工措施　　　　　　　　B．文明施工措施

    C．安全生产措施　　　　　　　　D．成品保护措施

2. 绿色施工管理固体废弃物排放量化指标，正确的是（　　　）。

    A．现浇混凝土结构现场不宜高于 400t/ 万 m^2

    B．装配式混凝土结构现场不宜高于 300t/ 万 m^2

    C．现浇混凝土结构现场不宜高于 300t/ 万 m^2

    D．装配式混凝土结构现场不宜高于 250t/ 万 m^2

3. 临时用电设施，应采用（　　　）设施。

    A．节约型　　　　　　　　　　　B．高功率

    C．低功率　　　　　　　　　　　D．节能型

4. 材料节约措施中，应采用（　　　）脚手架和支撑体系。

    A．附着式　　　　　　　　　　　B．落地式

    C．悬臂式　　　　　　　　　　　D．工具式

5. 施工现场节水管理主要体现在（　　　）和水资源利用等方面。

    A．计划用水　　　　　　　　　　B．回收用水

    C．节约用水　　　　　　　　　　D．处理污水

6. 施工现场办公区、生活区的生活用水应采用（　　　）。

    A．金属器具　　　　　　　　　　B．节水器具

    C．塑料器具　　　　　　　　　　D．陶瓷器具

7. 水资源的利用中，基坑降水应（　　　）。

    A．储存使用　　　　　　　　　　B．养护混凝土

    C．拌合砂浆　　　　　　　　　　D．回灌

8. 保护用地，应对（　　　）施工方案进行优化，并应减少土方开挖和回填量。

    A．桩基础　　　　　　　　　　　B．地下降水

C. 地基基础   D. 深基坑

9. 资源保护，应保护场地四周原有（   ）形态，减少抽取地下水。

    A. 建筑   B. 地下水

    C. 地下管道   D. 道路

10. 井、密闭环境、防水和室内装修施工应有（   ）或临时通风设施。

    A. 自然通风   B. 照明

    C. 采暖   D. 降温

11. 环境保护中，夜间焊接作业时，应采取（   ）措施。

    A. 挡风   B. 照明

    C. 防雨   D. 挡光

12. 施工污水经（   ）后二次使用或排入市政污水管网。

    A. 净化处理   B. 沉淀处理

    C. 脱氧处理   D. 过滤处理

13. 施工现场内严禁（   ）各类废弃物，禁止将有毒、有害废弃物用于土方回填。

    A. 焚烧   B. 破碎

    C. 筛分   D. 切割

14. 施工现场应设专职或兼职（   ），负责现场日常的卫生清扫和保洁工作。

    A. 安全员   B. 分拣员

    C. 保洁员   D. 卫生员

15. 现场食堂的制作间地面应作（   ）和防滑处理。

    A. 防水   B. 防火

    C. 保温   D. 硬化

16. 现场食堂必须办理卫生许可证，（   ）人员必须持身体健康证上岗。

    A. 管理   B. 炊事

    C. 保洁   D. 采购

17. 现场应设置（   ）或移动式厕所。

    A. 固定式   B. 旱厕

    C. 水冲式   D. 蹲式

18. 职业病的防治中，设备、工具、用具等设施应符合保护劳动者（   ）的要求。

    A. 生理心理健康   B. 劳动效率

    C. 卫生条件   D. 工作条件

19. 不得安排未经上岗前（   ）的劳动者从事接触职业病危害的作业。

    A. 技能培训   B. 职业健康检查

    C. 安全培训   D. 质量培训

20. 现场必须实施（   ）管理，车、人出入口分开。

    A. 实名   B. 文明施工

    C. 绿色施工   D. 封闭

21. 现场的施工区域应与办公、生活区分开，采取（   ）措施。

    A. 安全防护   B. 警卫保护

C. 隔离防护 D. 成品保护

22. 绿色施工基本规定评价应对（　　）条款进行评价。

A. 管理要求 B. 控制项

C. 一般项 D. 优选项

23. "包"就是进行包裹保护，如对（　　）等包裹保护。

A. 大理石块材地面 B. 镶面大理石柱

C. 地漏 D. 排水管落水口

二　多项选择题

1. "四节一环保"理念包括（　　）。

A. 节能 B. 节地

C. 节水 D. 节材

E. 产品保护

2. 绿色施工管理噪声控制量化指标正确的有（　　）。

A. 昼间监测 ≤ 70dB B. 夜间监测 ≤ 55dB

C. 昼间监测 ≤ 75dB D. 夜间监测 ≤ 60dB

E. 昼间和夜间监测 ≤ 70dB

3. 施工现场节能管理，施工能源包括（　　）等。

A. 水源 B. 电源

C. 燃油 D. 天然气

E. 煤气

4. 材料运输与施工应符合的规定有（　　）。

A. 建筑材料的选用应缩短运输距离，减少能源消耗

B. 应采用能耗少的施工工艺

C. 应采用能耗多的施工工艺

D. 应合理安排施工工序和施工进度

E. 应尽量减少夜间作业和冬期施工的时间

5. 施工现场节材管理主要体现在（　　）等方面。

A. 采购成本 B. 材料选择

C. 材料节约 D. 资源再生利用

E. 废料处理

6. 资源再生利用应符合的规定有（　　）。

A. 深化设计，减少材料投入

B. 建筑余料应合理使用

C. 板材、块材等下脚料和散落混凝土及砂浆应科学利用

D. 临建设施应充分利用既有建筑物、市政设施和周边道路

E. 现场办公用纸应分类摆放，纸张应两面使用，废纸应回收

7. 扬尘控制应符合的规定有（　　）。

A. 现场应建立洒水清扫制度，配备洒水设备，并应有专人负责

B. 对裸露地面、集中堆放的土方应采取硬化措施

C. 运送土方、渣土等易产生扬尘的车辆应采取封闭或遮盖措施

D. 现场进出口应设冲洗池和吸湿垫，应保持进出现场车辆清洁

E. 易产生扬尘的施工作业应采取遮挡、抑尘等措施

8. 噪声控制应符合的规定有（　　　）。

A. 应采用先进机械、低噪声设备进行施工，机械、设备应定期保养维护

B. 产生噪声较大的机械设备，应尽量远离施工区

C. 混凝土输送泵、电锯房等应设有吸声降噪屏或其他降噪措施

D. 夜间施工噪声声强值应符合国家有关规定

E. 吊装作业指挥应使用对讲机传达指令

9. 施工现场环境保护实施要点有（　　　）。

A. 施工现场必须建立环境保护、环境卫生管理和检查制度

B. 施工期间的噪声排放应符合建筑施工场界噪声排放标准

C. 施工现场污水排放申领《临时排水许可证》

D. 现场产生的固体废弃物再利用

E. 混凝土搅拌场所应采取封闭、降尘措施

10. 现场食品卫生与防疫要求有（　　　）。

A. 施工现场应加强食品、原料的进货管理

B. 食堂严禁购买和出售变质食品

C. 施工作业人员如发生法定传染病、食物中毒或急性职业中毒时，必须及时报告

D. 施工作业人员如患有法定传染病时，应及时进行治疗

E. 由行政主管部门处置患有法定传染病的患者

11. 施工现场易引发的职业病有（　　　）。

A. 肺结核　　　　　　　　　　　B. 水泥尘肺

C. 电焊尘肺　　　　　　　　　　D. 一氧化碳中毒

E. 食物中毒

12. 单位工程评价应在阶段评价的基础上进行，评价等级划分为（　　　）。

A. 优良　　　　　　　　　　　　B. 合格

C. 中等　　　　　　　　　　　　D. 基本合格

E. 不合格

13. 施工现场作业环境应做到（　　　）。

A. 工完场清　　　　　　　　　　B. 施工不扰民

C. 现场不扬尘　　　　　　　　　D. 运输无遗撒

E. 垃圾不处理

14. 结构施工时，施工现场成品保护的范围有（　　　）。

A. 测量控制线　　　　　　　　　B. 制作和绑扎的钢筋

C. 楼梯踏步　　　　　　　　　　D. 砌体

E. 门窗与玻璃

三 实务操作和案例分析题

【案例 12.1-1】

背景：

某病房楼工程，地下 1 层，地上 12 层，框架剪力墙结构，施工单位中标后正常组织了施工，结构施工至五层时，市安监站对该项目进行了全面检查。

在检查施工现场时检查人员发现：临时木工加工棚面积约 90m²，配置了 2 只灭火器，场区消防水进口在东北角，有一处手提式灭火器直接放在仓库的地面上，现场消防车道的宽度为 3.8m；针对上述情况检查人员要求整改。

在生活区检查时发现：食堂师傅正在做饭，在离灶台 2.0m 处放置了液化气瓶，有个别宿舍工人围着电炉取暖，检查人员要求整改。

检查人员在检查资料时发现：项目部在工人施工作业前的消防安全技术交底不完善。

问题：

1. 针对现场检查发现的不妥之处，分别写出正确做法。
2. 针对生活区检查发现的不妥之处，分别写出正确做法。
3. 工人施工作业前，消防安全技术交底应包括哪些内容？

【案例 12.1-2】

背景：

某活动中心工程，地下 1 层，地上 3 层，建筑面积 12300m²，结构为框架结构，工程于 2021 年 3 月 20 日开工，计划于 2021 年 12 月 25 日竣工。

由于选址的原因，地基不好，因此基础下面设计有 25 根直径为 800mm 长 10m 的工程桩，施工单位采用了泥浆护壁的工艺成孔。

由于工期较紧，土方开挖需要夜间进行，业主要求施工单位办理相关手续，避免扰民和民扰的问题。

问题：

1. 施工单位进行排污应办理哪些手续？现场排污如何操作？
2. 对于固体废弃物应如何进行处置？
3. 土方夜间施工时，针对扰民问题项目部应做哪些工作？

【案例 12.1-3】

背景：

某办公楼工程，结构施工完后进入装饰装修阶段，由于前期建设单位对部分做法一直未能定论，导致后期装修工期紧张，根据合同规定，无论何种原因导致的工期滞后，最终工程竣工日期不能变化，在此情况下，施工单位紧急调动一批普通油漆工进场施工，并采取师傅带徒弟的方式对职业病的预防边培训边施工，最终按原定的计划完成了工作。虽然工作时间长，劳动强度大，但未发生身体不适现象，于是公司将原定用于体检的费用发给相应人员，该批人员撤场。抢工期间施工单位的办公区比较杂乱，卫生条件差，有时在食堂内出现了蟑螂等害虫，上级单位在工程预验收时，对项目部提出了批评。

问题：

1. 指出本案例中，在职业卫生与防护管理方面有哪些不妥之处？分别写出相应的正确做法。

2. 油漆作业容易出现哪些职业病？

3. 根据现场卫生防疫的要求，在办公区域的管理上应做哪些改进工作？

【答案与解析】

一、单项选择题

1. A； 2. C； *3. D； 4. D； 5. C； 6. B； *7. A； 8. D；
9. B； 10. A； 11. D； 12. B； 13. A； 14. C； *15. D； 16. B；
17. C； 18. A； 19. B； 20. D； *21. C； 22. A； 23. B

【解析】

3. 答案 D

临时用电设施应符合下列规定：

（1）应采用节能型设施。

（2）临时用电应设置合理，管理制度应齐全并应落实到位。

（3）现场照明设计应符合国家现行标准的规定。

7. 答案 A

水资源的利用应符合下列规定：

（1）基坑降水应储存使用。

（2）冲洗现场机具、设备、车辆用水，应设立循环用水装置。

15. 答案 D

现场食堂的制作间地面应作硬化和防滑处理，炊具宜存放在封闭的橱柜内，刀、盆、案板等炊具应生熟分开，炊具、餐具和公用饮水器具必须清洗消毒。

21. 答案 C

现场的施工区域应与办公、生活区分开，采取隔离防护措施，在建工程内、伙房、库房不得兼作宿舍。宿舍必须设置可开启式外窗，床铺不得超过 2 层，通道宽度不得小于 0.9m。宿舍室内净高不得小于 2.5m，住宿人员人均面积不得小于 2.5m²，且每间宿舍居住人员不得超过 16 人。

二、多项选择题

1. A、B、C、D； 2. A、B； *3. B、C、D、E； 4. A、B、D、E；
5. B、C、D； 6. B、C、D、E； *7. A、C、D、E； 8. A、C、D、E；
9. A、B、C、E； 10. A、B、C； 11. B、C、D； 12. A、B、E；
13. A、B、C、D； 14. B、C、D

3. 答案 B、C、D、E

施工现场节能管理主要体现在：临时用电设施，机械设备，临时设施，材料运输与施工等方面。施工能源包括电、油、气等。

7. 答案 A、C、D、E

扬尘控制应符合下列规定：

（1）现场应建立洒水清扫制度，配备洒水设备，并应有专人负责。

（2）对裸露地面、集中堆放的土方应采取抑尘措施。

（3）运送土方、渣土等易产生扬尘的车辆应采取封闭或遮盖措施。

（4）现场进出口应设冲洗池和吸湿垫，应保持进出现场车辆清洁。

（5）易飞扬和细颗粒建筑材料应封闭存放，余料应及时回收。

（6）易产生扬尘的施工作业应采取遮挡、抑尘等措施。

（7）拆除爆破作业应有降尘措施。

（8）高空垃圾清运应采用封闭式管道或垂直运输机械完成。

（9）现场使用散装水泥、预拌砂浆应有密闭防尘措施。

三、实务操作和案例分析题

【案例 12.1-1】答：

1. 现场检查发现的不妥之处及正确做法分别如下：

不妥之处一：木工棚内配置了 2 只灭火器；

正确做法：根据相关规定，该类区域应每 25m² 配置一只灭火器，该区域面积为90m²，因此应至少配置 4 只灭火器。

不妥之处二：场区消防水进口只有一处；

正确做法：根据相关规定，场区消防水源进口至少需两处，所以应再增加一处水源进口。

不妥之处三：在仓库的手提式灭火器直接置于地面；

正确做法：灭火器顶部距离地面高度应小于 1.5m，底部距地面高度应大于 0.15m。

不妥之处四：消防车道宽度 3.8m；

正确做法：根据相关规定，临时消防车道的净宽度和净空高度均不应小于 4m，因此应增宽车道。

2. 生活区检查发现的不妥之处及正确做法分别如下：

不妥之处一：液化气瓶和操作间混在一起；

正确做法：根据相关规定，食堂用火其火点和燃料源不能在同一房间内，因此燃料源应和火点有效隔离。

不妥之处二：宿舍内用电炉取暖；

正确做法：根据相关规定，宿舍内严禁明火取暖，因此应回收电炉；或采用其他非明火设施取暖。

3. 工人施工作业前，消防安全技术交底内容如下：

（1）施工过程中可能发生火灾的部位和环节；

（2）施工过程中应采取的防火措施及应配备的临时消防设施；

（3）初起火灾的扑救方法和注意事项；

（4）逃生方法和线路。

【案例 12.1-2】答：

1．施工现场排污需要在县级以上人民政府市政管理部门签署污水排放许可协议，申领《临时排水许可证》。

现场排污应分类操作：

（1）雨水排入市政雨水管网；

（2）泥浆用专用车辆拉出场外；

（3）污水经过沉淀后再利用或排入市政污水管网。

2．对于固体废弃物按以下要求处置：

（1）首先应到县级以上地方政府环卫部门申报登记，现场分类存放；

（2）就建筑垃圾和生活垃圾与所在地垃圾消纳中心签署环保协议，及时清理处置；

（3）有毒、有害废弃物应运送到专门指定的消纳中心。

3．土方夜间施工，对扰民问题项目部应做如下工作：

（1）办理夜间施工许可证，并告示周边社区居民；

（2）及时和当地建设主管部门、辖区内派出所、居委会、城管部门、环保部门取得联系进行沟通，得到相关部门的理解和支持；

（3）采取相应的措施，尽量降低施工噪声；

（4）当夜间施工噪声超过规定限制时，依据环保部门测定的结果，根据影响程度的大小，对居民进行适当补偿；

（5）遇强噪声施工时，尽量白天进行，并避开正常休息时间；

（6）按规定或协商结果发放扰民费用。

【案例 12.1-3】答：

1．职业卫生与防护管理方面的不妥之处和正确做法分别如下：

不妥之处一：新调入现场的普通油漆工直接上岗；

正确做法：上岗前应告知他们所做工作可能带来的危害和后果，并采取防护措施。

不妥之处二：对油漆工职业病预防一边工作一边培训；

正确做法：应对他们进行岗前和在岗期间关于职业卫生的单独培训。

不妥之处三：油漆工在施工期间未做过健康检查；

正确做法：对他们应在岗前、岗期、离岗时分别做健康检查。

不妥之处四：没有对油漆工采取有效的保护措施；

正确做法：上岗前应给他们提供符合职业病防护要求的防护用具、用品。

不妥之处五：公司将用于体检的费用发给工人；

正确做法：按照相关规定该项费用应专款专用，可以在成本中据实列支，不能随意发放。

2．油漆作业容易出现以下职业病：苯中毒和白血病。

3．按照现场卫生与防疫工作的要求，办公区域应在以下方面改进：

（1）做好食堂区域的饮食卫生；

（2）做好办公区域的除"四害"工作，确保有一个良好的卫生环境；

（3）增加保洁员，负责该区域的日常卫生保洁工作，做好卫生防疫。

12.2　施工现场消防

复习要点

12.2.1　施工现场防火要求
12.2.2　施工现场消防管理

一　单项选择题

1. 施工现场义务消防队员人数占施工总人数的百分比最低限值为（　　）。
   A．10%　　　　　　　　　　B．15%
   C．20%　　　　　　　　　　D．25%

2. 木工操作间冬期取暖严禁使用（　　）。
   A．空调　　　　　　　　　　B．电热器
   C．明火　　　　　　　　　　D．热水器

3. 施工现场动火等级分为（　　）个等级。
   A．2　　　　　　　　　　　　B．3
   C．4　　　　　　　　　　　　D．5

4. 下列属于二级动火等级的区域是（　　）。
   A．易燃品存放处　　　　　　B．压力容器内
   C．地下室　　　　　　　　　D．小型油箱

5. 下列属于三级动火等级的区域是（　　）。
   A．在非固定的、无明显危险因素的场所
   B．危险性较大的登高焊、割作业
   C．比较密封的室内、容器内、地下室等场所
   D．各种受压设备

6. 填写一级动火申请表的是（　　）。
   A．生产负责人　　　　　　　B．安全总监
   C．项目负责人　　　　　　　D．技术负责人

7. 填写二级动火申请表的是（　　）。
   A．安全员　　　　　　　　　B．责任工程师
   C．技术员　　　　　　　　　D．班组长

8. 填写三级动火申请表的是（　　）。
   A．安全员　　　　　　　　　B．责任工程师
   C．技术员　　　　　　　　　D．班组长

9. 审查批准二级动火作业的是（　　）。
   A．企业安全管理部门

B．项目安全管理部门和项目负责人

C．项目安全管理部门

D．项目负责人

10．审查批准三级动火作业的是（　　　）。

A．项目安全管理部门

B．项目负责人

C．项目安全管理部门和项目责任工程师

D．项目责任工程师

11．不得在（　　　）下面搭设临时性建筑物或堆放可燃物品。

A．高压线　　　　　　　　　　B．立交桥

C．塔吊　　　　　　　　　　　D．输水管

12．不得在建设工程内设置临时（　　　）。

A．仓库　　　　　　　　　　　B．加工厂

C．办公室　　　　　　　　　　D．宿舍

13．施工现场动火作业必须执行（　　　）制度。

A．动火审批　　　　　　　　　B．旁站

C．报告　　　　　　　　　　　D．警卫

14．应有足够的消防水源，其（　　　）一般不应少于两处。

A．出水口　　　　　　　　　　B．消防栓

C．进水口　　　　　　　　　　D．水池

15．仓库或堆料场严禁使用（　　　）。

A．碘钨灯　　　　　　　　　　B．日光灯

C．节能灯　　　　　　　　　　D．LED 灯

16．固定动火作业区应位于可燃材料存放位置及加工场所、易燃易爆危险品库房等场所的（　　　）。

A．全年最大频率风向的上风侧

B．全年最大频率风向的下风侧

C．全年最小频率风向的上风侧

D．全年最小频率风向的下风侧

二 多项选择题

1．消防安全基本方针包括（　　　）。

A．防消结合　　　　　　　　　B．预防为主

C．落实责任　　　　　　　　　D．综合治理

E．健全组织

2．下列因素中，属于现场区域动火前应考虑的有（　　　）。

A．操作证　　　　　　　　　　B．动火证

C．看火人　　　　　　　　　　D．防火措施

E．上班时间

3．建筑施工现场的临时（　　　）等围护结构、房间隔墙和吊顶采用金属夹芯板材时，芯材的燃烧性能应为 A 级。

A．办公用房与生活用房　　　　　B．厨房操作间

C．变配电站　　　　　　　　　　D．发电机房

E．围墙

4．在下列区域动火时，其动火属于二级动火等级的有（　　　）。

A．加油站

B．生活区室外场地

C．现场大门口外

D．非禁火区域内临时焊、割等用火作业

E．一般登高焊、割等用火作业

5．涉及二级动火申请和批准的部门和人员有（　　　）。

A．责任工程师　　　　　　　　　B．项目负责人

C．项目安全管理部门　　　　　　D．班组长

E．企业安全管理部门

6．涉及三级动火申请和批准的部门和人员有（　　　）。

A．责任工程师　　　　　　　　　B．项目负责人

C．项目安全管理部门　　　　　　D．班组长

E．企业安全管理部门

7．施工现场（　　　）不得使用明露高热的强光源。

A．存放易燃、可燃材料的库房

B．木工加工场所

C．钢结构安装场所

D．油漆配料房

E．防水作业场所

8．施工现场使用的（　　　），必须符合消防安全规定，不得使用易燃、可燃材料。

A．防水材料　　　　　　　　　　B．大眼安全网

C．密目式安全网　　　　　　　　D．密目式防尘网

E．保温材料

9．灭火器应设置在明显的位置，如（　　　）等部位。

A．房间出入口　　　　　　　　　B．储藏间

C．走廊　　　　　　　　　　　　D．门厅

E．楼梯

10．附近有与明火作业相抵触的工种在作业时，不准进行（　　　）作业。

A．焊接　　　　　　　　　　　　B．气割

C．搬运　　　　　　　　　　　　D．对接

E．涂刷

三 实务操作和案例分析题

【案例 12.2-1】

背景：

某地下人防工程，地下 2 层，建筑面积 15000m²，平战结合，平时作车库使用。工程由市二建公司组织的项目部施工。根据公司半年度的整体检查安排，检查组一行 5 人对该工程进行了检查。

检查人员对动火证的使用进行了细致的检查并发现：工地进行日常管道焊接的动火证申请表均由班组长填写，责任工程师和安全员审查批准。

对消防资料检查时发现：工人进场前的消防安全教育和培训不完整，个别班组没有记录。

问题：

1．动火证的申请、批准权限是否正确？按照动火等级的不同，说明其申请审查批准权限。

2．工人进场前的消防安全教育和培训有哪些内容？

【答案与解析】

一、单项选择题

1．A；　　2．C；　　3．B；　　*4．D；　　5．A；　　6．C；　　7．B；　　8．D；
9．B；　　10．C；　　11．A；　　12．D；　　13．A；　　14．C；　　15．A；　　16．C

【解析】

4．答案 D

凡属下列情况之一的动火，均为二级动火：

（1）在具有一定危险因素的非禁火区域内进行临时焊、割等用火作业。

（2）小型油箱等容器。

（3）登高焊、割等用火作业。

二、多项选择题

*1．A、B；　　　　*2．A、B、C、D；　　3．A、B、C、D；　　4．D、E；
5．A、B、C；　　　6．A、C、D；　　　　*7．A、B、D、E；　　8．B、C、D、E；
9．A、C、D、E；　　10．A、B

【解析】

1．答案 A、B

我国消防工作的基本方针是：预防为主、防消结合。

2．答案 A、B、C、D

除选项 E 外，均为施工现场消防工作的一般规定，无论何时上班，只要措施到位，动火还是允许的。

7. 答案 A、B、D、E

临时用电设备必须安装过载保护装置，电闸箱内不准使用易燃、可燃材料。严禁超负荷使用电气设备。施工现场存放易燃、可燃材料的库房、木工加工场所、油漆配料房及防水作业场所不得使用明露高热的强光源。

三、实务操作和案例分析题

【案例 12.2-1】答：

1. 申请、批准权限不正确。

施工现场动火等级分为三级，根据其级别的不同，申请、批准权限划分如下：

（1）一级动火由项目负责人填写动火申请表，企业安全生产部门审查批准；

（2）二级动火由项目责任工程师填写动火申请表，项目安全管理部门和项目负责人审查批准；

（3）三级动火由班组长填写申请表，项目责任工程师和项目安全管理部门审查批准。

2. 工人进场前，应进行消防安全教育和培训的内容如下：

（1）施工现场消防安全管理制度、防火技术方案、灭火及应急疏散预案的主要内容；

（2）施工现场临时消防设施的性能及使用、维护方法；

（3）扑灭初起火灾及自救逃生的知识和技能；

（4）报火警、接警的程序和方法。

综合测试题（一）

一、单项选择题

1. 地震属于建筑构造影响因素中的（　　　）。
   - A．荷载因素
   - B．环境因素
   - C．技术因素
   - D．建筑标准

2. 属于热辐射光源的是（　　　）。
   - A．荧光灯
   - B．金属卤化物灯
   - C．卤钨灯
   - D．氙灯

3. 下列多层砖砌体房屋构造柱的构造要求，正确的是（　　　）。
   - A．构造柱与墙连接处砌成直槎
   - B．构造柱纵筋从圈梁纵筋外侧穿过
   - C．水平拉结钢筋每边伸入墙内 600mm
   - D．可不单独设置基础

4. 属于永久作用（荷载）的是（　　　）。
   - A．吊车荷载
   - B．温度变化
   - C．预应力
   - D．安装荷载

5. 对梁斜截面破坏形式影响较大的因素是（　　　）。
   - A．截面尺寸
   - B．混凝土强度等级
   - C．荷载形式
   - D．配箍率

6. 属于钢材工艺性能的是（　　　）。
   - A．拉伸性能
   - B．冲击性能
   - C．弯曲性能
   - D．疲劳性能

7. 影响混凝土和易性最主要的因素是（　　　）。
   - A．单位体积用水量
   - B．砂率
   - C．组成材料的性质
   - D．温度

8. 可以同时进行角度测量和距离测量的仪器是（　　　）。
   - A．全站仪
   - B．经纬仪
   - C．水准仪
   - D．激光铅直仪

9. 可用作填方土料的是（　　　）。
   A．淤泥质土　　　　　　　　　B．膨胀土
   C．有机质大于 5% 的土　　　　D．碎石类土

10. 基坑验槽的组织者应为（　　　）单位项目负责人。
    A．施工　　　　　　　　　　　B．勘察
    C．设计　　　　　　　　　　　D．建设

11. 砖砌体工程施工中，可以设置脚手眼的墙体（部位）是（　　　）。
    A．附墙柱　　　　　　　　　　B．240mm 厚墙
    C．120mm 厚墙　　　　　　　　D．清水墙

12. 下列预制构件现场堆放做法中，错误的是（　　　）。
    A．预制墙板采用插放
    B．预制外墙板对称靠放、饰面朝内
    C．预制楼板采用叠放
    D．预制构件与支架、地面间设柔性衬垫保护

13. 外防外贴法防水卷材铺贴做法中，正确的是（　　　）。
    A．先铺立面，后铺平面
    B．从底面折向立面的卷材与永久性保护墙接触部位采用满粘法
    C．高聚物改性沥青类卷材立面搭接长度 150mm
    D．立面卷材接槎时，下层卷材盖住上层卷材

14. 屋面保温层可以在负温度环境下进行施工的是（　　　）。
    A．干铺保温材料　　　　　　　B．水泥砂浆粘贴板状保温材料
    C．喷涂硬泡聚氨酯　　　　　　D．现浇泡沫混凝土

15. 厕浴间地面及防水处理做法中，正确的是（　　　）。
    A．楼层结构混凝土强度等级 C15
    B．楼板四周除门洞外混凝土翻边高度 200mm
    C．楼层结构不可采用预制混凝土板
    D．可以不设置防水层

16. 办公楼的窗台防护高度不应小于（　　　）。
    A．0.7m　　　　　　　　　　　B．0.8m
    C．0.9m　　　　　　　　　　　D．1.0m

17. 房屋建筑工程的最低保修期限是（　　　）。

A. 装修工程 5 年　　　　　　　　　B. 供热系统 5 个采暖期

C. 设备安装 5 年　　　　　　　　　D. 屋面防水工程 5 年

18. 对现浇结构外观质量严重缺陷提出技术处理方案的单位是（　　　）。

A. 建设单位　　　　　　　　　　　B. 设计单位

C. 施工单位　　　　　　　　　　　D. 监理单位

19. B_2 级装修材料燃烧性能为（　　　）。

A. 可燃性　　　　　　　　　　　　B. 不燃性

C. 易燃性　　　　　　　　　　　　D. 难燃性

20. 属于门窗节能工程使用的保温隔热材料的性能指标是（　　　）。

A. 厚度　　　　　　　　　　　　　B. 保温性能

C. 密度　　　　　　　　　　　　　D. 燃烧性能

二、多项选择题

21. 弱电系统包括（　　　）。

A. 供电　　　　　　　　　　　　　B. 通信

C. 信息　　　　　　　　　　　　　D. 照明

E. 报警

22. 矿渣水泥的主要特性有（　　　）。

A. 抗渗性差　　　　　　　　　　　B. 干缩性小

C. 抗冻性差　　　　　　　　　　　D. 泌水性大

E. 耐热性差

23. 基槽底局部软土厚度较大时，可采用的处理方法有（　　　）。

A. 换土垫层法　　　　　　　　　　B. 钻孔灌注桩

C. 混凝土支撑墙　　　　　　　　　D. 石砌块支撑墙

E. 混凝土支墩

24. 应提高基坑监测频率的情况有（　　　）。

A. 存在勘察未发现的不良地质情况

B. 基坑附近地面荷载超过设计限值

C. 支护结构出现开裂

D. 基坑及周边有少量积水

E. 邻近建筑出现严重开裂

25. 铝合金模板体系的优点有（　　　）。

A. 整体性好   B. 强度高
C. 周转率高   D. 拼缝少
E. 占用机械少

26. 主体结构混凝土养护时间不应少于 14d 的有（   ）。
    A. 矿渣硅酸盐水泥配制的混凝土
    B. 缓凝型外加剂配制的混凝土
    C. 抗渗混凝土
    D. C60 混凝土
    E. 后浇带混凝土

27. 钢结构焊缝产生热裂纹缺陷的主要原因有（   ）。
    A. 母材抗裂性能差   B. 焊接材料质量不好
    C. 焊接工艺参数选择不当   D. 焊缝布置不当
    E. 焊接内应力过大

28. 暗龙骨吊顶饰面板的安装方法有（   ）。
    A. 钉固法   B. 粘贴法
    C. 嵌入法   D. 搁置法
    E. 卡固法

29. 属于金属幕墙的有（   ）。
    A. 搪瓷板幕墙   B. 铝塑复合板幕墙
    C. 陶板幕墙   D. 蜂窝铝板幕墙
    E. 石材蜂窝复合板幕墙

30. 应参加危险性较大的分部分项工程验收的人员有（   ）。
    A. 总承包单位项目负责人   B. 建设单位项目负责人
    C. 专项施工方案编制人员   D. 项目总监理工程师
    E. 总承包单位项目技术负责人

三、实务操作和案例分析题

（一）

背景资料：

某新建住宅小区工程，总建筑面积 32000m²，地下 2 层，地上 3～11 层，钢筋混凝土剪力墙结构。

施工总承包单位项目经理部按照住房和城乡建设部《房屋建筑和市政基础设施工程施工现场新冠肺炎疫情常态化防控工作指南》要求，编制了项目新冠疫情防控方案。施工现场实行封闭管理；对进出现场人员采取测量体温等核查人员身份和健康状况措施。

项目某单位工程施工进度计划简化资料信息表（表1）和计划网络图（图1）如下：

表1　某单位工程施工进度计划简化资料信息表（部分）

工作	紧前工作	持续时间（月）
A	—	4
B	A	7
C		5
D	A	6
E		4
F		5
G		14
H		8
J		9

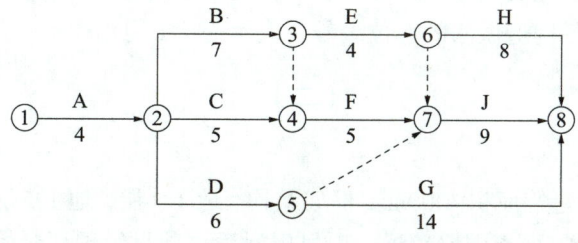

图1　施工进度计划网络图

项目某楼梯板配筋示意（图2）如下：

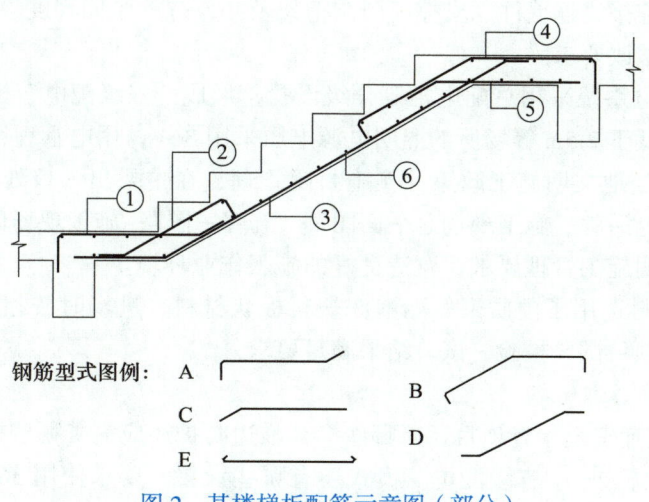

图2　某楼梯板配筋示意图（部分）

地下室外墙模板穿墙螺杆防水措施（图3）如下：

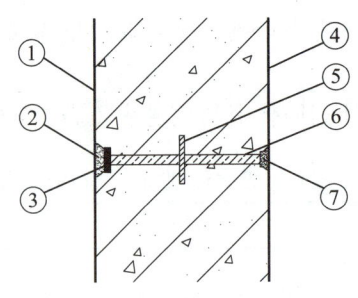

图例：

○ 迎水面　○ 背水面　○ 聚合物砂浆
○ 穿墙螺杆　○ 止水片　○ 嵌缝油膏
○ 水泥砂浆

图3　地下室外墙模板穿墙螺杆防水措施（部分）

问题：

1. 施工现场防疫管理中，对进出现场人员还有什么要求？

2. 补充完善表1中各工作紧前工作信息（表示为：B—A）。图1中，总工期是多少？写出关键线路（表示为：A—B—C）。

3. 写出图2中各配筋编号对应的钢筋型式（表示为：1—A）。

4. 写出图3中各构造做法的部位编号（表示为：1 迎水面）。

（二）

背景资料：

某办公楼工程，建筑面积7000m²，框架结构，地下1层，地上5层，建筑高度21.5m。南侧靠近街道，其余三面离围墙较远。项目中标后，项目经理部开始组织施工。

项目部结合工程施工和安全防护要求，外防护采用双排扣件式脚手架，临边仅采用钢管防护栏杆；施工至3层时公司对项目安全定期检查，外脚手架检查项目有：脚手架的杆件设置和连接、连墙件、支撑、门洞桁架及扣件螺栓紧固程度等，并对临边防护措施不足提出了整改要求。

项目施工用电系统采用总配电柜等分级设置，形成"三级配电"模式；地下通道、灯具离地面高度低于2.5m等场所的照明电源电压采用36V，用电管理符合要求。

项目部落实当地文明施工政策并实施封闭管理，在主要出入口处设置：主要管理人员名单及监督电话牌、施工现场总平面图等"五牌一图"；施工现场做到了工完场清、垃圾不乱弃等文明施工管理要求，营造良好的施工作业环境。

屋面保温材料选用了硬质聚氨酯泡沫塑料板状材料，进场时按相关要求进行了干密度等技术指标项目试验检验，试验结果满足要求。

问题：

1. 脚手架定期安全检查项目还有哪些？其临边防护还应完善哪些措施？

2. 除总配电柜外，"三级配电"模式还有哪些设置？要求使用36V电压照明的施工场所还有哪些？

3. "五牌一图"还包括哪些内容？良好施工作业环境的文明施工管理要求还有哪些？

4. 常用板状保温材料还有哪些？除干密度外，其进场时应检验的技术指标项目还有哪些？

（三）

背景资料：

某新建办公楼工程，地下 1 层，地上 16 层，建筑面积 18000m²；基坑深度 6.5m，筏板基础，钢筋混凝土框架结构，混凝土等级：柱 C40，梁板 C30。

施工单位项目部进场后，制定了建筑材料采购计划，按规定对钢材、胶合板等建筑材料核查备案证明；钢筋进场时，对抗拉强度等性能指标进行抽样检验。

基坑开挖前，项目部编制了"基坑土方开挖方案"，内容包括：采取机械挖土，分层开挖到基底标高；做好地面和坑内排水，地下水位低于开挖面 500mm 以下；施工单位确定地基间歇期为 14 天，过后按要求进行地基质量验收。监理工程师认为部分内容不妥，要求进行整改。

3 层框架混凝土浇筑前，施工单位项目部会同相关人员检查验收了施工现场实施条件等混凝土浇筑前相关工作，履行了报审手续。浇筑柱、梁板节点处混凝土时，在距柱边 300mm 处梁模板内采取了临时分隔措施，并先行浇筑梁板混凝土。监理工程师立即提出了整改要求。

室内装修工程完工后第 3 天，施工单位进行室内环境质量验收工作，在 2 层会议室靠窗处集中设置了 5 个室内环境检测点，检测值符合规范要求。

问题：

1. 除钢材、胶合板外，实行备案证明管理的建筑材料还有哪些？钢筋进场需抽样检验的性能指标还有哪些？

2. 指出土方开挖方案内容的不妥之处，并说明理由。

3. 混凝土浇筑前，施工现场应检查验收的工作内容还有哪些？改正柱、梁板节点混凝土浇筑中的不妥之处。

4. 指出施工单位室内环境质量验收中的不妥之处，写出正确做法。

（四）

背景资料：

建设单位投资新建职工宿舍楼，于 2018 年 10 月 1 日发布了招标公告，招标文件于 2018 年 10 月 15 日起售，投标文件提交于 2018 年 11 月 5 日止。部分招标文件内容是：施工范围包括土建、给水排水、机电、消防等工程，投资总额 9000 万元，工程质量为合格；投标报价采用工程量清单计价模式，投标单位应认真核对工程量清单，对工程量清单准确性负责；除钢筋及混凝土涨价外的其他风险全部由中标单位承担；消防、室外园林景观由建设单位指定专业分包，纳入总承包管理。建设单位 2018 年 10 月 18 日组织部分投标单位勘察现场；对提出质疑的投标单位逐一进行了答疑回复。

经公开招投标，A 单位中标，部分数据如下：分部分项工程费 4800 万元，措施项目费 220 万元，其他项目费 500 万元，暂列金额 400 万元，总包管理费 50 万元，规费税率 2%，增值税率 9%。双方签订了施工总承包合同。

施工总承包单位项目经理部进行项目策划，对专业分包单位作出提供与专业工程相关的证件、批文，提供水准点，组织工程交验工作等总承包管理和配合工作安排。

项目经理部对木模板、脚手架等周转材料消耗进行严格管理，针对周转材料第一次使用量等与周转材料消耗相关的主要因素制定了控制措施。

问题：

1. 指出招投标工作中的不妥之处，写出正确做法。

2. 按照规定不得作为竞争性费用的有哪些？A单位的签约合同价是多少万元？（保留小数点后两位）

3. A单位对专业分包的总承包管理和配合工作还有哪些？

4. 影响周转材料消耗定额的主要因素有哪些？

【答案与解析】

一、单项选择题

1. B;	2. C;	3. D;	4. C;	5. D;	6. C;	7. A;	8. A;
9. D;	10. D;	11. B;	12. B;	13. C;	14. A;	15. B;	16. B;
17. D;	18. C;	19. A;	20. B				

二、多项选择题

21. B、C、E;	22. A、C、D;	23. B、C、D、E;	24. A、B、C、E;
25. A、B、C、E;	26. B、C、D、E;	27. A、B、C、E;	28. A、B、D、E;
29. A、B、D;	30. A、C、D、E		

三、实务操作和案例分析题

（一）

1. 进出现场要求还有：戴口罩、登记、查扫健康码、核酸检测、疫苗接种、环境消毒。

2.（1）补充紧前工作：C—A，E—B，F—B、C，G—D，H—E，J—D、E、F。

（2）总工期：25个月。

（3）关键线路：A—B—F—J。

3. 各配筋钢筋型式：2—A，3—D，4—B，5—C，6—E。

4. 各构造部位编号：2聚合物砂浆、3嵌缝油膏、4背水面、5止水片、6穿墙螺杆、7水泥砂浆。

（二）

1. 检查项目还有：地基是否有积水、底座是否松动、立杆是否悬空、架体防护措施、架体是否超载。

完善措施有：设置挡脚板、封挂安全网。

2. 设置还有：分配电箱、开关箱。

场所还有：隧道、人防工程、高温环境、有导电灰尘、比较潮湿场所。

3. 还包括：工程概况牌、消防保卫牌、安全生产牌、文明施工、环境保护牌。

文明施工管理要求还有：施工不扰民、现场地面不扬尘、运输无遗撒、现场围挡。

4．板状保温材料还有：聚苯乙烯泡沫板、膨胀珍珠岩制品、泡沫玻璃制品、加气混凝土砌块、泡沫混凝土砌块。

检验项目还有：抗压强度、导热系数、燃烧性能。

（三）

1．（1）需备案证明的还有：水泥、预拌混凝土、砂石、砌体材料、石材；

（2）抽样检验的性能指标还有：屈服强度、伸长率、单位长度重量偏差。

2．不妥之处一：开挖到基底标高；

理由：机械挖土到基底以上200～300mm厚土层，进行清底。

不妥之处二：施工单位确定间歇期；

理由：间歇期由设计单位确定。

3．（1）混凝土浇筑前检查验收的内容还有：钢筋隐蔽工程验收和技术复核，模板清扫、对操作人员进行技术交底，填报浇筑申请单，经监理工程师确认；

（2）分隔位置距高强度等级构件边缘不应小于500mm；分隔处应先浇筑高等级混凝土。

4．不妥之处一：室内装修工程完工后第3天进行室内环境检测；

正确做法：应为7天以后。

不妥之处二：靠窗处集中设置了5个室内环境检测点；

正确做法：应对角线、斜线、梅花状、均衡、分散布点。

（四）

1．不妥之处一：清单工程量的准确性由投标单位负责；

正确做法：清单工程量的准确性由建设（招标）单位负责。

不妥之处二：其他风险全部由中标单位承担；

正确做法：其他风险不能全部由中标单位承担。

不妥之处三：建设单位组织部分投标人勘察现场；

正确做法：建设单位应组织全部投标人勘察现场。

不妥之处四：对提出质疑的投标单位，逐一答疑回复；

正确做法：投标单位提出的质疑，应统一后回复给每一家投标单位。

2．（1）不得作为竞争性费用的是：安全文明施工费、暂列金额、规费、税金。

（2）A单位的签约合同价是：

（分部分项工程费＋措施项目费＋其他项目费）×（1＋规费费率）×（1＋增值税税率）＝（4800＋220＋500）×（1＋2%）×（1＋9%）＝6137.14万元

3．总承包管理和配合工作还有：

组织质量、安全例会，组织专业分包单位参加图纸会审（设计交底），提供水、电接口、垂直运输设备、脚手架，做好门窗洞口收口、预留预埋工作。

4．影响周转材料消耗定额的主要因素有：

（1）周转材料第一次使用量；

（2）每周转使用一次材料损耗；

（3）使用周转次数；

（4）最终回收价。

综合测试题（二）

一、单项选择题

1. 公共建筑外窗的可开启面积要求不小于外窗总面积的（　　）。

    A．25%
                 B．30%

    C．35%
                 D．40%

2. 砌体工程冬期采用氯盐砂浆施工，做法正确的是（　　）。

    A．每日砌筑高度 1.5m

    B．墙体留置的洞口距交接墙处 300mm

    C．采用无水泥拌制的砂浆

    D．砂浆拌合水温 65℃

3. 幕墙预埋件锚筋直径大于 20mm 时，与锚板连接宜采用（　　）。

    A．穿孔塞焊
                 B．压力埋弧焊

    C．锚筋弯成 L 型与锚板焊接
       D．锚筋弯成口型与锚板焊接

4. 不得从企业安全生产费用中支出的是（　　）。

    A．应急演练支出
               B．安全人员薪酬、福利

    C．项目网络安全支出
           D．报告安全隐患人员奖金

5. 建筑构造影响因素中，属于技术因素的是（　　）。

    A．化学腐蚀
                B．地下水

    C．建筑材料
               D．装修标准

6. 《绿色建造技术导则》对建筑材料的选用规定，正确的是（　　）。

    A．应符合国家和地方相关标准规范的环保要求

    B．应选用获得绿色建材评价认证标识的产品

    C．应采用高强、高性能材料

    D．应选择当地推广使用的建筑材料

7. 抹灰工程用砂不宜使用（　　）。

    A．粗砂
                 B．中砂

    C．细砂
                D．特细砂

8. 预应力混凝土梁的最低强度等级不应低于（　　）。

A．C30   B．C35
C．C40   D．C45

9．当消能器采用支撑型连接时，不宜采用（   ）布置。
　　A．单斜支撑   B．人字形
　　C．"V"形   D．"K"形

10．下列陶瓷砖中，属于低吸水率的是（   ）。
　　A．瓷质砖   B．炻质砖
　　C．细炻砖   D．陶质砖

11．下列宜用滚涂的是（   ）。
　　A．水乳型防水涂料   B．反应固化型防水涂料
　　C．聚合物水泥防水涂料   D．热熔型防水涂料

12．可以同一时间测得距离、角度的是（   ）。
　　A．经纬仪   B．水准仪
　　C．全站仪   D．激光铅直仪

13．为防止或减少降水对周围环境的影响，常采取回灌技术，采用回灌井点时，回灌井点与降水井点的距离不宜小于（   ）m。
　　A．4   B．6
　　C．8   D．10

14．塑料门窗框施工工艺正确的是（   ）。
　　A．边安装边砌口
　　B．使用单向固定片，双向交叉安装
　　C．砖墙洞口采用膨胀螺钉固定在砖缝处
　　D．固定片与框连接采用自攻螺钉直接锤击钉入

15．预制楼梯吊装工艺流程（部分）正确的是（   ）。
①预制楼梯起吊②垫片找平③钢筋对孔校正④钢筋调直⑤位置、标高确认。
　　A．①②④③⑤   B．①④②③⑤
　　C．②④①③⑤   D．④②①③⑤

16．主体结构混凝土浇筑做法正确的是（   ）。
　　A．单向板沿板短边方向浇筑
　　B．主次梁的楼板顺着主梁方向浇筑
　　C．梁和板同时浇筑

D. 插入式振捣器慢插快拔振捣普通混凝土

17. 采用（   ），可克服混凝土容易开裂的缺点。
    A. 自密实混凝土　　　　　　　B. 预应力混凝土
    C. 高强混凝土　　　　　　　　D. 轻质混凝土

18. HRB400E 钢筋屈服强度实测值为 430MPa，抗拉强度实测值符合标准要求的是（   ）MPa。
    A. 520　　　　　　　　　　　　B. 525
    C. 530　　　　　　　　　　　　D. 540

19. 不适用于深基坑的灌注桩排桩支护结构是（   ）。
    A. 悬臂式支护　　　　　　　　B. 锚拉式支护
    C. 内撑式支护　　　　　　　　D. 内撑－锚拉混合式支护

20. 高强度螺栓连接副初拧、复拧和终拧顺序原则是（   ）。
    A. 从接头刚度较大部位向约束较小部位、从螺栓群中央向四周进行
    B. 从接头刚度较大部位向约束较小部位、从螺栓群四周向中央进行
    C. 从约束较小部位向接头刚度较大部位、从螺栓群中央向四周进行
    D. 从约束较小部位向接头刚度较大部位、从螺栓群四周向中央进行

二、多项选择题

21. 关于保温隔热材料导热系数的说法，正确的有（   ）。
    A. 气体的导热系数大于非金属的
    B. 孔隙率相同时，孔隙尺寸越大，导热系数越大
    C. 表观密度小的材料，导热系数小
    D. 材料吸湿受潮后，导热系数会减小
    E. 当热流平行于纤维方向时，保温性能减弱

22. 施工现场建筑垃圾源头减量措施有（   ）。
    A. 垃圾分类　　　　　　　　　B. 施工工艺优化
    C. 永临结合　　　　　　　　　D. 就地处置
    E. 临时设施重复使用

23. 企业资质要求持有岗位证书的施工现场管理人员有（   ）。
    A. 施工员　　　　　　　　　　B. 安全员
    C. 电工　　　　　　　　　　　D. 机械操作员
    E. 造价员

24. 关于砖砌体的质量控制要求有（　　　）。
    A．砌筑前设立皮数杆　　　　　　　B．内外搭砌
    C．上、下错缝　　　　　　　　　　D．清水墙无通缝
    E．砖柱包心砌法

25. 应判定为重大事故隐患的情形有（　　　）。
    A．危险性较大的分部分项工程未编制专项施工方案
    B．基坑侧壁出现渗水
    C．模板支架承受的施工荷载超过设计值
    D．脚手架未按要求设置连墙件
    E．单榀钢桁架安装时未采取防失稳措施

26. 住宅室内等效连续 A 声级的要求，正确的有（　　　）。
    A．昼间卧室内不应大于 45dB　　　B．昼间卧室内不应大于 50dB
    C．夜间卧室内不应大于 37dB　　　D．起居室内不应大于 45dB
    E．起居室内不应大于 50dB

27. 按照建筑结构荷载的分类，属于偶然作用的有（　　　）。
    A．爆炸力　　　　　　　　　　　　B．撞击力
    C．风荷载　　　　　　　　　　　　D．地震
    E．火灾

28. 钢结构的优点有（　　　）。
    A．强度高　　　　　　　　　　　　B．自重轻
    C．韧性好　　　　　　　　　　　　D．材质均匀
    E．耐火性好

29. 砖墙工作段的分段位置宜设在（　　　）。
    A．变形缝处　　　　　　　　　　　B．构造柱处
    C．门窗洞口处　　　　　　　　　　D．内外墙交接处
    E．墙体转角处

30. 石材饰面板安装方法有（　　　）。
    A．湿作业法　　　　　　　　　　　B．龙骨钉固法
    C．粘贴法　　　　　　　　　　　　D．紧固件镶订法
    E．干挂法

三、实务操作和案例分析题

（一）

背景资料：

某住宅小区工程，地下 1 层，地上 13～17 层不等，总建筑面积 5.6 万 m²。施工总承包企业中标后组建项目部进场施工。项目部依据实用性、安全性和经济性等模板工程设计原则，针对不同的工程结构或构件分别采用了砖胎模、铝合金模板、钢大模板和胶合板模板等模板体系。各类模板体系施工记录图片见图 1～图 4。

图 1

图 2

图 3

图 4

开工前，项目部编制了施工组织总设计，监理工程师审核后，指出施工总平面图设计要求有以下不妥之处：

1. 危险品仓库远离现场单独设置，距在建工程不小于 10m；
2. 工作有关联的加工厂适当分散布置；
3. 货物装卸时间长的仓库靠近路边；
4. 主干道单行循环，兼作消防车道，宽度 3.5m。

项目部遵循"先准备、后开工""先地下、后地上"等施工顺序，编制了某单位工程施工进度计划网络图（图 5）。施工中先后发生如下事件：设计变更增加工作量，使 C 工作延长 2 周；当地持续暴雨无法施工，使 E 工作延长 1 周；采用新技术，使 K 工作压缩 2 周。项目部及时对施工进度计划进行了调整。

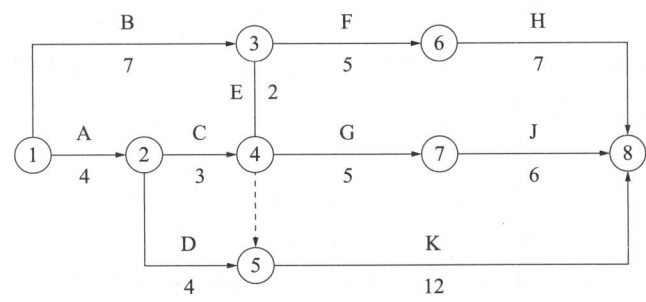

图 5　施工进度计划网络图（周）

项目工程师根据《危险性较大的分部分项工程专项施工方案编制指南》制定了塔式起重机安装拆除专项施工方案，主要内容包含工程概况、编制依据、管理及作业人员配备和分工、验收要求、计算书及相关图纸等。编制完成后报送企业技术部门审核，企业技术负责人指出塔式起重机附着仅验算了附墙耳板各部位的强度、附着杆强度和稳定性，要求补充完整后重新报审。

问题：

1．分别答出图 1～图 4 代表的模板体系（如图 1：铝合金模板）。模板工程设计安全性原则的主要内容有哪些？

2．答出施工总平面图设计中不妥之处的正确做法。

3．一般工程的施工顺序还有哪些？答出图 5 经各项事件调整后的关键线路和总工期。（关键线路用工作表示如 A—B—C）

4．危大工程专项施工方案的主要内容还有哪些？塔式起重机附着验算还有哪些内容？

（二）

背景资料：

新建住宅楼工程，地下 1 层，地上 15 层，裙房 3 层。主楼为剪力墙结构，裙房为混凝土框架结构。裙房临近主楼之间留有后浇带。项目所处位置要求文明施工程度较高，施工单位中标后有序开展工程施工。项目部按照绿色施工要求制定管理量化指标，部分指标见表 1。施工过程中通过信息化手段监测并分析施工现场噪声、有害气体、固体废弃物等各类污染物。

表 1　绿色施工管理量化指标（部分）

序号	项目	目标控制点	控制指标
1	噪声控制	昼间噪声、夜间噪声	昼间检测≤ AdB、夜间检测≤ BdB
2	节材控制	主要建筑实体材料损耗率、模板周转次数	比额定损耗率降低 50% 以上、至少不少于 C 次
3	节材控制	施工用地	临建设施占地面积有效利用率大于 90%
4	节地控制	个人防护器具配备	其中电焊工个人防护器具配备率 D%

项目部编制的施工组织设计中，对消防管理做出了具体要求，强调建立健全各种

消防安全职责并落实责任，包括落实消防安全制度、建立消防组织机构等。办公区域的灭火器按照要求设置在明显的位置，如房间出入口，走廊等，方便使用。

公司对项目部进行安全检查时发现以下违规之处：

1．安全帽使用期超过 3 年；

2．地下室后浇带模板及支撑随其他模板一起拆除后回顶后浇带两边楼板；

3．木工作业人员佩戴防护手套进行平刨操作；

4．三层结构施工时，开始按要求搭设人员进出的通道防护棚；

5．办公区域配电箱 PE 线上装设了开关。

裙房在结构施工期间，外围搭设了落地式作业钢管脚手架。脚手架的设计考虑了永久荷载和可变荷载，包括：脚手板、安全网、栏杆等附件的自重，其他永久荷载和其他可变荷载等。

问题：

1．答出表 1 中，A、B、C、D 处的控制指标。通过信息化手段监测的施工现场污染物还有哪些？

2．消防安全管理职责和责任还有哪些？办公区域还有哪些位置需要设置灭火器？

3．答出安全检查发现的违规之处的正确做法。

4．脚手架设计永久荷载和可变荷载还包括哪些？作业脚手架还有哪些类型？

（三）

背景资料：

某新建保障性住房工程，总建筑面积 4.8 万 m^2，由 6 栋 12 层住宅楼及地下车库组成。基础采用钢筋混凝土灌注桩基础，地下车库为混凝土框架结构，受力钢筋采用直螺纹连接。住宅楼地上三层及以上为装配式钢筋混凝土剪力墙结构，竖向构件钢筋采用套筒灌浆连接。项目部编制了桩基工程专项施工方案，公司审核时认为存在以下不妥之处，要求改正：

1．钢筋笼起吊，吊点设在主筋上，安装时采用变形措施。

2．泥浆循环清孔后，护壁泥浆相对密度应控制在 1.15～1.35。

3．地下灌注桩桩顶标高比设计标高高出 500～1000mm。

地下车库施工中，质检人员对钢筋分项工程进行隐蔽验收，检查内容包括了受力钢筋接头的连接方式、接头位置和箍筋的牌号、规格、数量、位置等。

公司对装配式混凝土结构施工进行了专项检查，发现了以下不妥之处：

1．预制构件在吊装过程中，要求吊索与构件水平夹角不宜大于 60°。

2．连接钢筋与套筒中心线存在严重偏差，影响构件安装时，会同预制构件生产单位共同制定专项处理方案。

3．钢筋套筒灌浆作业采用压浆法从下口灌注，当浆料从上口流出时，30s 后封堵。

总监理工程师组织施工单位、设计单位相关人员对各分部工程进行验收，明确建筑节能分部工程质量验收合格规定包括：

1．分项工程验收应全部合格；

2．质量控制资料应完整等。

问题：

1. 答出桩基工程专项施工方案不妥内容的正确做法。

2. 钢筋分项工程受力钢筋接头和箍筋隐蔽工程检查验收内容还有哪些？

3. 答出装配式混凝土结构施工不妥内容的正确做法。

4. 需要设计单位参加验收的分部工程有哪些？节能分部工程质量验收合格规定还有哪些？

（四）

背景资料：

某施工单位承建城中村改造工程，建筑面积 65000m²，钢筋混凝土结构。工程计价采用工程量清单计价模式，与建设单位按照《建设工程施工合同（示范文本）》GF—2017—0201 签订了施工合同。合同约定工程预付款为 10%，除钢材、水泥、钢材价格可以按实际单价调整外，其他材料价格一律不予调整。

施工单位签约合同价的有关费用如下：分部分项工程费 22000.00 万元；暂列金额 4000.00 万元；总包管理费 1000.00 万元；措施费以建筑面积为基数，按照 200 元 /m² 计取；规费费率为 2%；增值税费率 9%。经分析测算，包括人工费在内的工程直接成本为 19900.00 万元。

施工单位按照合同约定进场后，及时开展了各项准备工作，按合同约定工程预付款付款之日向建设单位提交工程预付款申请。工程预付款约定支付期满七天内，建设单位仍未支付，施工单位向建设单位发出停工通知书，并采取了停工措施。在停工七天后，向建设单位提交了索赔申请报告。

施工过程中，因市场原因，砌块供应不能满足工程进度需要。施工单位向监理单位提交了采用 ALC 隔墙板替代砌块的合理化建议说明，监理单位核实确认之后，上报建设单位。

问题：

1. 本工程签订的施工合同属于什么类型？该合同适用于哪些工程项目？

2. 列式计算本工程中的中标造价是多少万元？（保留小数点后两位）

3. 直接成本由哪些费用构成？

4. 施工单位采取停工的做法是否正确？施工单位能够获得的索赔事项有哪些？

5. 施工单位提交的 ALC 隔墙板替代砌块合理化建议说明书包括的主要内容有哪些？

【答案与解析】

一、单项选择题

1. B；　2. D；　3. A；　4. B；　5. C；　6. A；　7. D；　8. C；

9. D；　10. A；　11. A；　12. C；　13. B；　14. B；　15. D；　16. C；

17. B；　18. D；　19. A；　20. A

二、多项选择题

21．B、C、E；　　　22．B、C、E；　　　23．A、B、E；　　　24．A、B、C、D；

25．A、C、D、E；　　26．A、C、D；　　　27．A、B、D、E；　　28．A、B、C、D；

29．A、B、C；　　　30．A、C、E

三、实务操作和案例分析题

（一）

1．（1）图1：铝合金模板，图2：钢大模板，图3：砖胎模，图4：胶合板模板。

（2）模板工程设计安全性原则的主要内容：要具有足够的强度、刚度和稳定性。

2．施工总平面图设计中不妥之处的正确做法：

（1）存放危险品的仓库应远离现场单独设置，离在建工程距离不小于15m。

（2）工作有关联的加工厂适当集中布置。

（3）货物装卸需要时间长的仓库应远离道路边。

（4）主干道单行道，兼作消防车道，宽度不小于4m。

3．（1）一般工程的施工顺序还有："先主体、后围护""先结构、后装饰""先土建、后设备"。

（2）调整后的关键线路：B-E-G-J，总工期：21周。

4．（1）危大工程专项施工方案的主要内容还有：施工计划、施工工艺技术、施工安全保证措施、应急处置措施。

（2）塔式起重机附着验算还有：附着点强度、穿墙螺栓、销轴和调节螺栓等。

（二）

1．（1）表1中的控制指标有A：70；B：55；C：6；D：100。

（2）通过信息化手段监测的施工现场污染物还有扬尘、光、污水。

2．（1）消防安全管理职责和责任还有：消防安全操作规程、消防应急预案及演练、消防设施平面布置、组织义务消防队等。

（2）办公区域需要设置灭火器的位置还有：通道、楼梯及门厅等。

3．安全检查违规之处的正确做法：

（1）安全帽使用年限不得超过2年。

（2）后浇带模板及支撑严禁随其两边模板一起拆除后回顶。

（3）严禁戴手套进行平刨操作。

（4）自二层结构施工起，人员进出通道口应搭设防护棚。

（5）PE线上严禁装设开关。

4．（1）脚手架的永久荷载还包括：脚手架结构件自重，支撑脚手架所支撑的物体自重。脚手架的可变荷载还包括：施工荷载，风荷载。

（2）作业脚手架还有悬挑脚手架、附着式升降脚手架等。

（三）

1．桩基方案不妥内容的正确做法：

（1）钢筋笼起吊吊点应设在加强箍筋部位。

（2）泥浆循环清孔后的泥浆相对密度控制在1.15～1.25。

（3）地下灌注桩桩顶标高至少要比设计标高高出800～1000mm。

2.（1）受力钢筋接头隐蔽验收内容还有：接头质量、接头面积百分率、搭接长度。

（2）箍筋隐蔽验收内容还有：间距，箍筋弯钩的弯折角度及平直段长度。

3. 装配式结构施工不妥内容的正确做法：

（1）吊索与构件的水平夹角不宜小于 60°。

（2）连接钢筋中心位置偏差影响预制构件安装时，应会同设计单位制定处理方案。

（3）灌浆作业，当浆料从上口流出时应及时封堵。

4.（1）设计单位参加验收的分部工程有：地基与基础工程、主体结构工程、节能工程。

（2）节能分部工程质量验收合格规定还有：

① 外墙节能构造现场实体检验结果应符合设计要求；

② 严寒、寒冷和夏热冬冷地区的建筑外窗气密性能现场实体检测结果应符合设计要求、合格；

③ 建筑设备工程系统节能性能检测结果应合格。

（四）

1.（1）本工程签订的合同属于可调总价合同。

（2）该合同适用于工程规模大、技术难度大、图纸设计不完整、设计变更多、工期较长的工程项目。

2. 本工程中标造价计算：

（1）分部分项工程费：22000.00 万元

（2）措施项目费：$65000 \times 200.00/10000 = 1300.00$ 万元

（3）其他项目费：$4000.00 + 1000.00 = 5000.00$ 万元

（4）规费：$(22000.00 + 1300.00 + 5000.00) \times 2\% = 566.00$ 万元

（5）税费：$(22000.00 + 1300.00 + 5000.00 + 566.00) \times 9\% = 2597.94$ 万元

（6）工程中标价：$22000.00 + 1300.00 + 5000.00 + 566.00 + 2597.94 = 31463.94$ 万元

3. 直接成本由人工费、材料费、机械费、措施费构成。

4.（1）施工单位停工做法正确。

（2）可以获得的索赔事项有：停工所增加的费用，延误的工期，合理利润。

5. 合理化建议说明书主要内容有：建议的内容和理由，以及实施建议对合同价格和工期的影响。

网上增值服务说明

为了给二级建造师考试人员提供更优质、持续的服务，我社为购买正版考试图书的读者免费提供网上增值服务。**增值服务包括**在线答疑、在线视频课程、在线测试等内容。

网上免费增值服务使用方法如下：

1. 计算机用户

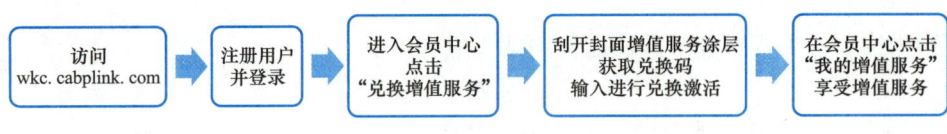

2. 移动端用户

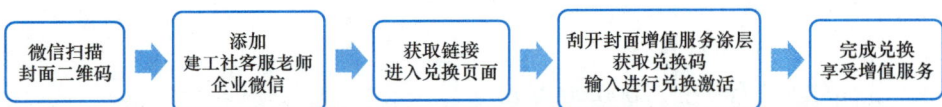

注：增值服务从本书发行之日起开始提供，至次年新版图书上市时结束，提供形式为在线阅读、观看。如果无法通过验证，请及时与我社联系。

客服电话：4008-188-688（周一至周五 9：00—17：00）

Email：jzs@cabp.com.cn

防盗版举报电话：010-58337026，举报查实重奖。

网上增值服务如有不完善之处，敬请广大读者谅解。欢迎提出宝贵意见和建议，谢谢！